工学结合·基于工作过程导向的项目化创新系列教材
国家示范性高等职业教育机电类“十三五”规划教材

UG NX 10.0数控编程与加工教程

UG NX 10.0 Shukong Biancheng yu Jiagong Jiaocheng

▲编著 肖 阳 吴 爽 李 健

▲编委 魏香林 吕洪燕 贺柳操 唐海波

中国·武汉

内 容 简 介

本书以"项目驱动、任务导向"的项目化教学方式编写而成，以实例任务为主线，详细讲述 UG NX 10.0 数控铣削编程实践操作，主要内容包括项目 1 UG NX 10.0 数控编程基础知识、项目 2 平面铣削、项目 3 钻孔加工、项目 4 型腔铣削、项目 5 边界驱动曲面铣、项目 6 区域铣削驱动曲面铣、项目 7 曲面驱动轮廓铣、项目 8 清根驱动与文本驱动曲面铣、项目 9 轮廓 3D 曲面铣、项目 10 三维铣削加工综合实例。本书以项目讲解形式安排内容，每个项目包含 2～3 个任务，每个任务以详细步骤方式讲解典型实例的操作步骤。

本书封底上有课程资源二维码，扫描二维码，下载即可。内容包括任务范例文件、结果文件及练习文件，保证读者能够轻松入门，快速精通。

本书可作为本科院校、高职高专机械类专业教学的教材和参考书，也可作为 UG 软件初学者和数控编程人员的培训教材和从事机械 CAD/CAM 工程技术人员的自学教材和参考书。

图书在版编目(CIP)数据

UG NX 10.0 数控编程与加工教程/肖阳，吴爽，李健编著. —武汉：华中科技大学出版社，2017.1(2022.7 重印)
ISBN 978-7-5680-2318-4

Ⅰ. ①U… Ⅱ. ①肖… ②吴… ③李… Ⅲ. ①数控机床-加工-计算机辅助设计-应用软件-教材
Ⅳ. ①TG659-39

中国版本图书馆 CIP 数据核字(2016)第 258751 号

UG NX 10.0 数控编程与加工教程
UG NX 10.0 Shukong Biancheng yu Jiagong Jiaocheng

肖阳　吴爽　李健　编著

策划编辑：倪　非
责任编辑：史永霞
封面设计：孢　子
责任监印：朱　玢
出版发行：华中科技大学出版社(中国·武汉)　电话：(027)81321913
武汉市东湖新技术开发区华工科技园　邮编：430223
录　　排：华中科技大学惠友文印中心
印　　刷：武汉市籍缘印刷厂
开　　本：787mm×1092mm　1/16
印　　张：14.5
字　　数：373 千字
版　　次：2022 年 7 月第 1 版第 6 次印刷
定　　价：30.00 元

前言 QIANYAN

当前，装备制造业从简单产品的制造到高精尖产品的研发、制造，产品加工精度要求日益增高，需要依靠数控机床来保证稳定的产品生产与制造，社会对数控技术高级技能型人才的紧迫需求将在很长一段时间内保持旺盛。掌握 UG CAM 数控编程与加工的数控技术人才无论在工作机会方面还是在薪酬方面都占有很大的优势。

本书包括 10 个项目，项目 1 UG NX 10.0 数控编程基础知识、项目 2 平面铣削、项目 3 钻孔加工、项目 4 型腔铣削、项目 5 边界驱动曲面铣、项目 6 区域铣削驱动曲面铣、项目 7 曲面驱动轮廓铣、项目 8 清根驱动与文本驱动曲面铣、项目 9 轮廓 3D 曲面铣、项目 10 三维铣削加工综合实例。

本书图文并茂，讲解深入浅出、避繁就简，将 UG 数控编程工序创建、加工方法、参数设置和编程技巧有机地融合到每个项目的任务内容中，内容编排张驰有度，实例叙述实用，没有空洞的理论讲解，能够提高读者的阅读兴趣，提高实践操作能力。

本教材由湖南信息职业技术学院肖阳、沈阳职业技术学院吴爽、沈阳特种设备检测研究院李健编著，编委成员包括广东创新科技职业学院魏香林、辽宁轻工职业学院吕洪燕、湖南机电职业技术学院贺柳操、沈阳职业技术学院唐海波。其中，项目 1、项目 3、项目 4 由肖阳编写，项目 5、项目 7 由魏香林编写，项目 2、项目 9 由吕洪燕编写，项目 10 由贺柳操编写，项目 6 由吴爽编写，项目 8 由唐海波编写。

由于编者水平有限，书中难免存在不足之处，敬请广大读者批评指正。

编者

2016 年 11 月

目录 MULU

项目 1 UG NX 10.0 数控编程基础知识

任务说明

本项目主要讲述 UG NX 10.0 加工模块的加工环境与工作界面、加工流程、加工操作入门示例等内容。UG NX 各种工序子类型的创建步骤是类似的，通过创建工序、设置加工参数、生成与确认刀轨、模拟仿真加工以及后处理等步骤完成一个工序的创建。通过本项目可以了解 UG NX 的加工模块基础知识，熟悉一些基本的加工操作。

学习目标

了解 UG NX 的加工环境，熟悉加工模块的工作界面，熟悉 UG NX 操作加工流程；掌握模块界面的基本操作方法，能够完成简单零件的 UG CAM 加工操作的创建。

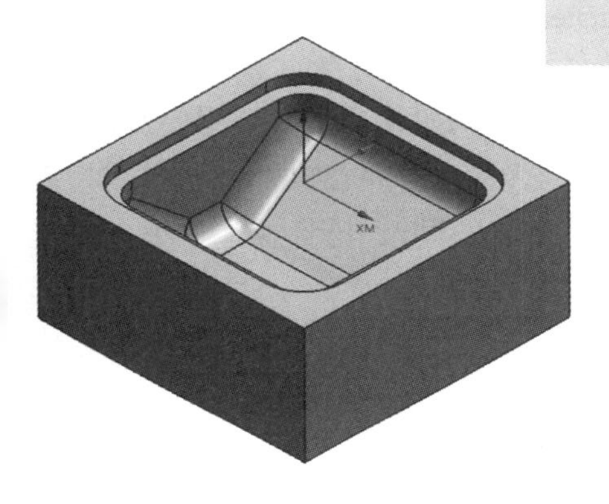

任务一　UG NX 10.0 CAM 模块加工环境与工作界面

一、加工环境初始化

UG NX CAM 加工环境是指进入 UG 的制造模块后进行加工编程作业的软件环境，它是实现 UG NX CAM 加工的起点。在工具栏的“启动”按钮 启动 下拉列表中选择“加工”命令，如图 1-1 所示，进入加工模块。另外，还可以使用快捷键“Ctrl+Alt+M”进入加工模块。首次进入加工模块时，系统会弹出“加工环境”对话框，如图 1-2 所示，进行初始化设置，包括“CAM 会话配置”和“要创建的 CAM 设置”。

图 1-1　选择“加工”命令

图 1-2　加工环境设置

CAM 会话配置用于选择加工所使用的机床类别，在“CAM 会话配置”列表中列出了多种 CAM 配置，它用来定义可用的 CAM 设置模板，“cam_general”为通用加工配置，适用于三轴铣床或加工中心的数控编程功能。CAM 设置是在制造方式中指定加工设定的默认值文件，也就是要选择一个加工模板集。选择模板文件将决定加工环境初始化后可以选用的操作类型，也决定在生成程序、刀具、方法、几何时可选择的父节点类型。“cam_general”包含的零件模板有 mill_planar（平面铣）、mill_contour（轮廓铣）、mill_multi-axis（多轴铣）、mill_multi_blade（多轴铣叶片）、mill_rotary（旋转铣削）、hole_making（孔加工）、drill（点位加工）、turning（车加工）等加工模板。

选择 CAM 会话配置和 CAM 设置后单击“确定”按钮完成加工环境的设置。

二、UG NX 10.0 CAM 模块工作界面

UG NX 10.0 CAM 模块的工作界面如图 1-3 所示，与建模模块工作界面的布局、风格相似，用户可以根据自己的需要来调整工作界面。常见的工作界面主要由标题栏、菜单栏、工具栏、提示栏和状态栏、工作区、工序导航器等部分组成。

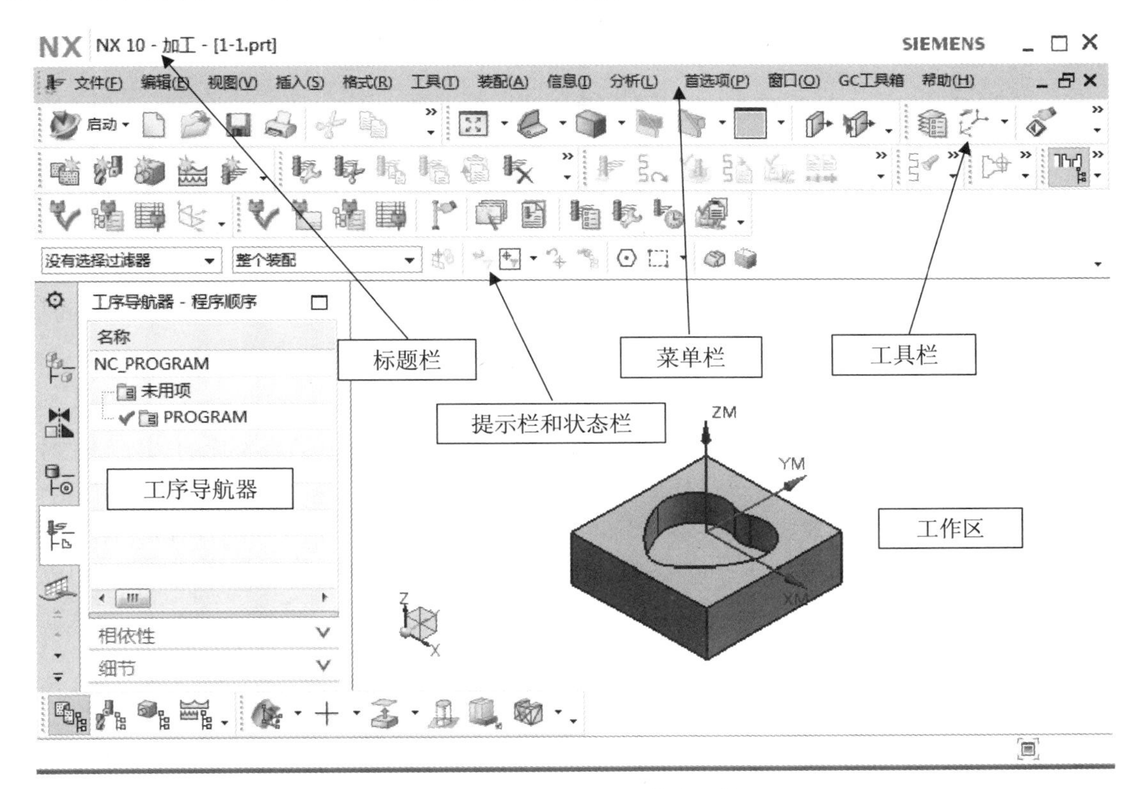

图 1-3　UG NX 10.0 CAM 模块工作界面

1. 标题栏

标题栏显示软件版本、当前应用模块的名称、当前打开文件的名称及状态等信息。

2. 菜单栏

菜单栏包含了 UG NX 软件的所有功能和命令，它是一种下拉式菜单，主要用来调用各执行命令及对系统参数的设置。

3. 工具栏

工具栏以简单直观的图标提供命令的操作方式，单击图标按钮可以启动相对应的 UG NX 软件功能，用户可以根据需要添加或移除工具按钮。

4. 提示栏和状态栏

提示栏位于工作区的上方，其主要用途在于提示使用者操作的步骤。状态栏位于提示栏

右侧，表示系统当前正在执行的操作，用来显示系统及图元的状态。

5. 工作区

工作区即绘图区，是 UG 的工作区域，是显示、制作模型以及生成的刀轨的区域，也是结果分析与模拟仿真的窗口。

6. 工序导航器

工序导航器位于屏幕的左侧，显示当前打开模型文件中的所有资源。工序导航器是一个非常重要的功能，使用该导航器可以完成加工的大部分工作。

三、UG NX 10.0 CAM 工序导航器

工序导航器显示当前打开模型文件中的所有资源，是让用户管理当前零件的操作及加工参数的一个树形界面，通过树形结构图显示、说明各个组和各操作的关系。在 UG NX CAM 中，有效利用工序导航器工具可以获得编程的高效率。在加工模块中，工序导航器提供 4 种视图，分别是程序顺序视图、机床视图、几何视图、加工方法视图，可以通过在工序导航器空白处单击鼠标右键进行视图切换，或者通过“导航器”工具栏进行视图切换。

1. 程序顺序视图

在程序顺序视图中按加工顺序列出了所有的操作，此顺序决定了后处理的顺序和生成刀具位置源文件（CLSF）的顺序。操作的顺序相互关联且十分重要。在该视图模式下包含多个参数栏目，例如程序名称、刀轨、刀具等，用于显示每个操作的名称以及操作的相关信息。程序可以复制，但粘贴后应及时重命名，且符合一定的命名规则。程序顺序视图如图 1-4 所示。

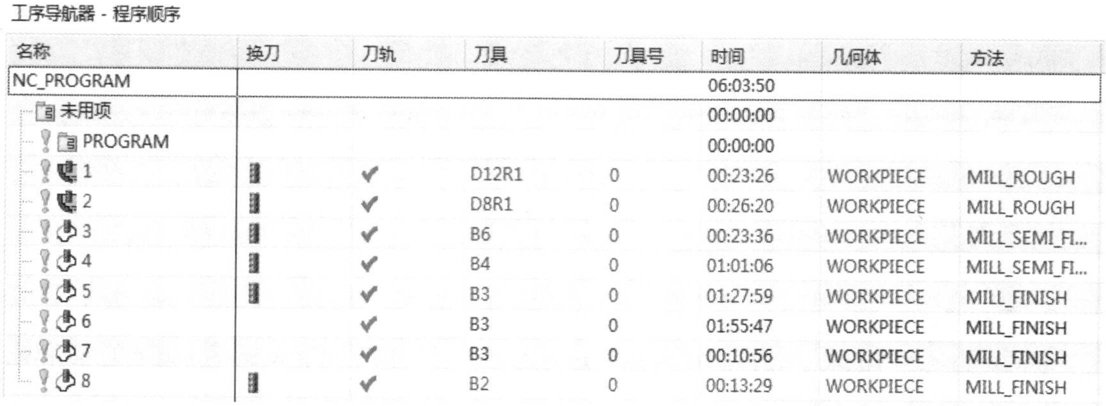

工序导航器 - 程序顺序

名称	换刀	刀轨	刀具	刀具号	时间	几何体	方法
NC_PROGRAM					06:03:50		
未用项					00:00:00		
PROGRAM					00:00:00		
1		✔	D12R1	0	00:23:26	WORKPIECE	MILL_ROUGH
2		✔	D8R1	0	00:26:20	WORKPIECE	MILL_ROUGH
3		✔	B6	0	00:23:36	WORKPIECE	MILL_SEMI_FI...
4		✔	B4	0	01:01:06	WORKPIECE	MILL_SEMI_FI...
5		✔	B3	0	01:27:59	WORKPIECE	MILL_FINISH
6		✔	B3	0	01:55:47	WORKPIECE	MILL_FINISH
7		✔	B3	0	00:10:56	WORKPIECE	MILL_FINISH
8		✔	B2	0	00:13:29	WORKPIECE	MILL_FINISH

图 1-4　程序顺序视图

2. 机床视图

机床视图按照切削刀具来组织各个操作，其中列出了当前零件中存在的所有刀具，以及使用这些刀具的操作名称，便于检查程序有无意外换刀。如果需要更换程序中的刀具，可以更改刀具名称及参数，再重新生成操作程序。机床视图如图 1-5 所示。

3. 几何视图

在加工几何视图中显示了当前零件中存在的坐标系、几何体以及对应的操作名称，并且这些操作应位于坐标系、几何体的子节点下面，继承该父节点坐标系、几何体的所有参数，否则生成操作程序和后处理程序时将会出错。

工序导航器 - 机床

名称	刀轨	刀具	描述	刀具号	时间	几何体	方法	程序组
GENERIC_MACHINE			Generic Machine		06:03:50			
未用项			mill_contour		00:00:00			
D12R1			Milling Tool-5 Paramet...	0	00:23:38			
1	✔	D12R1	CAVITY_MILL	0	00:23:26	WORKPIECE	MILL_ROUGH	NC_PROGRAM
D8R1			Milling Tool-5 Paramet...	0	00:26:32			
2	✔	D8R1	CAVITY_MILL	0	00:26:20	WORKPIECE	MILL_ROUGH	NC_PROGRAM
B6			Milling Tool-5 Paramet...	0	00:23:48			
3	✔	B6	FIXED_CONTOUR	0	00:23:36	WORKPIECE	MILL_SEMI_FI...	NC_PROGRAM
B4			Milling Tool-Ball Mill	0	01:01:18			
4	✔	B4	FIXED_CONTOUR	0	01:01:06	WORKPIECE	MILL_SEMI_FI...	NC_PROGRAM
B3			Milling Tool-Ball Mill	0	03:34:53			
5	✔	B3	FIXED_CONTOUR	0	01:27:59	WORKPIECE	MILL_FINISH	NC_PROGRAM
6	✔	B3	FIXED_CONTOUR	0	01:55:47	WORKPIECE	MILL_FINISH	NC_PROGRAM
7	✔	B3	FIXED_CONTOUR	0	00:10:56	WORKPIECE	MILL_FINISH	NC_PROGRAM
B2			Milling Tool-Ball Mill	0	00:13:41			
8	✔	B2	FIXED_CONTOUR	0	00:13:29	WORKPIECE	MILL_FINISH	NC_PROGRAM

图 1-5 机床视图

在 MCS_MILL 中设置相应的“机床坐标系”“参考坐标系”“安全设置”“避让”等参数。在 WORKPIECE 中设置“指定部件”“指定毛坯”“指定检查”“部件偏置”等参数。几何视图如图 1-6 所示。

工序导航器 - 几何

名称	刀轨	刀具	时间	几何体	方法
GEOMETRY			06:03:50		
未用项			00:00:00		
MCS_MILL			06:03:50		
WORKPIECE			06:03:50		
1	✔	D12R1	00:23:26	WORKPIECE	MILL_ROUGH
2	✔	D8R1	00:26:20	WORKPIECE	MILL_ROUGH
3	✔	B6	00:23:36	WORKPIECE	MILL_SEMI_FI...
4	✔	B4	01:01:06	WORKPIECE	MILL_SEMI_FI...
5	✔	B3	01:27:59	WORKPIECE	MILL_FINISH
6	✔	B3	01:55:47	WORKPIECE	MILL_FINISH
7	✔	B3	00:10:56	WORKPIECE	MILL_FINISH
8	✔	B2	00:13:29	WORKPIECE	MILL_FINISH

图 1-6 几何视图

4. 加工方法视图

在加工方法视图中显示了当前零件中存在的加工方法以及使用这些方法的操作名称等信息，系统已创建了四种默认的加工方法，例如粗加工、半精加工、精加工、钻加工，通过双击加工方法可以修改部件余量、内外公差、进给率、颜色、编辑显示等参数。加工方法视图如图 1-7 所示。

工序导航器 - 加工方法

名称	刀轨	刀具	几何体	程序组
METHOD				
未用项				
MILL_ROUGH				
1	✔	D12R1	WORKPIECE	NC_PROGRAM
2	✔	D8R1	WORKPIECE	NC_PROGRAM
MILL_SEMI_FINISH				
3	✔	B6	WORKPIECE	NC_PROGRAM
4	✔	B4	WORKPIECE	NC_PROGRAM
MILL_FINISH				
8	✔	B2	WORKPIECE	NC_PROGRAM
5	✔	B3	WORKPIECE	NC_PROGRAM
6	✔	B3	WORKPIECE	NC_PROGRAM
7	✔	B3	WORKPIECE	NC_PROGRAM
DRILL_METHOD				

图 1-7　加工方法视图

任务二　UG NX CAM 加工流程

CAM 软件的程序编制应遵循一定的制造加工的规律和流程，UG NX CAM 的基本操作流程如图 1-8 所示。在加工流程中，进入加工模块后，首先进行加工环境初始化，进入相应的操作环境后，配合工序导航器，进行相关参数组的设置（包括程序组、刀具组、加工几何组及加工方法组），创建操作，并产生刀具路径，可对刀具路径进行检查、模拟仿真，确认无误后，经过后处理，生成 NC 代码，最终传输给数控机床，完成零件加工。

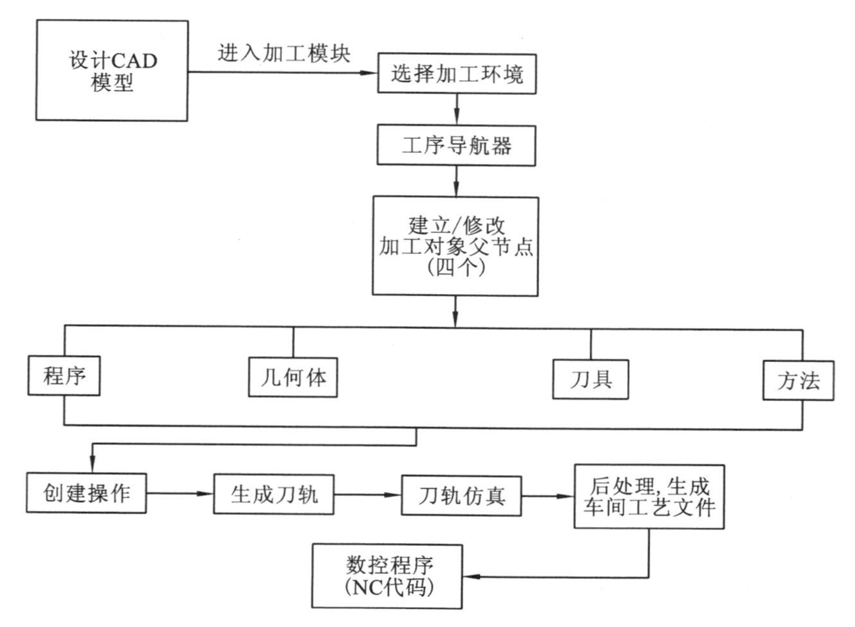

图 1-8　UG NX CAM 的基本操作流程图

在 UG NX CAM 中，加工的核心部分是创建操作，在创建操作前，有必要进行初始设置，从而可以更方便地进行操作的创建。初始设置主要是一些组参数的设置，包括程序、刀具、几何体、方法等，设置完成这些参数后，在创建操作中就可以直接调用。创建组参数可以在工序导航器中完成，也可以通过单击图 1-9 所示工具条中相应的图标进行。

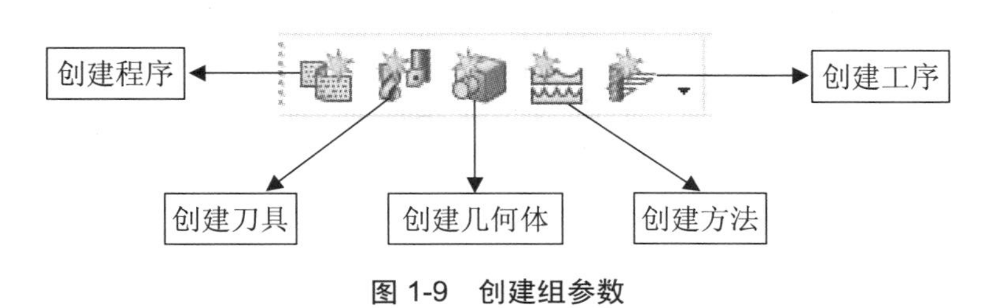

图 1-9　创建组参数

一、创建程序

程序组主要用来管理各加工工序和排列各工序的顺序。在加工操作很多的情况下，使用程序组来管理程序将更为方便。在程序顺序视图中合理地组织各工序，通过直接选择这些操作所在的父节点程序组，可对整个零件的所有工序进行后处理并输出多个程序。

程序组的创建步骤为：

①在工序导航器空白处单击鼠标右键，切换至“程序顺序视图”，如图 1-10 所示。

②单击工具栏中的“创建程序”按钮，打开“创建程序”对话框，如图 1-11 所示，在“类型”下拉列表中选择工序，在“程序”下拉列表中选择新建程序所属的父程序组，在“名称”文本框中输入名称，单击“确定”按钮，创建一个程序组。

③完成一个程序组创建后可以在工序导航器中进行查看，如图 1-12 所示。

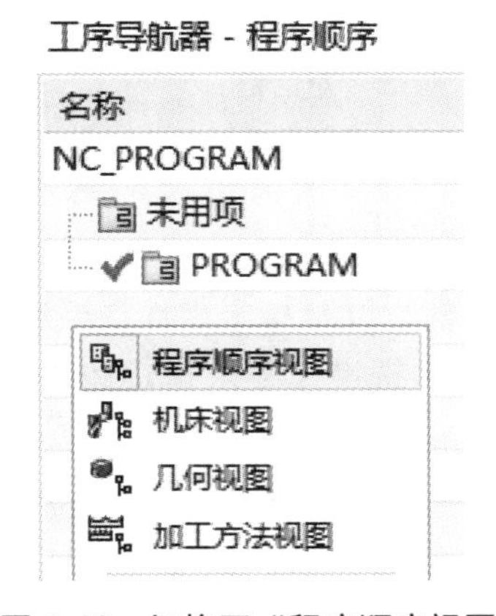

图 1-10　切换至“程序顺序视图”

图 1-11　“创建程序”对话框

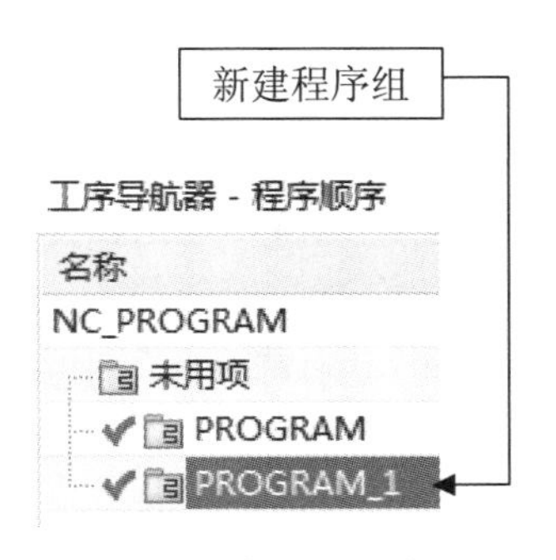

图 1-12　查看新程序组

二、创建刀具

创建程序之后紧接着的工作就是创建加工过程所需的全部刀具，方便后续工序调用刀具。用户可以根据需要创建新刀具，根据不同的工序子类型可创建不同类型的刀具。当选择“类型”为“mill_planar”时，能创建用于平面加工用途的刀具；当选择“类型”为 mill_contour

时，能创建用于外形加工用途的刀具；当选择“类型”为“drill”时，能创建用于钻孔、膛孔和攻丝等用途的刀具。

刀具的创建步骤为：

①在工序导航器空白处单击鼠标右键，切换至“机床视图”。

②单击工具条上的“创建刀具”图标，弹出“创建刀具”对话框，设置刀具类型、名称，单击“确定”按钮，打开刀具参数对话框，分别设置刀具直径、底圆角半径以及其他参数。例如设置“类型”为“mill_contour”，“刀具子类型”为“MILL”图标，“名称”为“D16R4”，如图 1-13 所示。单击“确定”按钮，进入“铣刀-5 参数”对话框，在“直径”处输入 16，在底圆角半径即“下半径”处输入 4，如图 1-14 所示。

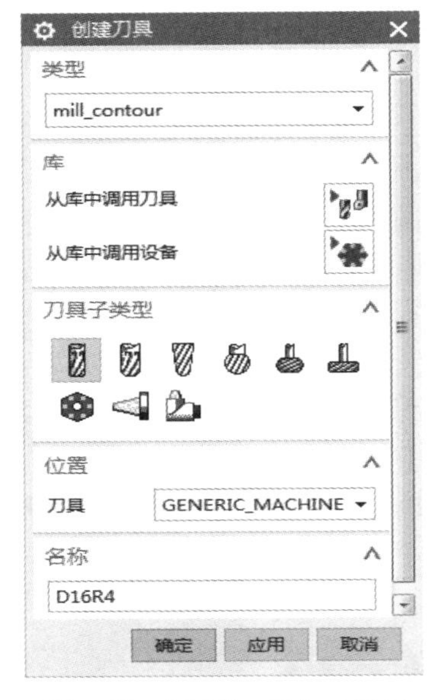

图 1-13 “创建刀具”对话框

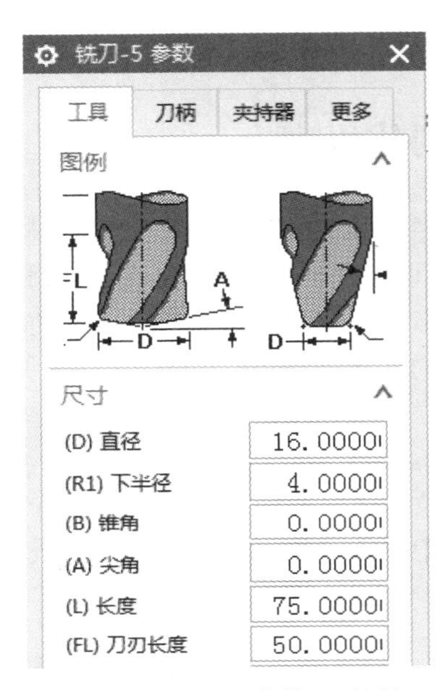

图 1-14 “铣刀-5 参数”对话框

三、创建几何体

创建几何体包括指定加工坐标系 MCS 的方位和安全平面等参数，以及指定零件、毛坯、修剪和检查几何形状等。不同的操作类型需要不同的几何类型，平面铣操作要求指定边界，而曲面轮廓操作需要面或体作为几何对象。

加工坐标系是指定加工几何在数控机床的加工工位，即加工坐标系 MCS，该坐标系的原点称为对刀点。坐标系是加工的基准，将坐标系定位于适合机床操作人员确定的位置，同时保持坐标系的统一。机床坐标一般在工件顶面的中心位置，所以创建机床坐标时，最好先设置好当前坐标，然后在 CSYS 对话框中选择“参考 CSYS”面板中的 WCS 列表项。

加工坐标系及几何体的创建步骤为：

①创建加工坐标系及安全平面，在工序导航器空白处单击鼠标右键，切换至“几何视图”，如图 1-15 所示。双击“坐标系”图标 MCS_MILL，弹出“Mill Orient”对话框，如图 1-16 所示。单击“指定 MCS”中的图标，进入“CSYS”对话框，设置“参考”为“WCS”，如图 1-17 所示。单击“确定”按钮，则设置好加工坐标系。

图 1-15　切换至“几何视图”

图 1-16　“Mill Orient”对话框

图 1-17　“CSYS”对话框

在“Mill Orient”对话框“安全设置”下的“安全设置选项”中选择“刨”，单击“指定平面”中的“平面对话框”图标，随即弹出“刨”对话框，如图 1-18 所示。选择“类型”为“自动判断”，“选择对象”为零件最顶部的平面，然后在“偏置”“距离”处输入 3，单击“确定”按钮，则设置好安全平面。最后单击“Mill Orient”对话框的“确定”按钮。

②创建几何体，双击“WORKPIECE”图标 WORKPIECE，弹出“铣削几何体”对话框，如图 1-19 所示。单击“指定部件”图标，然后框选被加工零件，如图 1-20 所示，单击“确定”按钮；单击“指定毛坯”图标，选择“包容块”，单击“确定”按钮。

图 1-18　设置安全平面

图 1-19　“铣削几何体”对话框

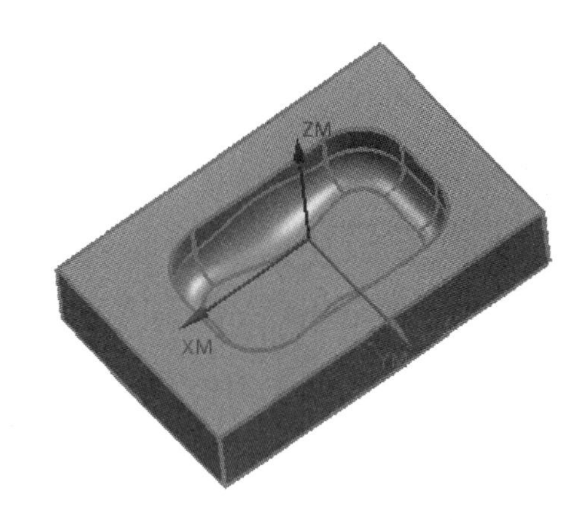

图 1-20　框选被加工零件

四、创建加工方法

在零件加工过程中，为了保证加工的精度，需要进行粗加工、半精加工和精加工几个步骤。创建加工方法就是为粗加工（MILL_ROUGH）、半精加工（MILL_SEMI_FINISH）、精加工（MILL_FINISH）和钻孔（DRILL_METHOD）指定统一的内外公差、余量和进给量等参数。

加工方法的创建步骤为：

①在工序导航器空白处单击鼠标右键，切换至加工方法视图，如图 1-21 所示。

图 1-21　进入加工方法视图

②分别双击“MILL_ROUGH”“MILL_SEMI_FINISH”“MILL_FINISH”选项，弹出相应的对话框，修改加工方法的参数，可分别设置部件的余量、内公差和外公差等参数，如图 1-22、图 1-23 和图 1-24 所示。

图 1-22　粗加工参数

图 1-23　半精加工参数

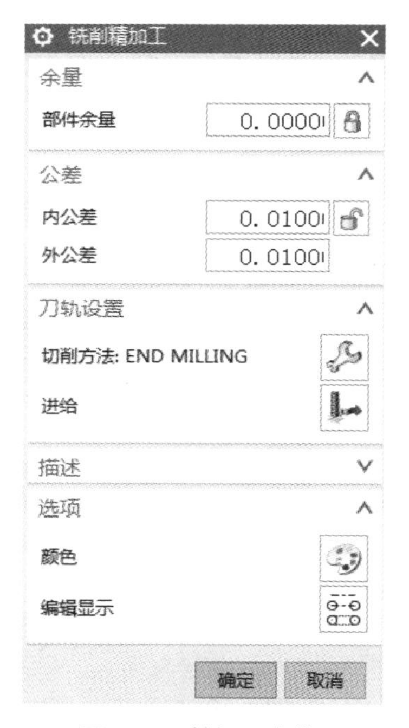

图 1-24　精加工参数

任务三　UG NX CAM 加工操作入门示例

完成图 1-25 所示零件的型腔铣工序的创建，使用ϕ16 的平底刀进行加工。

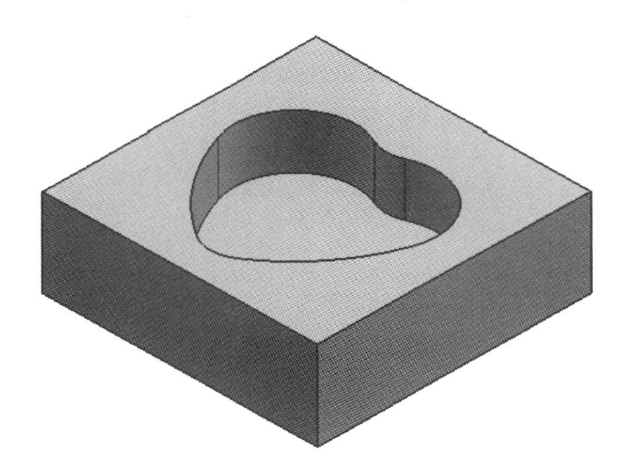

图 1-25　任务三零件图

步骤 1　打开模型文件，进入加工模块

启动 UG NX 10.0，单击“打开”图标，在文件列表中打开本书配套课程资源二维码(在封底)中的任务零件文件 renwu\1-1.prt。在工具栏的“启动”按钮下拉列表中选择“加工”命令(见图 1-26)，进入加工模块，如图 1-27 所示。

图 1-26　选择加工模块

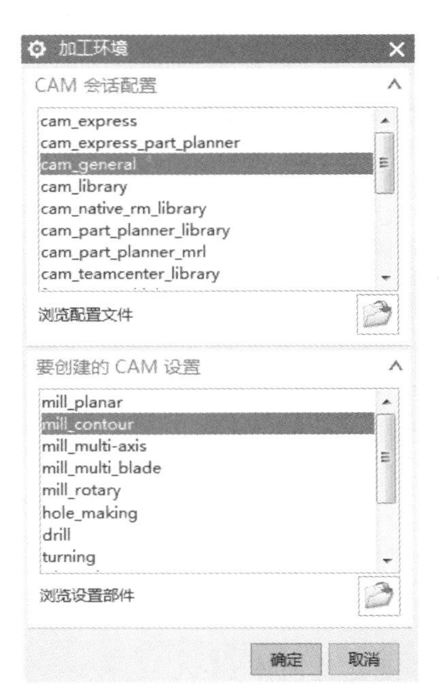

图 1-27　加工环境设置

步骤 2　创建加工坐标系及安全平面

在工序导航器空白处单击鼠标右键，切换至“几何视图”，如图 1-28 所示。双击“坐标系”图标 MCS_MILL，弹出“Mill Orient”对话框，如图 1-29 所示。单击“指定 MCS”中的图标，进入“CSYS”对话框，设置“参考”为“WCS”，如图 1-30 所示。单击“确定”按钮，则设置好加工坐标系。

图 1-28　切换至“几何视图”

图 1-29　“Mill Orient”对话框

图 1-30　“CSYS”对话框

在“Mill Orient”对话框“安全设置”下的“安全设置选项”中选择“刨”，单击“指定平面”中的“平面对话框”图标，随即弹出“刨”对话框，如图 1-31 所示。选择“类型”为“自动判断”，“选择对象”为零件最顶部的平面，如图 1-32 所示，然后在“偏置”“距离”处输入 3，单击“确定”按钮，则设置好安全平面。最后单击“Mill Orient”对话框的“确定”按钮。

图 1-31　设置安全平面

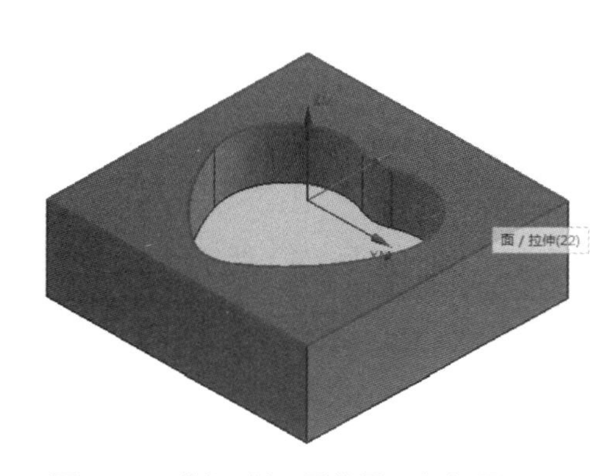

图 1-32　选择对象(零件最顶部的平面)

步骤 3　创建几何体

双击“WORKPIECE”图标 WORKPIECE，弹出“铣削几何体”对话框，如图 1-33 所示。单击“指定部件”图标，然后选择被加工零件，如图 1-34 所示，单击“确定”按钮；单击“指定毛坯”图标，弹出“毛坯几何体”对话框，“类型”选择“包容块”，如图 1-35 所示，选择毛坯(见图 1-36)，单击“确定”按钮，完成几何体创建。

图 1-33 “铣削几何体”对话框

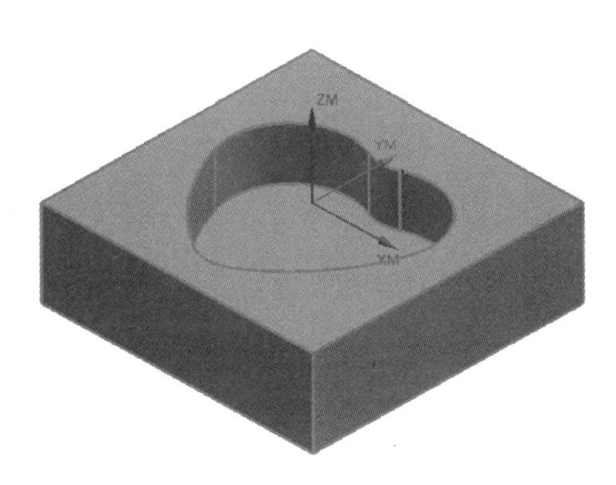

图 1-34 选择被加工零件

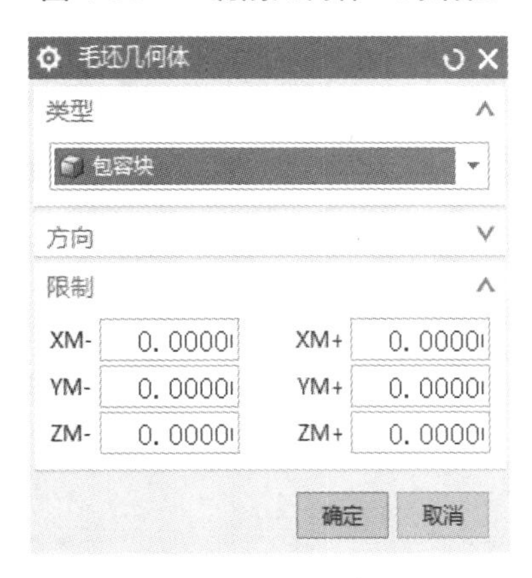

图 1-35 “毛坯几何体”对话框

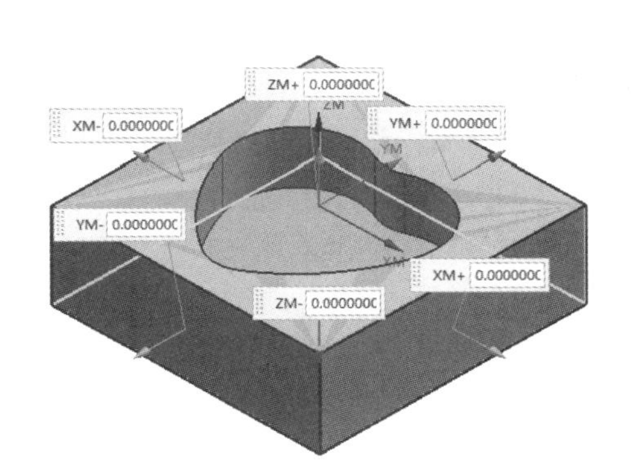

图 1-36 选择毛坯

步骤 4 创建刀具

单击工具条上的“创建刀具”图标，弹出“创建刀具”对话框，如图 1-37 所示。设置“类型”为“mill_contour”，“刀具子类型”为“MILL”图标，“名称”为“D16”，单击“确定”按钮，进入“铣刀-5 参数”对话框，在“直径”处输入 16，如图 1-38 所示。

步骤 5 创建型腔铣加工工序

单击工具条上的“创建工序”图标，系统打开“创建工序”对话框。“类型”设为“mill_contour”，“工序子类型”设为“型腔铣”，“刀具”选择“D16（铣刀-5 参数）”，“几何体”选择“WORKPIECE”，“方法”选择“METHOD”，名称为“CAVITY_MILL”，如图 1-39 所示，确认各选项后单击“确定”按钮，打开型腔铣对话框，如图 1-40 所示。

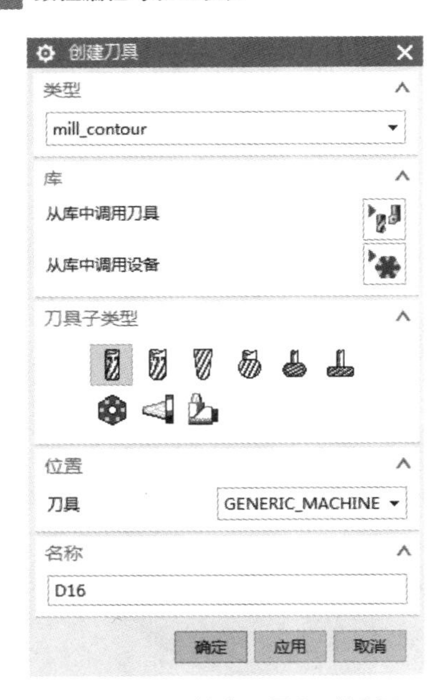

图 1-37　“创建刀具”对话框

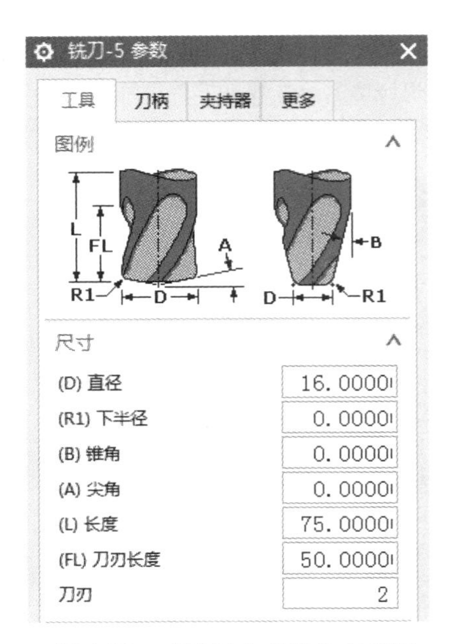

图 1-38　“铣刀-5 参数”对话框

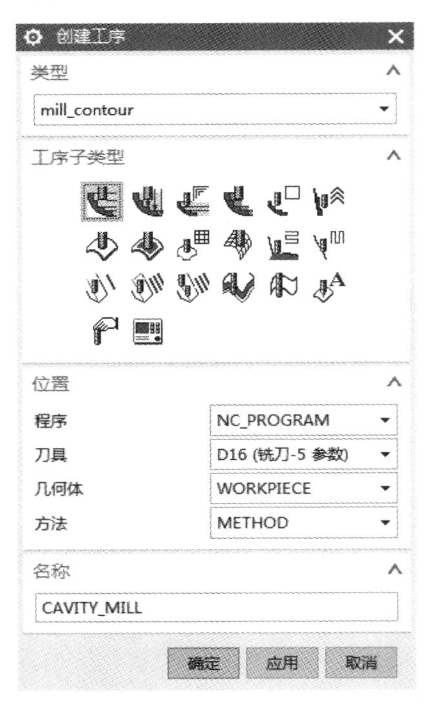

图 1-39　“创建工序”对话框

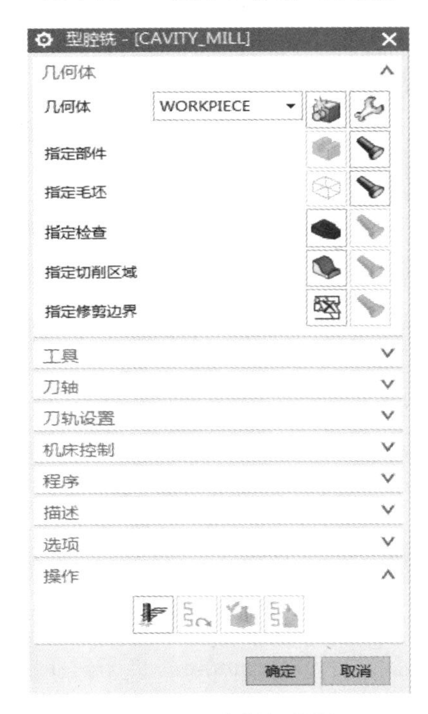

图 1-40　型腔铣对话框

步骤 6　指定切削区域

在操作（这里指型腔铣对话框）对话框中单击“指定切削区域”图标，系统打开“切削区域”对话框，如图 1-41 所示。切削区域框选零件型腔曲面，如图 1-42 所示。单击“确定”按钮，完成切削区域的选择，返回操作对话框。

图 1-41 “切削区域”对话框

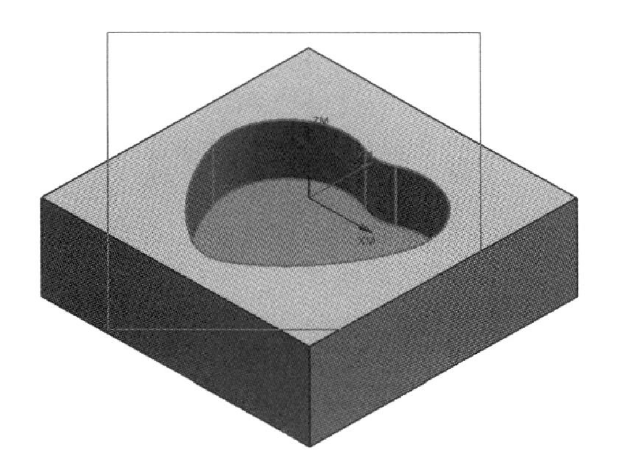

图 1-42 框选切削区域

步骤 7 刀轨设置

“切削模式”选择为“跟随部件”，“步距”选择为“刀具平直百分比”，“平面直径百分比”处输入 75，“公共每刀切削深度”设置为“恒定”，“最大距离”输入 2，刀轨设置如图 1-43 所示。

步骤 8 设置非切削移动参数

在刀轨设置中单击“非切削移动”图标，弹出“非切削移动”对话框。设置进刀参数，在“进刀”选项卡中，“进刀类型”设为“螺旋”，“斜坡角”为 5，“高度”为 1，如图 1-44 所示，其他参数采用默认值。

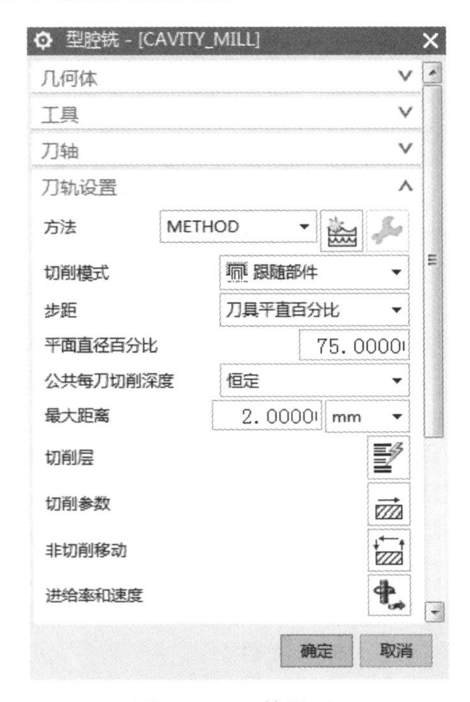

图 1-43 刀轨设置

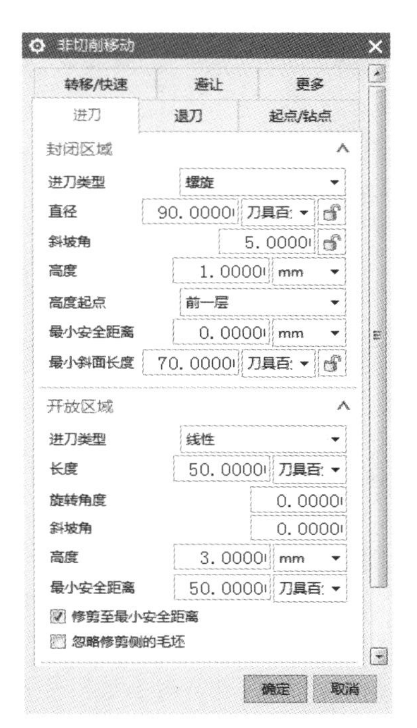

图 1-44 “非切削移动”对话框

步骤 9　设置进给率和速度

在刀轨设置中单击“进给率和速度”图标，弹出“进给率和速度”对话框，设置“主轴速度”为 3000，切削进给率为 1250，如图 1-45 所示。单击“确定”按钮完成进给率和速度的设置，并返回操作对话框。

步骤 10 生成刀路轨迹

在操作对话框中单击“生成”图标，计算生成刀路轨迹。产生的刀轨如图 1-46 所示，确认刀轨后单击“确定”按钮，接受刀轨并关闭操作对话框。

图 1-45　进给率和速度参数设置

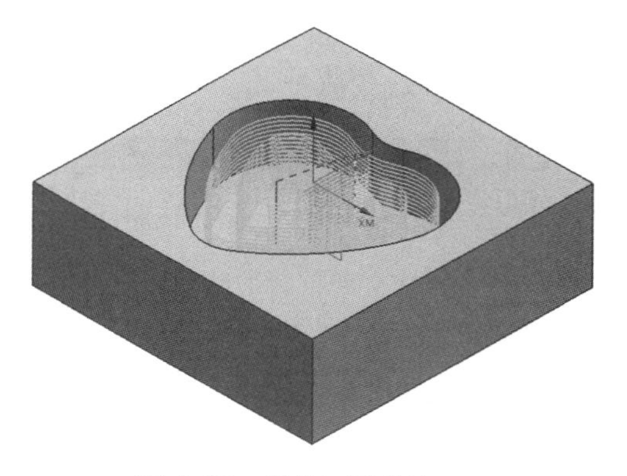

图 1-46　零件刀路轨迹

步骤 11　模拟仿真加工、保存

选中工序导航器中所做的“CAVITY_MILL”工序，单击鼠标右键，执行“刀轨”→“确认”命令，进入实体模拟仿真加工。在弹出的“刀轨可视化”对话框中，选择“2D 动态”选项卡，如图 1-47 所示。单击“碰撞设置”按钮，在弹出的“碰撞设置”对话框中勾选“碰撞时暂停”，然后单击“确定”按钮，如图 1-48 所示。单击“播放”按钮▶，模拟仿真加工开始，实体模拟仿真加工图如图 1-49 所示，单击“比较”按钮，可对比零件与模拟仿真加工图之间的差别。仿真结束后，单击工具栏上的“保存”图标，保存文件。

图 1-47　“刀轨可视化”对话框

图 1-48　“碰撞设置”对话框

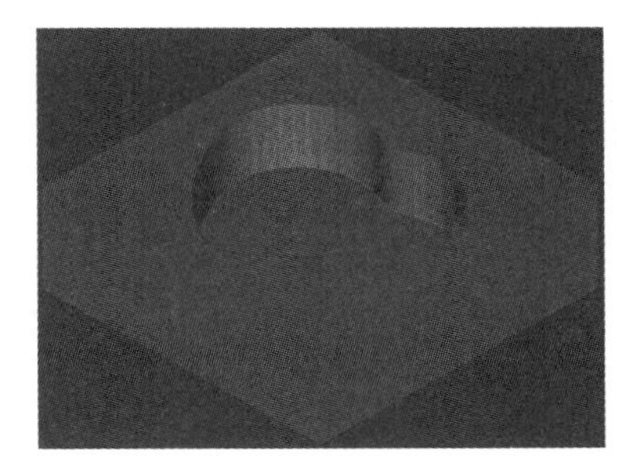

图 1-49　最终仿真加工图

步骤 12　后处理

选中工序导航器中所做的“CAVITY_MILL”工序，单击鼠标右键，执行“后处理”命令，或者单击工具条上的“后处理”图标，弹出“后处理”对话框，如图 1-50 所示。“后处理器”选择“MILL_3_AXIS”(铣削 3 轴机床)，输入文件名及保存地址，“单位”选择“公制/部件”，单击“确定”按钮，生成数控加工程序。“信息”对话框如图 1-51 所示。

图 1-50　“后处理”对话框

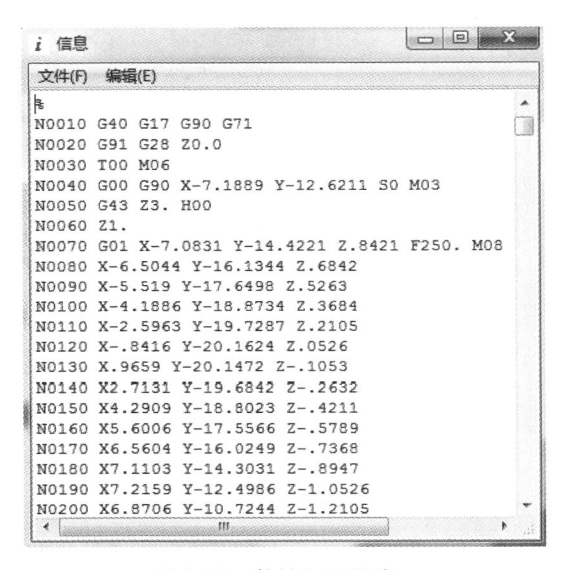

图 1-51　数控加工程序

练 习 题

完成本书配套课程资源二维码(在封底)中零件 lianxi\1-1.prt 的加工操作流程，创建型腔铣工序，如图 1-52 所示。

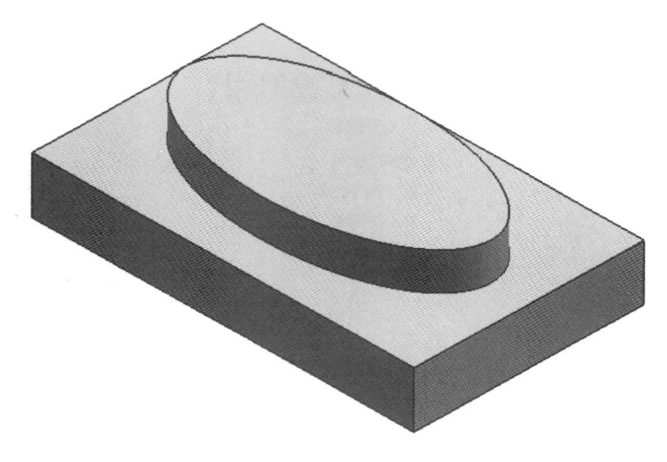

图 1-52 练习题

项目2 平面铣削

任务说明

本项目主要讲述 UG 平面铣削加工的一些主要方法，并通过一些典型的范例，介绍平面铣削相关类型的操作过程。平面铣削加工是一个 2.5 轴的加工方式，它的优点在于可以不做出完整的造型，而依据 2D 图形直接进行刀具路径的生成。它可以通过边界和不同的材料侧方向，创建任意区域的任意切削深度。平面铣削可以用于一般平面加工、外形的粗加工及凹槽的粗加工。

本项目通过三个任务的练习，重点讲解了平面铣削操作的创建步骤、几何体的选择、驱动方法与刀轨设置。

学习目标

理解平面铣削加工方法及特点，掌握平面铣削工序创建步骤，尤其是边界、材料侧的选择。

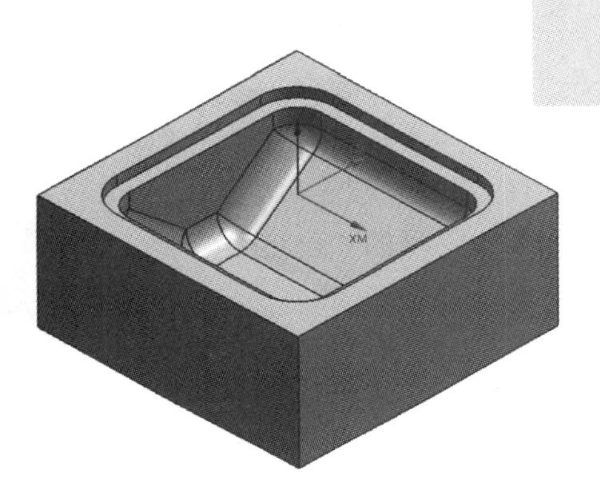

任务一　平面铣削操作创建示例 1

如图 2-1 所示零件，对方形毛坯料进行一次开粗，使用 D20C1 的倒斜铣刀进行开粗。

步骤 1　打开模型文件

启动 UG NX 10.0，并打开本书配套课程资源二维码（在封底）中的任务零件文件 renwu\2-1.prt，进入 UG 的加工模块。

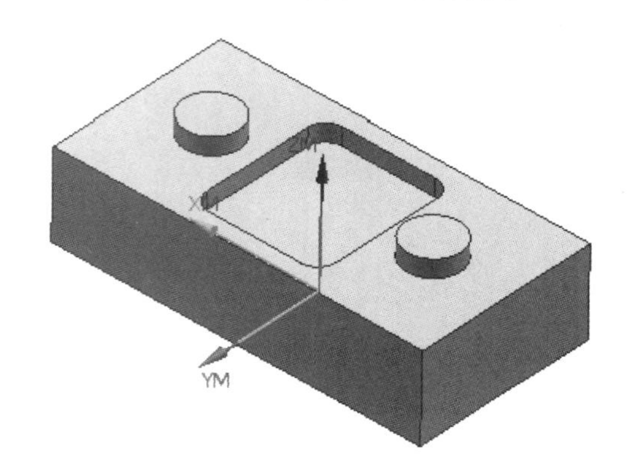

图 2-1　任务一零件图

步骤 2　创建加工坐标系及安全平面

在工序导航器空白处单击鼠标右键，切换至“几何视图”，如图 2-2 所示。双击“坐标系”图标 MCS_MILL，弹出“Mill Orient”对话框，如图 2-3 所示。单击“指定 MCS”中的图标，进入“CSYS”对话框，单击“操作器”按钮，系统弹出“点”对话框，在该对话框的 Z 文本框中输入 60，回到“CSYS”对话框，设置“参考”为“WCS”，如图 2-4 所示。单击“确定”按钮，则设置好加工坐标系。

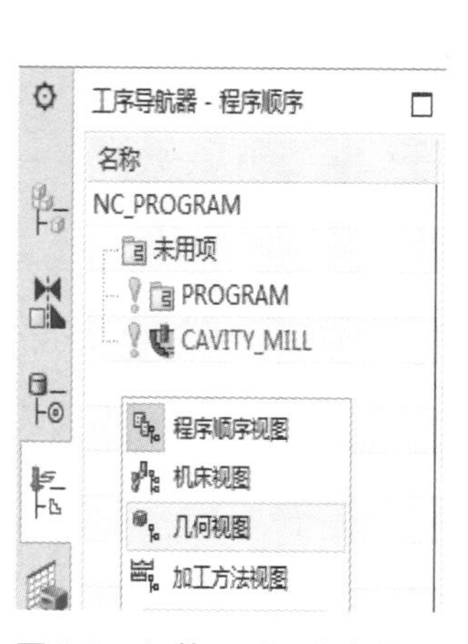

图 2-2　切换至“几何视图”

图 2-3　“Mill Orient”对话框

图 2-4　“CSYS”对话框

在“Mill Orient”对话框“安全设置”下的“安全设置选项”中选择“刨”，单击“指定平面”中的“平面对话框”图标，随即弹出“刨”对话框，如图 2-5 所示。选择“类型”为“自动判断”，“选择对象”为零件最顶部的平面，然后在“偏置”“距离”处输入 10，单击“确定”按钮，则设置好安全平面。最后单击“Mill Orient”对话框的“确定”按钮。

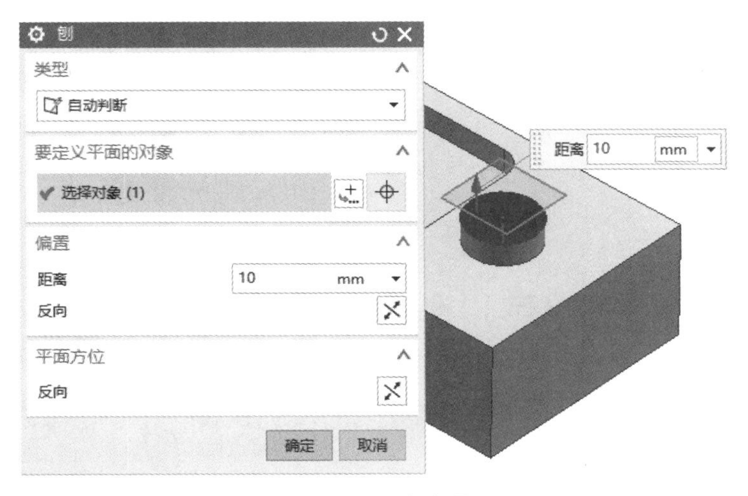

图 2-5 设置安全平面

步骤 3 创建几何体

双击“WORKPIECE”图标 WORKPIECE，弹出“工件”对话框，如图 2-6 所示。单击“指定部件”图标，然后框选被加工零件，如图 2-7 所示，单击“确定”按钮；单击“指定毛坯”图标，选择“包容块”，单击“确定”按钮。

图 2-6 “工件”对话框

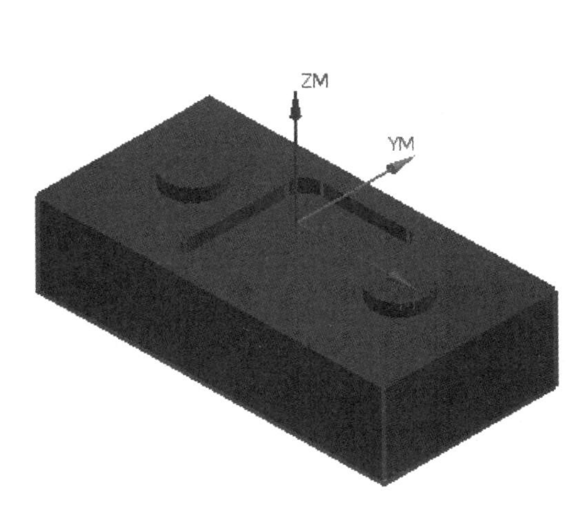

图 2-7 框选被加工零件

步骤 4 创建刀具

单击工具条上的“创建刀具”图标，弹出“创建刀具”对话框，如图 2-8 所示。设置“类型”为“mill_planar”，“刀具子类型”为“CHAMFER_MILL”图标，“名称”为“D20C1”，单击“确定”按钮，进入“倒斜铣刀”对话框，参数设置如图 2-9 所示。

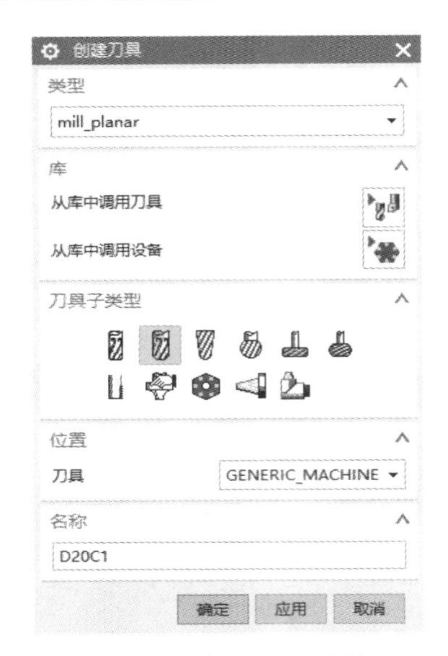

图 2-8 “创建刀具”对话框

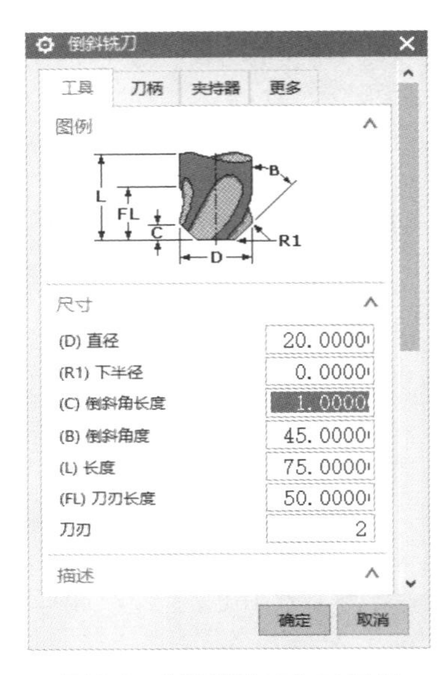

图 2-9 “倒斜铣刀”对话框

注：如果在加工过程中需要使用多把刀，比较合理的方式是一次性把所需要的刀具全部创建完毕，在后面的加工中可以直接选取已创建好的刀具。

步骤 5 创建表面铣粗加工工序

单击工具条上的“创建工序”图标，系统打开“创建工序”对话框。“类型”设为“mill_planar”，“工序子类型”设为“FACE_MILLING”，“刀具”选择“D20C1(倒斜铣刀)”，“几何体”选择“WORKPIECE”，“方法”选择“MILL_FINISH”，名称为“FACE_MILLING”，如图 2-10 所示，确认各选项后单击“确定”按钮，打开面铣对话框，如图 2-11 所示。

图 2-10 “创建工序”对话框

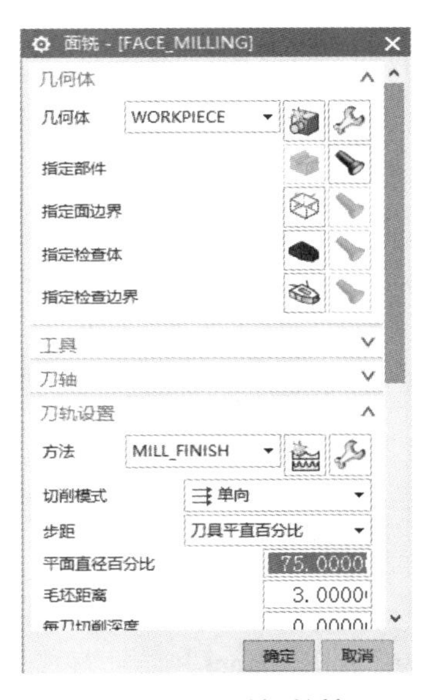

图 2-11 面铣对话框

步骤 6　指定面边界

在操作对话框（这里指面铣对话框）中单击“选择或编辑面几何体”图标，系统打开“毛坯边界”对话框，如图 2-12 所示，在“选择方法”文本框处选择 面，其他采用系统默认的参数设置。选取图 2-13 所示的模型表面，单击“确定”按钮，完成毛坯边界选择。

图 2-12 “毛坯边界”对话框

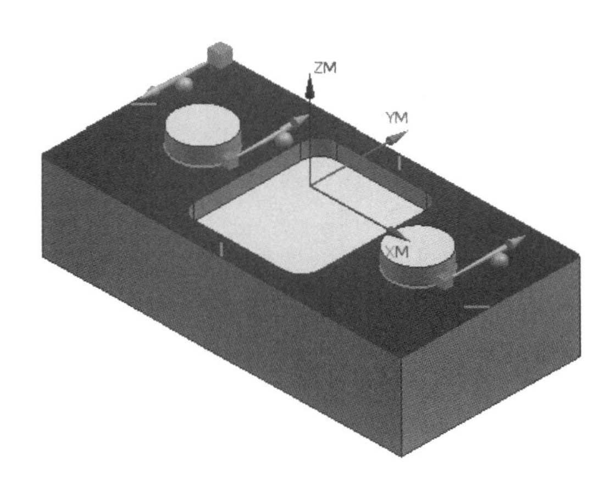

图 2-13　指定面边界

步骤 7　设置刀具路径参数

在面铣对话框的 切削模式 下拉列表中选择 跟随周边 选项，在 步距 下拉列表中选择 刀具平直百分比 选项，在 平面直径百分比 文本框中输入 50.0，在毛坯距离 文本框中输入 10，在每刀切削深度 文本框中输入 2.0，其他参数采用系统默认设置，如图 2-14 所示。完成后单击“确定”按钮，返回面铣对话框。

步骤 8　设置切削参数

在“刀轨设置”中单击“切削参数”图标，系统打开“切削参数”对话框。选择“策略”选项卡，参数设置如图 2-15 所示。选择“余量”选项卡，输入“部件余量”为 0.25，其他余量参数不变，如图 2-16 所示。完成设置后单击“确定”按钮，返回操作对话框。

步骤 9　设置非切削移动参数

在“刀轨设置”中单击“非切削移动”图标，弹出“非切削移动”对话框。首先设置进刀参数，其参数设置如图 2-17 所示。单击“确定”按钮完成非切削移动参数的设置，返回操作对话框。

步骤 10　设置进给率和速度

在“刀轨设置”中单击“进给率和速度”图标，弹出“进给率和速度”对话框，设置“主轴速度”为 1500，在“进给率”“切削”文本框中输入 600，按下键盘上的 Enter 键，然后单击按钮，如图 2-18 所示。单击“确定”按钮完成进给率和速度的设置，并返回操作对话框。

图 2-14 面铣对话框

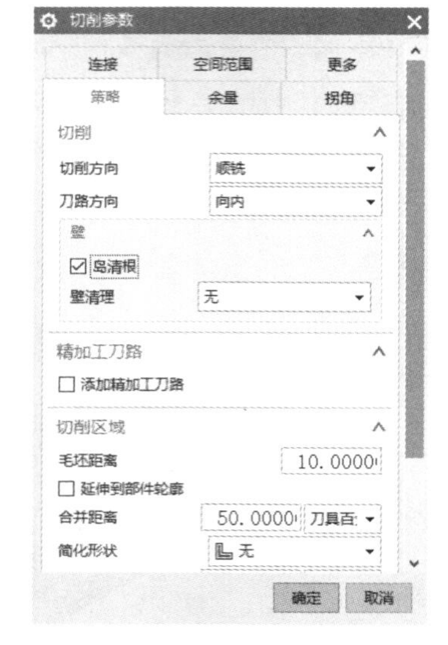

图 2-15 “策略”选项卡

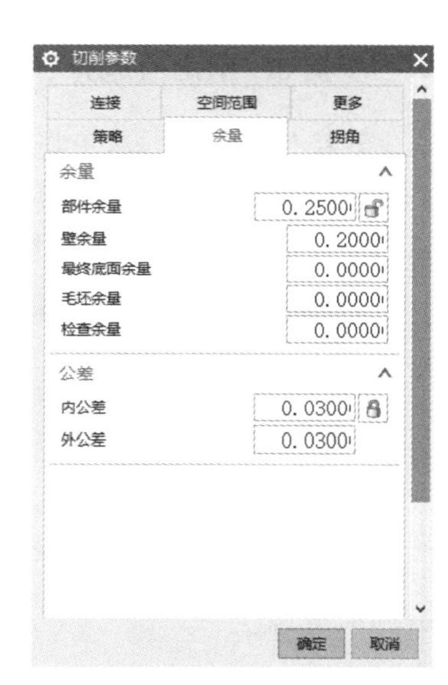

图 2-16 “余量”选项卡

图 2-17 进刀参数设置

图 2-18 进给率和速度设置

步骤 11 生成刀路轨迹并仿真

在面铣对话框中单击“生成”图标，计算生成刀路轨迹。产生的刀轨如图 2-19 所示，确认刀轨后单击“确定”按钮，接受刀轨并关闭操作对话框。使用 2D 动态仿真模拟，如图 2-20 所示。

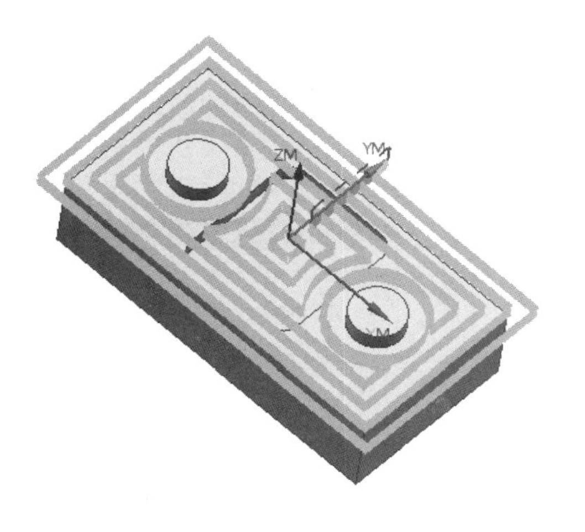

图 2-19　加工零件刀路轨迹

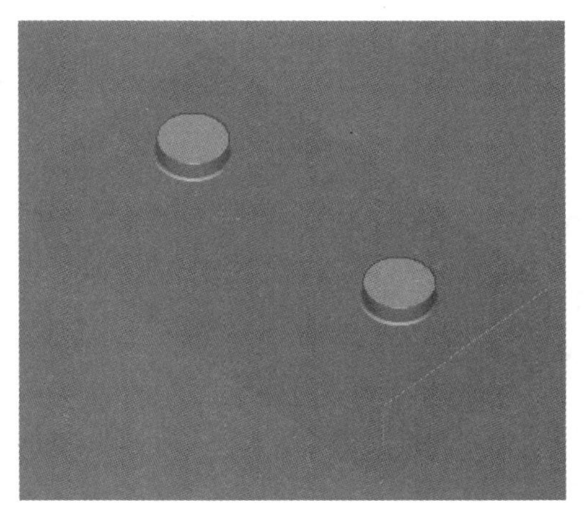
图 2-20　零件刀路轨迹 2D 动态仿真模拟

任务二　平面铣削操作创建示例 2

如图 2-21 所示零件，对方形毛坯料进行一次开粗，使用 D10R1 的圆角刀进行开粗。

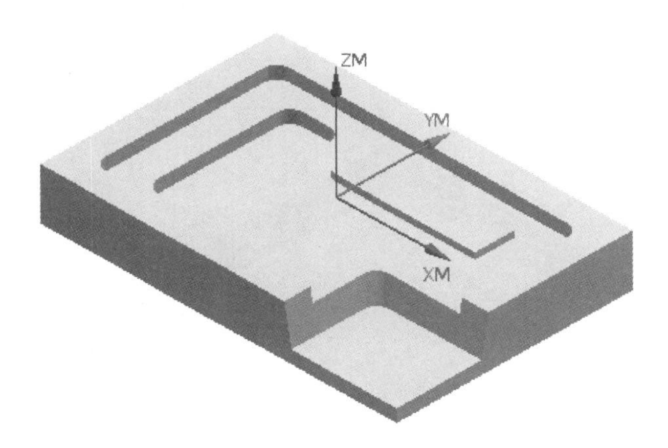

图 2-21　任务二零件图

步骤 1　打开模型文件

启动 UG NX 10.0，并打开本书配套课程资源二维码(在封底)中的任务零件文件 renwu\2-2.prt，进入 UG 的加工模块。

步骤 2　创建加工坐标系及安全平面

在工序导航器空白处单击鼠标右键，切换至“几何视图”，如图 2-22 所示。双击“坐标系”图标 MCS_MILL，弹出“Mill Orient”对话框，如图 2-23 所示。单击“指定 MCS”中的图标，进入“CSYS”对话框，设置“参考”为“WCS”，如图 2-24 所示。单击“确定”

按钮，则设置好加工坐标系。

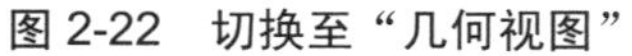
图 2-22　切换至“几何视图”

图 2-23　“Mill Orient”对话框

图 2-24　“CSYS”对话框

在“Mill Orient”对话框“安全设置”下的“安全设置选项”中选择“刨”，单击“指定平面”中的“平面对话框”图标，随即弹出“刨”对话框。选择“类型”为“自动判断”，“选择对象”为零件最顶部的平面，然后在“偏置”“距离”处输入 10，单击“确定”按钮，则设置好安全平面。最后单击“Mill Orient”对话框的“确定”按钮。

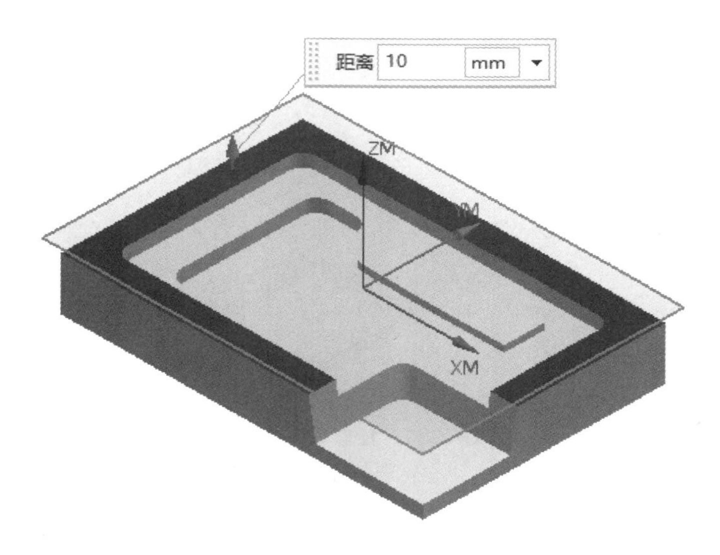

图 2-25　设置安全平面

步骤 3　创建几何体

双击“WORKPIECE”图标 WORKPIECE，弹出“工件”对话框，如图 2-26 所示。单击“指定部件”图标，然后框选被加工零件，如图 2-27 所示，单击“确定”按钮；单击“指定毛坯”图标，选择 部件的偏置，在“部件偏置”文本框中输入 0.5，单击“确定”按钮。

图 2-26 “工件”对话框

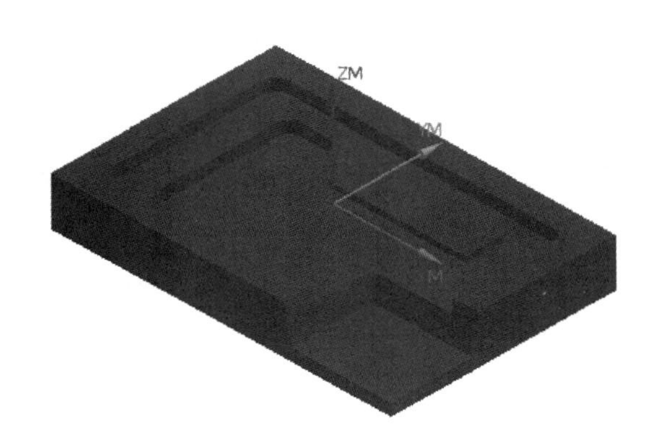

图 2-27 框选被加工零件

步骤 4 创建刀具

单击工具条上的“创建刀具”图标 ，弹出“创建刀具”对话框，如图 2-28 所示。设置“类型”为“mill_planar”，“刀具子类型”为“MILL”图标，“名称”为“D10R1”，单击“确定”按钮，进入“铣刀-5 参数”对话框，参数设置如图 2-29 所示。

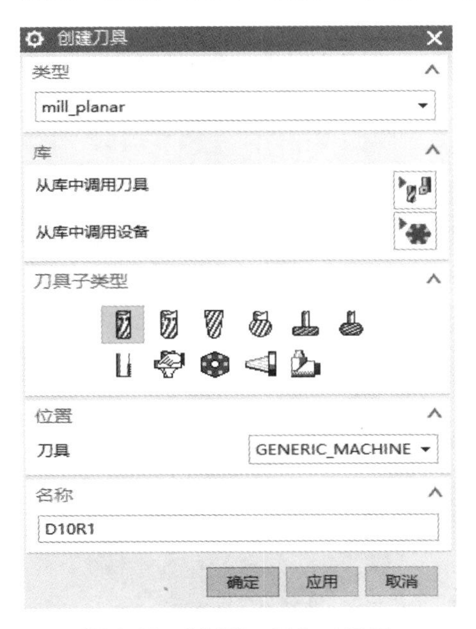

图 2-28 “创建刀具”对话框

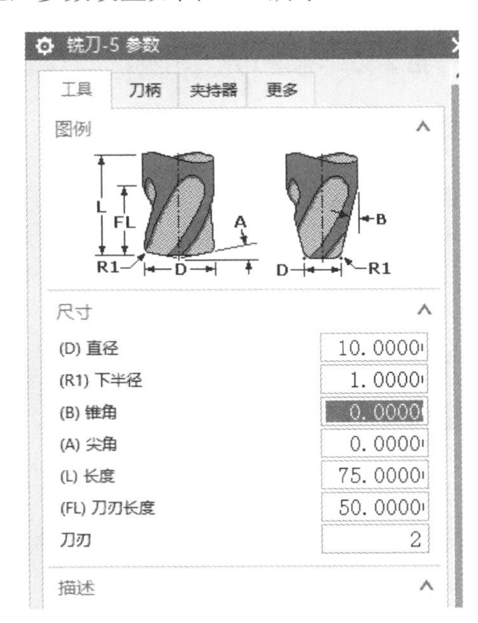

图 2-29 “铣刀-5 参数”对话框

步骤 5 创建手工面铣粗加工工序

单击工具条上的“创建工序”图标 ，系统打开“创建工序”对话框。“类型”设为

“mill_planar”，“工序子类型”设为“FACE_MILLING_MANUAL”，“刀具”选择“D10R1(铣刀-5 参数)”，“几何体”选择“WORKPIECE”，“方法”选择“MILL_FINISH”，名称为“FACE_MILLING_MANUAL”，如图 2-30 所示，确认各选项后单击“确定”按钮，打开手工面铣削对话框，如图 2-31 所示。

图 2-30 “创建工序”对话框

图 2-31 手工面铣削对话框

步骤 6 指定切削区域

在操作对话框（这里指手工面铣对话框）中单击“选择或编辑切削区域几何体”图标，系统打开“切削区域”对话框，如图 2-32 所示。依次选取图 2-33 所示的面 1、面 2、面 3 为切削区域，单击“确定”按钮，完成切削区域选择，同时系统返回到手工面铣削对话框。

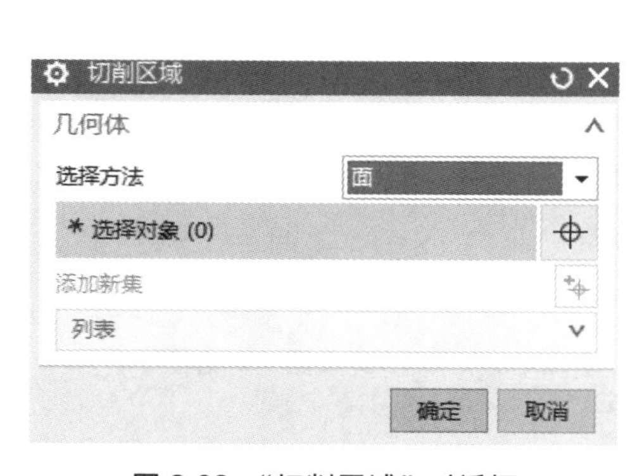

图 2-32 “切削区域”对话框

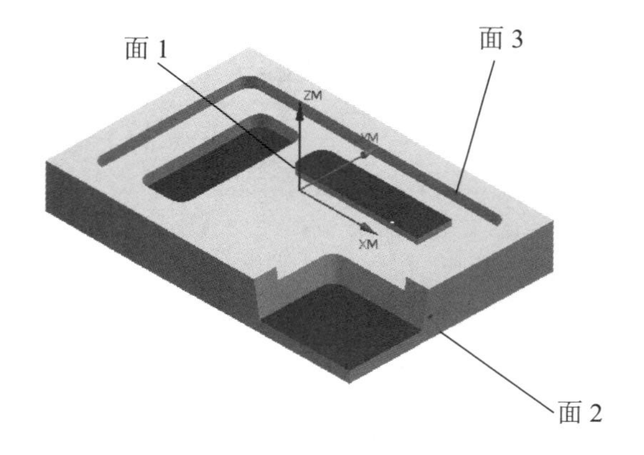

图 2-33 指定切削区域

步骤 7　设置刀具路径参数

在手工面铣削对话框的 切削模式 下拉列表中选择 混合 选项，在 步距 下拉列表中选择 刀具平直百分比 选项，在 平面直径百分比 文本框中输入 50.0，在毛坯距离 文本框中输入 0.5，其他参数采用系统默认设置。

步骤 8　设置切削参数

在“刀轨设置”中单击“切削参数”图标，系统打开“切削参数”对话框。在“切削参数”对话框中单击“拐角”选项卡，在 光顺 下拉列表中选择 所有刀路 选项，其他参数采用系统默认设置。

步骤 9　设置非切削移动参数

采用系统默认的非切削移动参数。

步骤 10　设置进给率和速度

在手工面铣削对话框中单击“进给率和速度”图标，弹出“进给率和速度”对话框，设置“主轴速度”为 1400，在“进给率”文本框中输入 600，按下键盘上的 Enter 键，然后单击按钮，单击“确定”按钮完成进给率和速度的设置，并返回操作对话框。

步骤 11　生成刀路轨迹并仿真

在手工面铣削对话框中单击“生成”图标，系统弹出图 2-34 所示的“区域切削模式”对话框。

图 2-34 “区域切削模式”对话框

注：加工区域在“区域切削模式”对话框中的排列顺序与选取切削区域时的顺序一致。

(1) 设置第 1 个加工区域的切削模式。在“区域切削模式”对话框的显示模式下拉列表中选择选定的选项，单击region_1_level_4选项，此时图形区显示该加工区域，如图 2-35 所示；在下拉菜单中选择“跟随周边”选项；单击“编辑”按钮，系统弹出“跟随周边 切削参数”对话框，在该对话框中设置图 2-36 所示的参数，然后单击“确定”按钮。

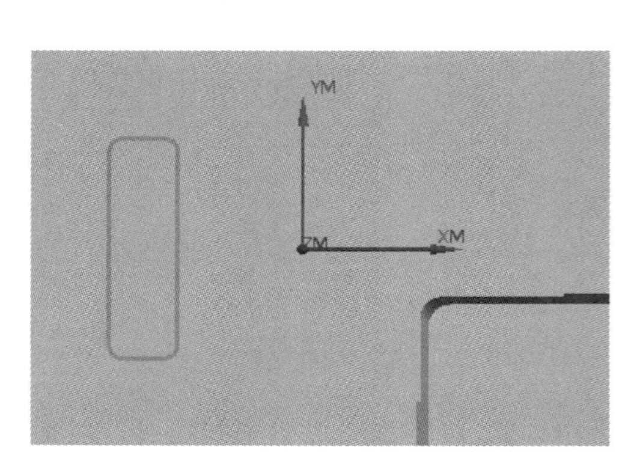

图 2-35 显示加工区域

图 2-36 “跟随周边 切削参数”对话框

(2) 设置第 2 个加工区域的切削模式。在“区域切削模式”对话框中单击region_2_level_6选项，此时图形区显示该加工区域，如图 2-37 所示；在下拉菜单中选择“跟随部件”选项；单击“编辑”按钮，系统弹出“跟随部件 切削参数”对话框，在该对话框中设置图 2-38 所示的参数，然后单击“确定”按钮。

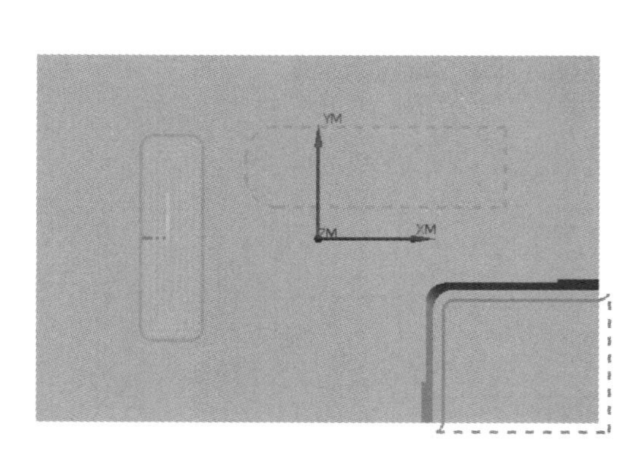

图 2-37 显示加工区域

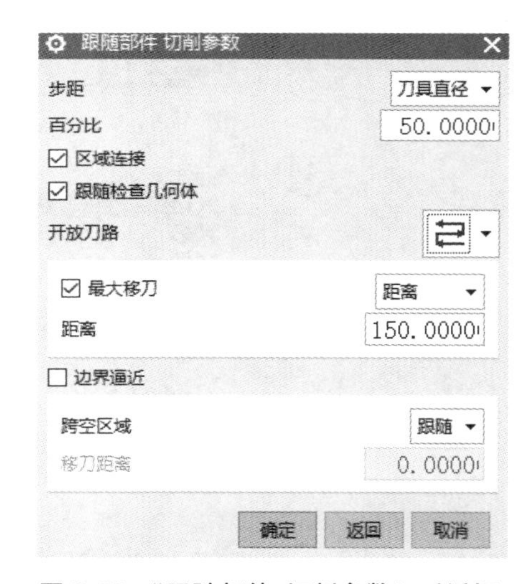

图 2-38 “跟随部件 切削参数”对话框

(3) 设置第 3 个加工区域的切削模式。在“区域切削模式”对话框中单击region_3_level_2选项；在下拉菜单中选择“往复”选项；单击“编辑”按钮，系统弹出“往复 切削参数”对话框，在该对话框中设置图 2-39 所示的参数，然后单击“确定”按钮。

(4) 在“区域切削模式”对话框的显示模式下拉列表中选择全部选项，图形区中显示所有加工区域正投影方向下的刀路轨迹，如图 2-40 所示。

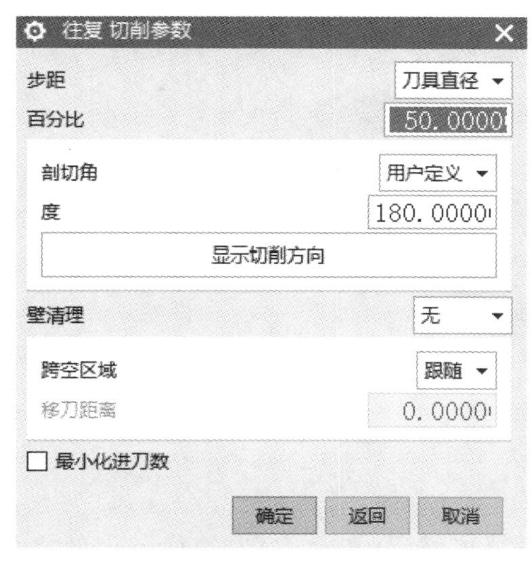

图 2-39　“往复 切削参数”对话框

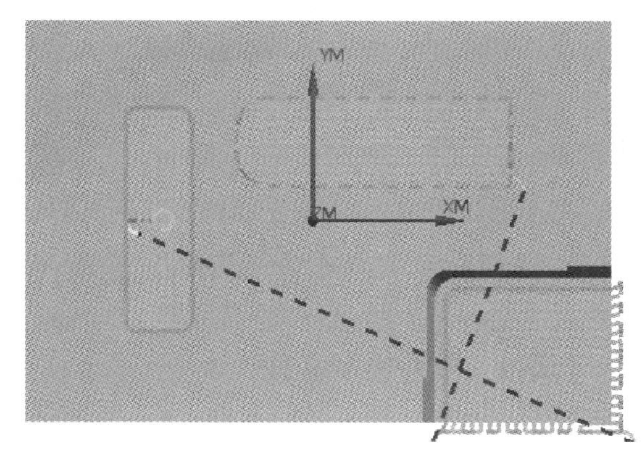

图 2-40　刀路轨迹（一）

在“区域切削模式”对话框中单击“确定”按钮，系统返回到手工面铣削对话框，并在图形区中显示 3D 状态下的刀路轨迹，如图 2-41 所示。在手工面铣削对话框中单击“确认”按钮，然后在系统弹出的“刀轨可视化”对话框中进行 2D 动态仿真，单击两次“确定”按钮完成操作，如图 2-42 所示。保存文件。

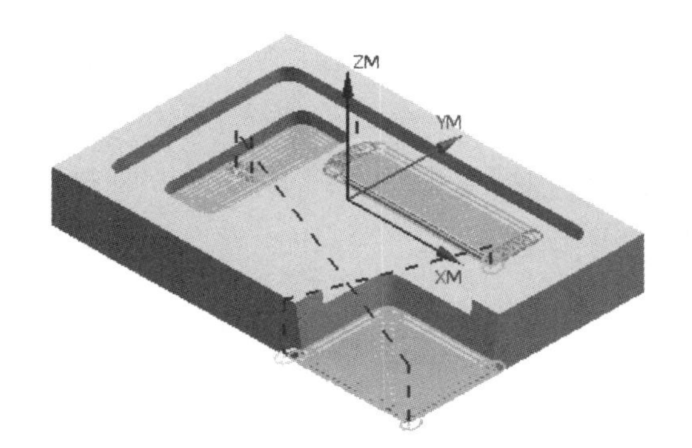

图 2-41　刀路轨迹（二）

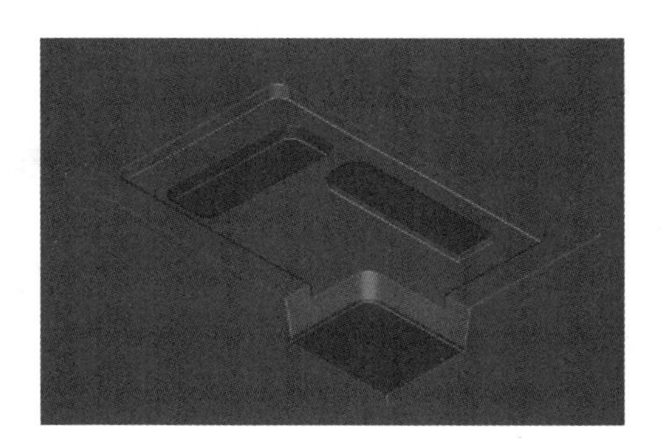

图 2-42　2D 动态仿真

任务三　平面铣削操作创建示例 3

如图 2-43 所示零件，对方形毛坯料进行一次开粗，使用 D10R0 刀进行开粗，精铣侧壁使用 D8R0 刀。

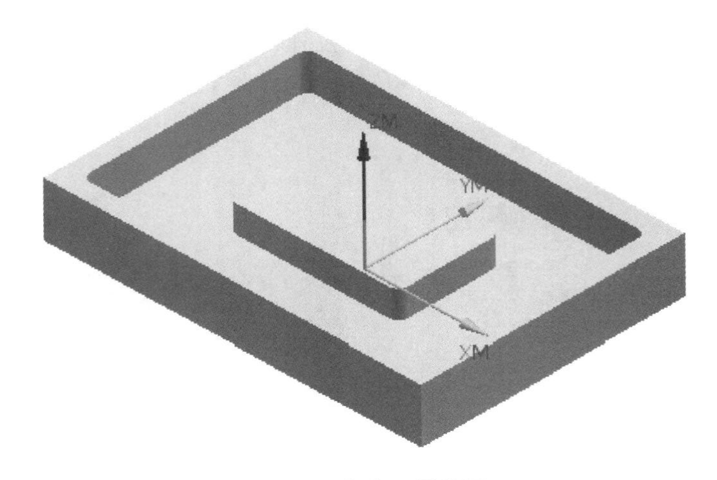

图 2-43　任务三零件图

步骤 1　打开模型文件

启动 UG NX 10.0，并打开本书配套课程资源二维码(在封底)中的任务零件文件 renwu\2-3.prt，进入 UG 的加工模块。

步骤 2　创建加工坐标系及安全平面

在工序导航器空白处单击鼠标右键，切换至“几何视图”，如图 2-44 所示。双击“坐标系”图标 MCS_MILL，弹出“Mill Orient”对话框，如图 2-45 所示。单击“指定 MCS”中的图标，进入“CSYS”对话框，单击“操作器”按钮，系统弹出“点”对话框，在该对话框的 Z 文本框中输入 30，单击“确定”按钮，回到图 2-46，单击“确定”按钮，则设置好加工坐标系。

图 2-44　切换至“几何视图”

图 2-45　“Mill Orient”对话框

图 2-46　“CSYS”对话框

在“Mill Orient”对话框“安全设置”下的“安全设置选项”中选择“刨”，单击“指定平面”中的“平面对话框”图标，随即弹出“刨”对话框，如图 2-47 所示。选择“类型”

为“按某一距离”，“选择对象”为零件最顶部的平面，然后在“偏置”“距离”处输入 15，单击“确定”按钮，则设置好安全平面。最后单击“Mill Orient”对话框的“确定”按钮。

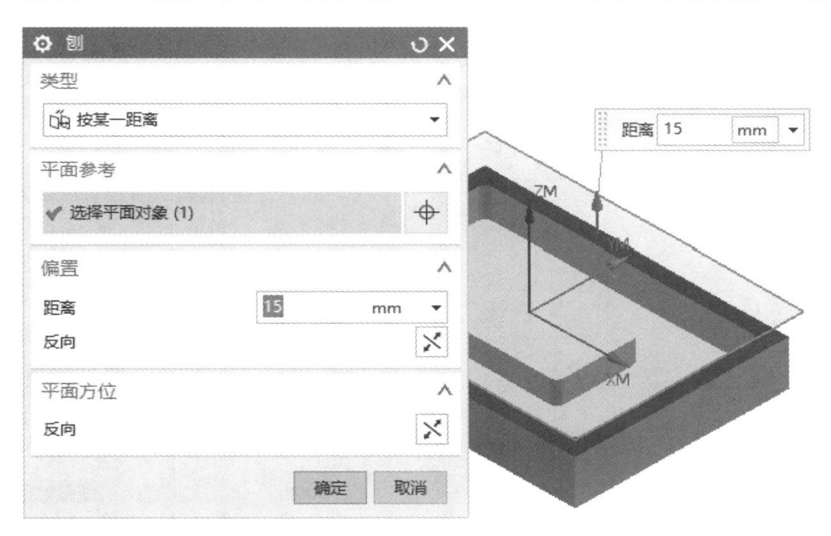

图 2-47 设置安全平面

步骤 3 创建几何体

双击“WORKPIECE”图标 WORKPIECE，弹出“工件”对话框，如图 2-48 所示。单击“指定部件”图标，然后框选被加工零件，如图 2-49 所示，单击“确定”按钮；单击“指定毛坯”图标，选择“包容块”，单击“确定”按钮。

图 2-48 “工件”对话框

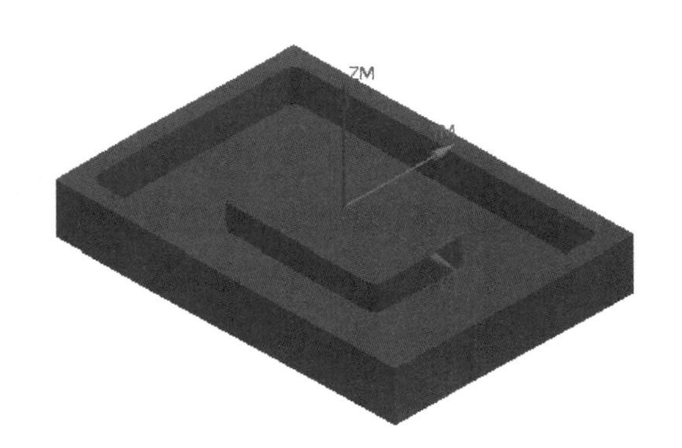

图 2-49 框选被加工零件

步骤 4　创建边界几何体

单击工具条上的“几何体”图标，弹出“创建几何体”对话框，如图 2-50 所示，在该对话框“几何体子类型”区域中单击“MILL_BND”按钮，在位置区域的“几何体”下拉列表中选择WORKPIECE选项，采用系统默认的名称，单击“确定”按钮，系统弹出“铣削边界”对话框，如图 2-51 所示。

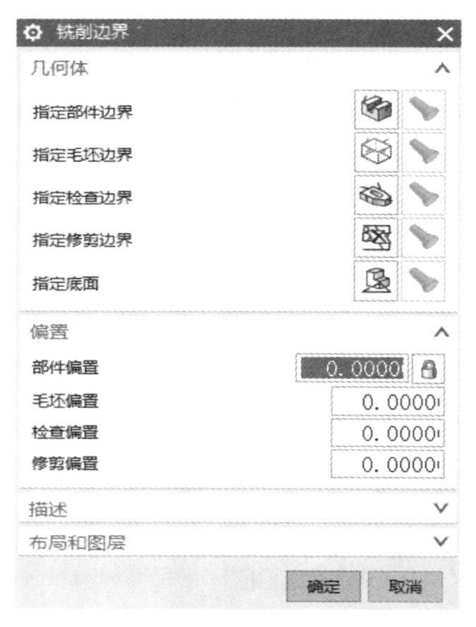

图 2-50　“创建几何体”对话框　　图 2-51　“铣削边界”对话框

单击“铣削边界”对话框指定部件边界右侧的按钮，系统弹出图 2-52 所示的“部件边界”对话框，在该对话框的边界“选择方法”右侧下拉列表中选择曲线选项，其余参数设置如图 2-52 所示，并在图形区域选取曲线串 1。

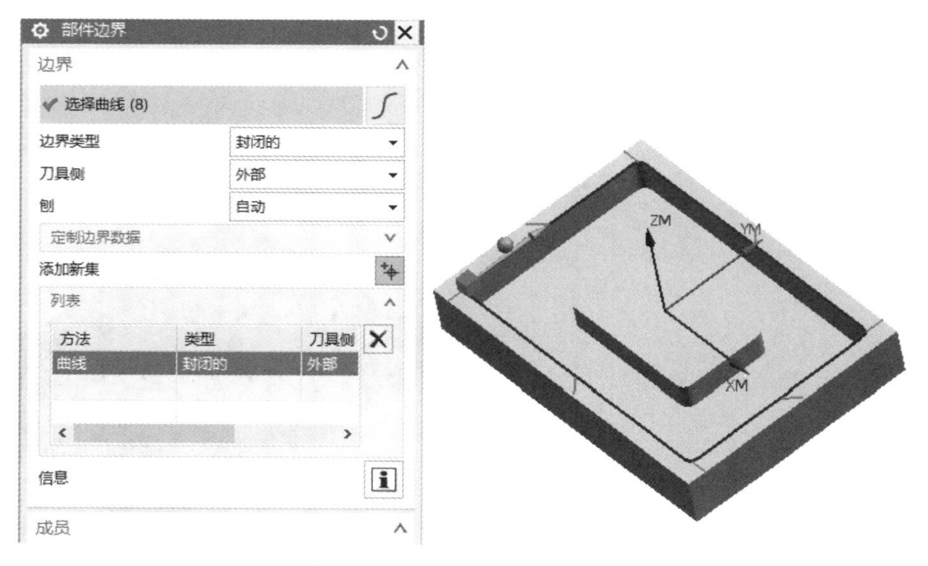

图 2-52　“部件边界”对话框(“外部”)

在“部件边界”对话框中，改变刀具侧为“内部”选项，其余参数不变，在图形区选取曲线串 2，如图 2-53 所示。单击“确定”按钮，完成边界的创建，返回到“铣削边界”对话框。

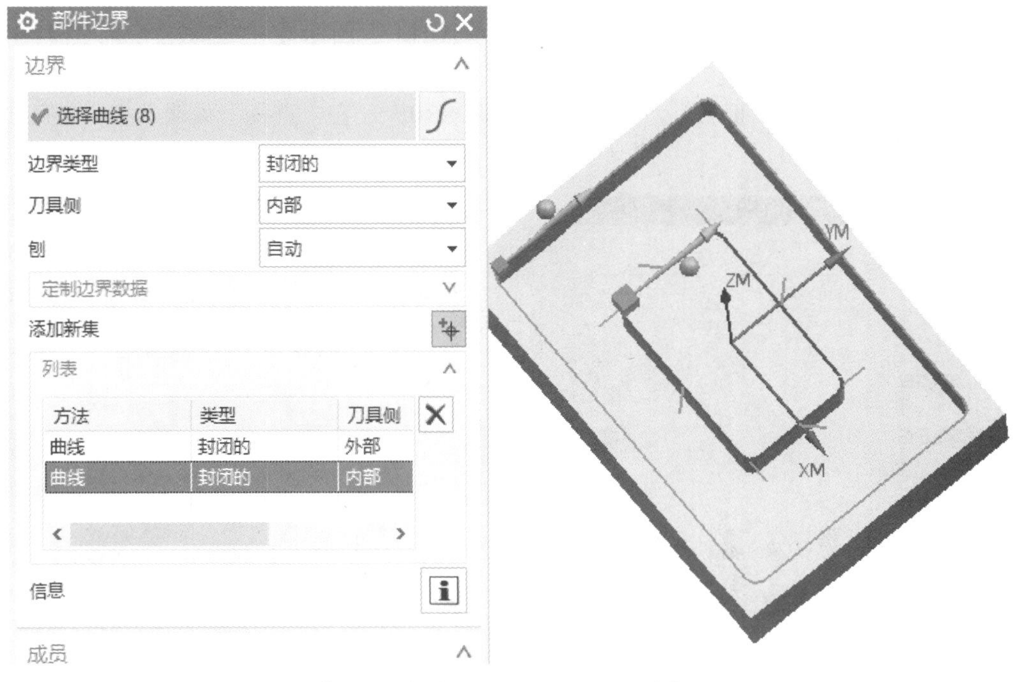

图 2-53 “部件边界”对话框（“内部”）

单击指定底面右侧的按钮，系统弹出“刨”对话框，在图形区选取图 2-54 所示的底面参照，单击“确定”按钮，完成底面的指定，返回到“铣削边界”对话框，单击“确定”按钮，完成边界几何体的创建。

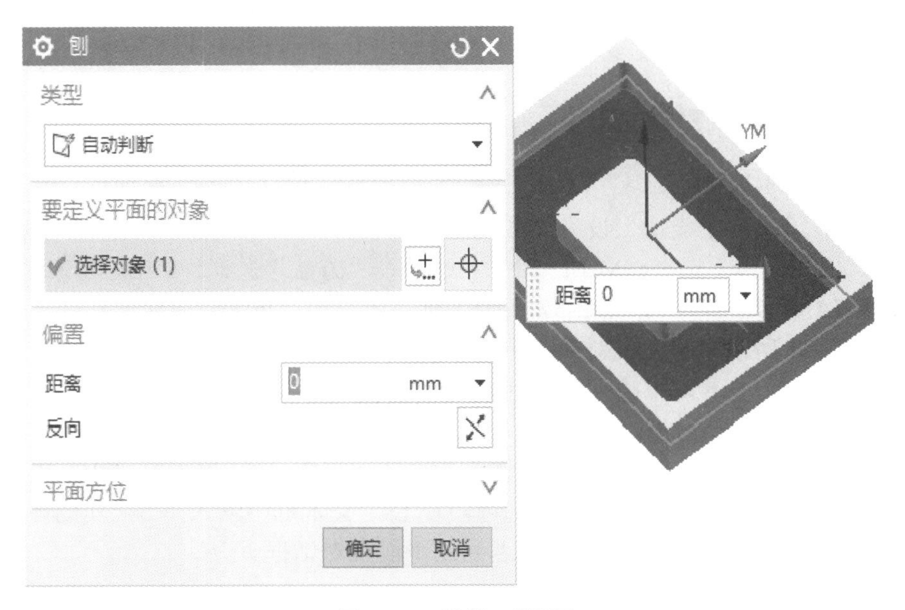

图 2-54 “刨”对话框

步骤 5　创建刀具

单击工具条上的“创建刀具”图标 创建刀具 ，弹出“创建刀具”对话框，如图 2-55 所示。设置“类型”为“mill_planar”，“刀具子类型”为“MILL”图标，“名称”为“D10R0”，单击“确定”按钮，进入“铣刀-5 参数”对话框，参数设置如图 2-56 所示。

以同样的方法创建第二把刀具，“名称”为“D8R0”，在“直径”处输入 8，在底圆角半径即“下半径”处输入 0。

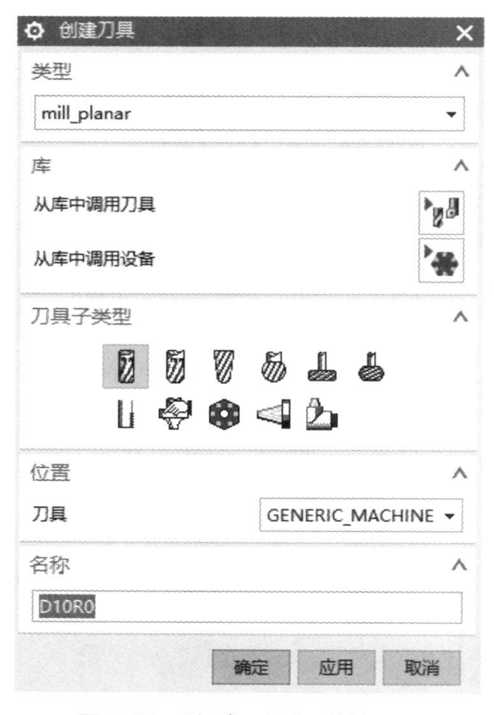

图 2-55 “创建刀具”对话框

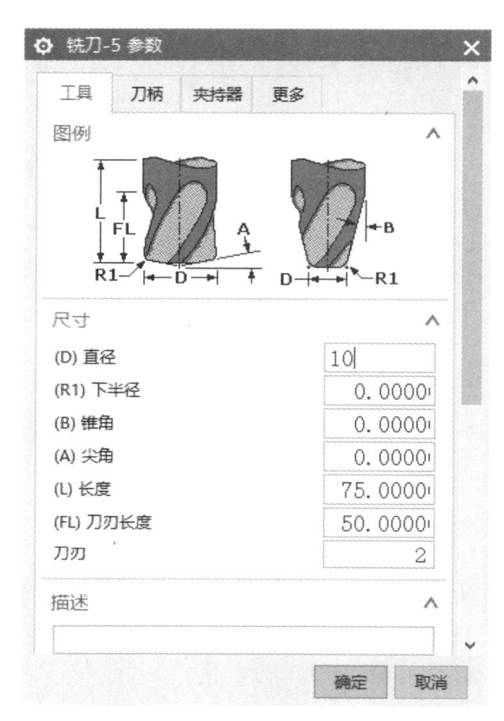

图 2-56 “铣刀-5 参数”对话框

步骤 6　创建平面铣粗加工工序

单击工具条上的“创建工序”图标 创建工序，系统打开“创建工序”对话框。“类型”设为“mill_planar”，“工序子类型”设为“PLANAR_MILL”，“刀具”选择“D10R0(铣刀-5 参数)”选项，“几何体”选择“MILL_BND”选项，“方法”选择“MILL_SEMI_FINISH”，名称为“PLANAR_MILL”，如图 2-57 所示，确认各选项后单击“确定”按钮，打开平面铣对话框，如图 2-58 所示。平面铣对话框中的参数设置如图 2-59 所示，切削模式下拉列表框中选择 跟随部件 选项，在步距下拉列表中选择 刀具平直百分比选项，在 平面直径百分比 文本框中输入 50，其他参数采用系统默认的设置值。

在平面铣对话框中单击“切削层”按钮，系统弹出图 2-60 所示的“切削层”对话框。在该对话框的类型下拉列表中选择 恒定 选项，在 公共 文本框中输入 1.0，其他参数采用系统默认的设置值，单击“确定”按钮，系统返回到平面铣对话框。

图 2-57　创建平面铣工序

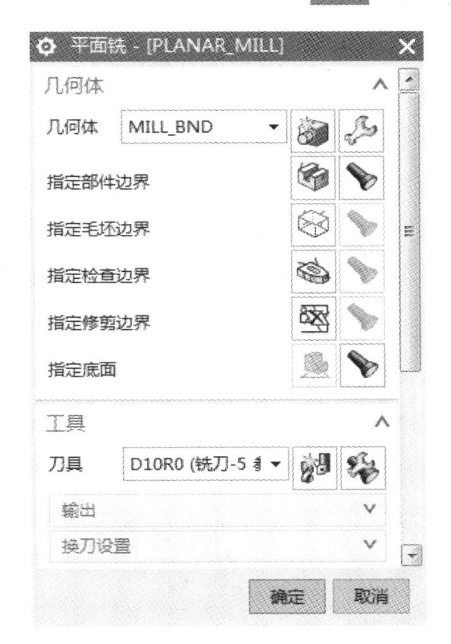

图 2-58　平面铣对话框

图 2-59　刀轨设置参数

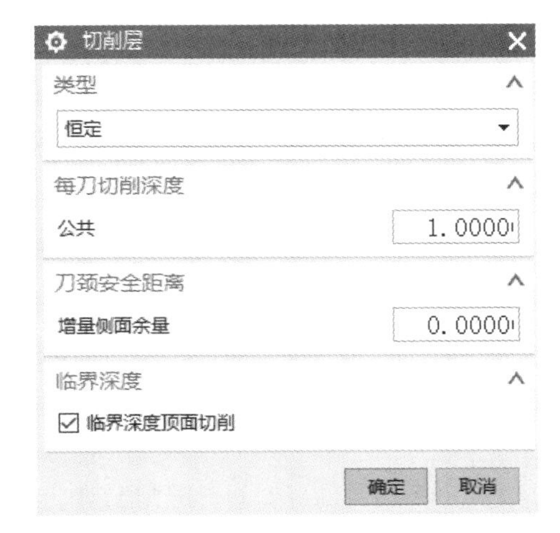

图 2-60　“切削层”对话框

步骤 7　设置切削参数

在“刀轨设置”中单击“切削参数”图标，系统打开“切削参数”对话框。选择“余量”选项卡，输入“部件余量”为 0.5；选择“拐角”选项卡，在“光顺”下拉列表中选择“所有刀路”选项；选择“连接”选项卡，其中参数设置如图 2-61 所示。完成设置后单击“确定”按钮，返回操作对话框。

步骤 8 设置非切削移动参数

在“刀轨设置”中单击“非切削移动”图标，弹出“非切削移动”对话框。选择“退刀”选项卡，设置参数如图 2-62 所示。单击“确定”按钮完成非切削移动参数的设置，返回操作对话框。

图 2-61 “连接”选项卡

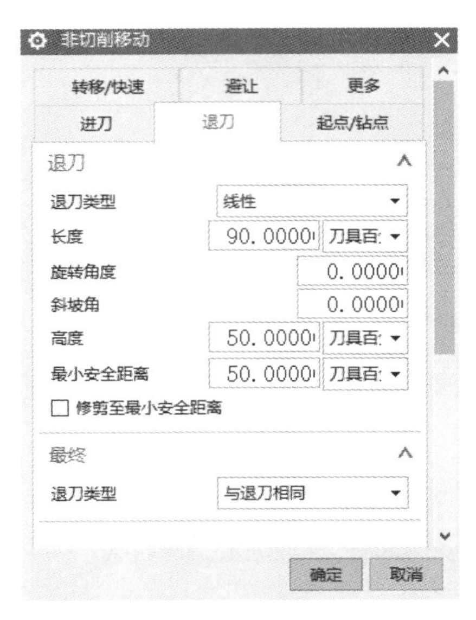

图 2-62 “退刀”选项卡

步骤 9 设置进给率和速度

在“刀轨设置”中单击“进给率和速度”图标，弹出“进给率和速度”对话框，设置“主轴速度”为 3000，在“进给率”的“切削”文本框中输入 800，按下键盘上的 Enter 键，然后单击按钮，如图 2-63 所示。单击“确定”按钮完成进给率和速度的设置，返回操作对话框。

图 2-63 进给率和速度设置

步骤 10 生成刀路轨迹并仿真

在平面铣对话框中单击“生成”图标，计算生成刀路轨迹。产生的刀轨如图 2-64 所示，确认刀轨后单击“确定”按钮，接受刀轨并关闭操作对话框。使用 2D 动态仿真模拟，如图 2-65 所示。

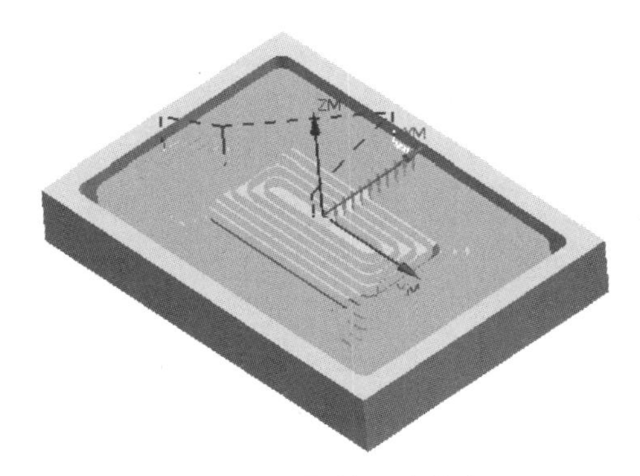

图 2-64 加工零件刀路轨迹

图 2-65 2D 仿真效果

步骤 11 创建侧壁精加工工序

单击工具条上的“创建工序”图标，系统打开“创建工序”对话框。“类型”设为“mill_planar”，“工序子类型”设为“PLANAR_PROFILE”，“刀具”选择“D8R0(铣刀-5 参数)”选项，“几何体”选择“WORKPIECE”选项，“方法”选择“MILL_FINISH”，名称为“PLANAR_PROFILE_1”，如图 2-66 所示，确认各选项后单击“确定”按钮，打开平面轮廓铣对话框，如图 2-67 所示。

图 2-66 “创建工序”对话框

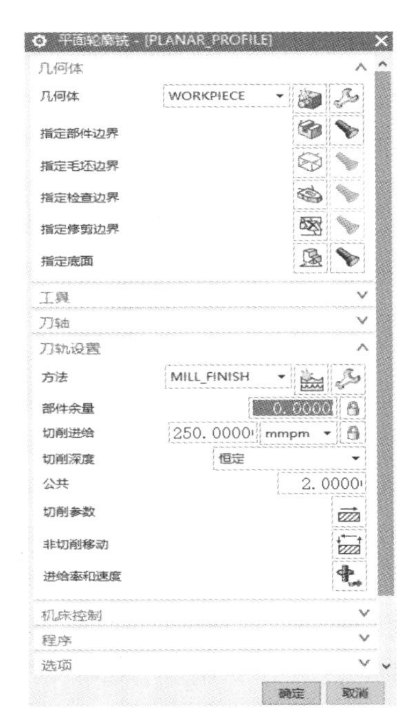

图 2-67 平面轮廓铣对话框

在平面轮廓铣对话框几何体区域中单击“选择或编辑部件边界”按钮，系统弹出图 2-68 所示的“边界几何体”对话框。在模式下拉列表中选择“面”选项，系统弹出图 2-69 所示的“创建边界”对话框。

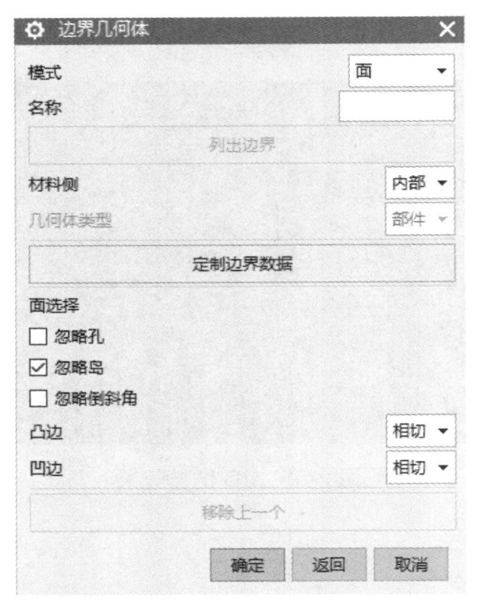

图 2-68 “边界几何体”对话框

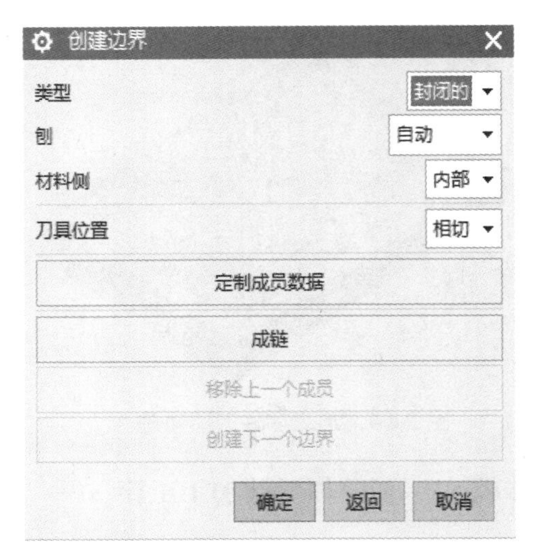

图 2-69 “创建边界”对话框

在“创建边界”对话框的材料侧下拉列表中选择内部选项，其他参数采用系统默认的设置值。系统在零件模型上选取图 2-70 所示的边线串 1 为几何体边界，单击“创建边界”对话框中的创建下一个边界按钮。在“创建边界”对话框的材料侧下拉列表中选择外部选项，图 2-70 所示的边线串 2 为几何体边界，单击“确定”按钮，系统返回到“边界几何体”对话框。单击“确定”按钮，系统返回到平面轮廓铣对话框，完成部件边界的创建。

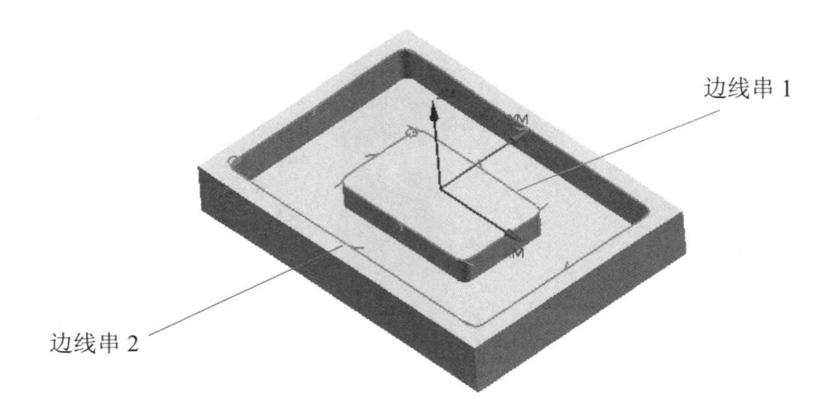

图 2-70 创建边界

在平面轮廓铣对话框中单击按钮，系统弹出图 2-71 所示的“刨”对话框，在类型下拉列表中选择自动判断。在模型上选取图 2-71 所示的模型平面，在“偏置”区域“距离”文本框中输入−20，单击“确定”按钮，完成底面的指定。

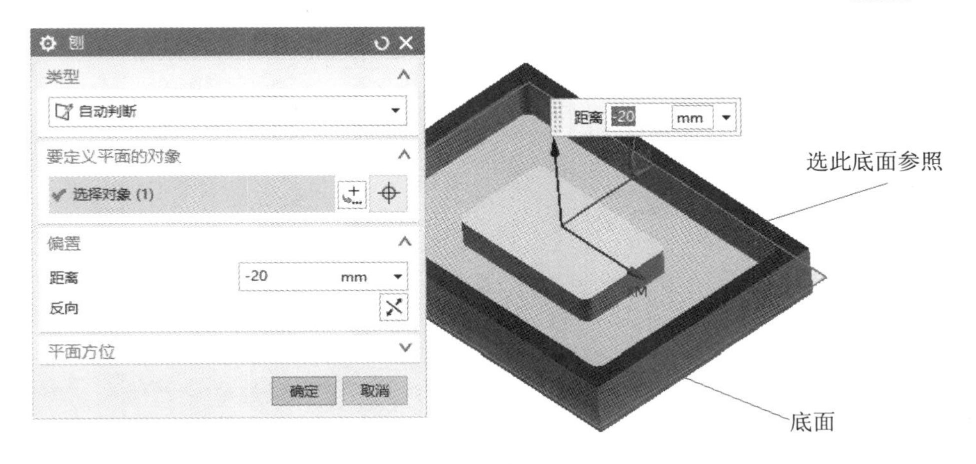

图 2-71　指定底面

步骤 12　创建刀具路径参数

刀轨设置区域的“部件余量”和“切削深度”参数设置如图 2-72 所示。

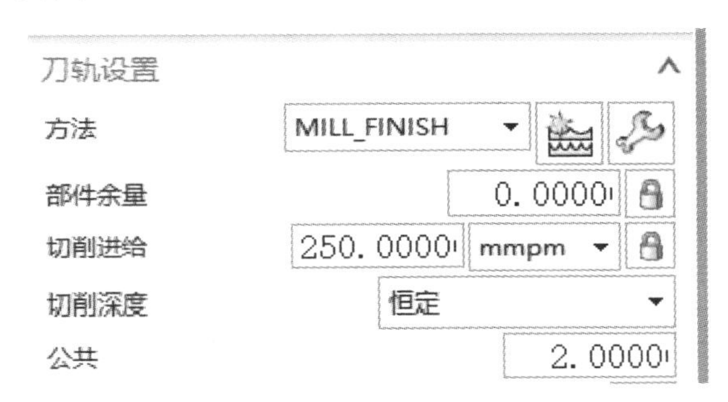

图 2-72　刀具路径参数

步骤 13　设置切削参数

在“刀轨设置”中单击“切削参数”图标，系统打开“切削参数”对话框。选择“策略”选项卡，切削顺序 选择“深度优先”选项；选择“余量”选项卡，其参数采用系统默认的设置值；选择“连接”选项卡，在切削顺序区域的区域排序 下拉列表中选择标准。完成设置后单击“确定”按钮，返回平面轮廓铣对话框。

步骤 14　设置非切削移动参数

在“刀轨设置”中单击“非切削移动”图标，弹出“非切削移动”对话框。按图 2-73 所示设置“进刀”选项卡。

步骤 15　设置进给率和速度

在“刀轨设置”中单击“进给率和速度”图标，弹出“进给率和速度”对话框，设置“主轴速度”为 2000，并根据主轴速度计算出切削进给率为 250，按下键盘上的 Enter 键，然后单击按钮，如图 2-74 所示。单击“确定”按钮完成进给率和速度的设置，返回操作对话框。

图 2-73　非切削移动参数设置

图 2-74　设置进给率和速度

步骤 16　生成刀路轨迹并仿真

在平面轮廓铣对话框中单击“生成”图标，计算生成刀路轨迹。产生的刀轨如图 2-75 所示，确认刀轨后单击“确定”按钮，接受刀轨并关闭操作对话框。使用 2D 动态仿真模拟，如图 2-76 所示。

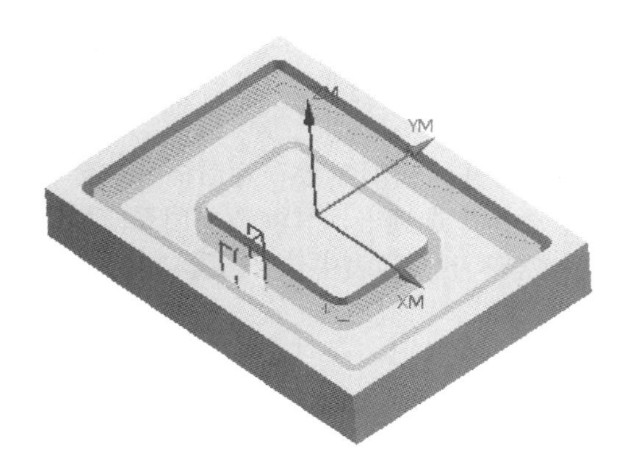

图 2-75　精铣侧壁刀路轨迹

图 2-76　精铣侧壁刀路轨迹 2D 仿真模拟

练　习　题

1. 完成本书配套课程资源二维码(在封底)中零件 lianxi\2-1.prt 的曲面铣操作创建，如

图 2-77 所示。

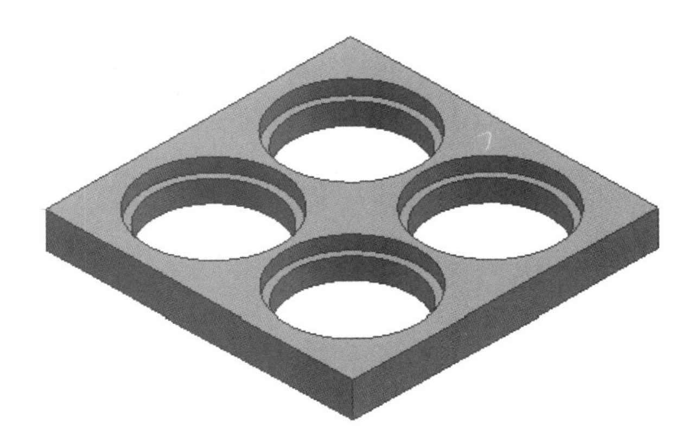

图 2-77 练习题 1

2. 完成本书配套课程资源二维码(在封底)中零件 lianxi\2-2.prt 的曲面铣操作创建，如图 2-78 所示。

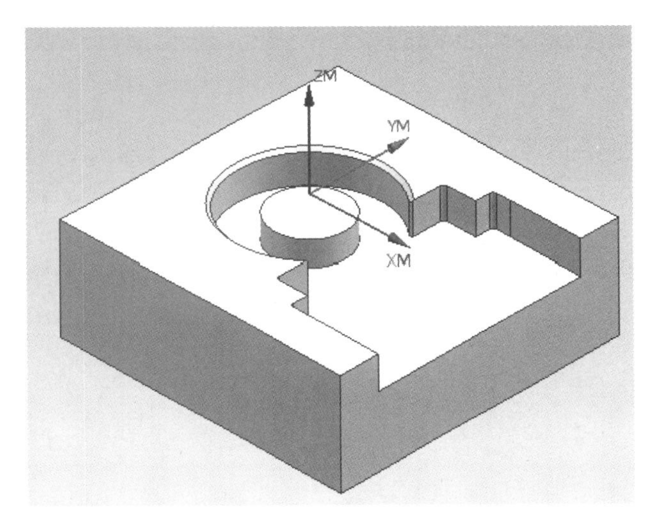

图 2-78 练习题 2

项目3 钻孔加工

任务说明

本项目主要讲述钻孔加工方法，钻孔加工是以点为加工对象的，钻孔加工几何体的设置包括孔的指定、顶面的指定、底面的指定，孔的指定方式有多种选择类型。钻孔加工的参数设置包括刀轴、循环类型、深度偏置、刀轨设置参数等。本项目通过两个任务的练习，重点讲解了钻孔点的指定与优化、循环类型参数设定、钻孔加工的工序参数设置。

学习目标

理解钻孔加工方法及特点，掌握钻孔加工及其子类型的工序创建步骤，能根据孔的特点正确选用钻孔加工方法，恰当设置钻孔加工及其子类型的相关加工参数。

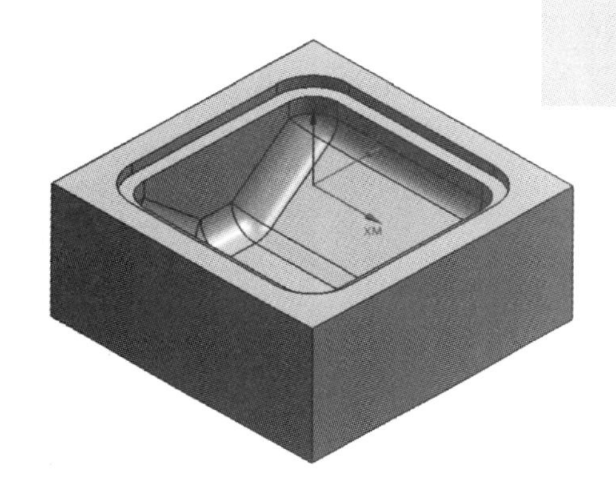

任务一　钻孔加工操作创建示例1

如图3-1所示零件的孔加工，6个孔均为通孔，孔的直径为8 mm，使用UG钻孔加工方法完成加工程序的编制。

图3-1　任务一零件图

步骤1　打开模型文件，进入加工模块

启动UG NX 10.0，打开本书配套课程资源二维码(在封底)中的任务零件文件renwu\3-1.prt，进入UG的加工模块，将“加工环境”对话框中的“要创建的CAM设置”选择为“drill”。

步骤2　创建加工坐标系及安全平面

在工序导航器空白处单击鼠标右键，切换至“几何视图”，如图3-2所示。双击“坐标系”图标 MCS_MILL，弹出“Mill Orient”对话框，如图3-3所示。单击“指定MCS”中的图标，进入“CSYS”对话框，设置“参考”为“WCS”，如图3-4所示。单击“确定”按钮，则设置好加工坐标系。

在“Mill Orient”对话框“安全设置”下的“安全设置选项”中选择“刨”，单击“指定平面”中的“平面对话框”图标，随即弹出“刨”对话框，如图3-5所示。选择“类型”为“自动判断”，“选择对象”为零件最顶部的平面，如图3-6所示，然后在“偏置”“距离”处输入10，单击“确定”按钮，则设置好安全平面。最后单击“Mill Orient”对话框的“确定”按钮。

图 3-2 切换至“几何视图”

图 3-3 “Mill Orient”对话框

图 3-4 “CSYS”对话框

图 3-5 设置安全平面

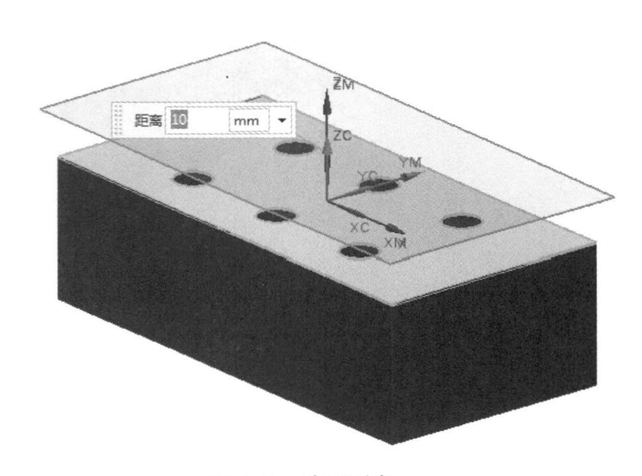

图 3-6 选择对象

步骤 3 创建几何体

双击“WORKPIECE”图标 WORKPIECE，弹出“工件”对话框，如图 3-7 所示。单击“指定部件”图标，然后选择被加工零件，如图 3-8 所示，单击“确定”按钮；单击“指定毛坯”图标，弹出“毛坯几何体”对话框，“类型”选择“包容块”，如图 3-9 所示，选择毛坯，如图 3-10 所示，单击“确定”按钮，完成几何体的创建。

步骤 4 创建刀具

单击工具条上的“创建刀具”图标，弹出“创建刀具”对话框，如图 3-11 所示。设置“类型”为“drill”，“刀具子类型”为“DRILLING_TOOL”图标，“名称”为“Z8”，单击“确定”按钮，进入“钻刀”对话框，在“直径”处输入 8，如图 3-12 所示。

图 3-7 “工件”对话框

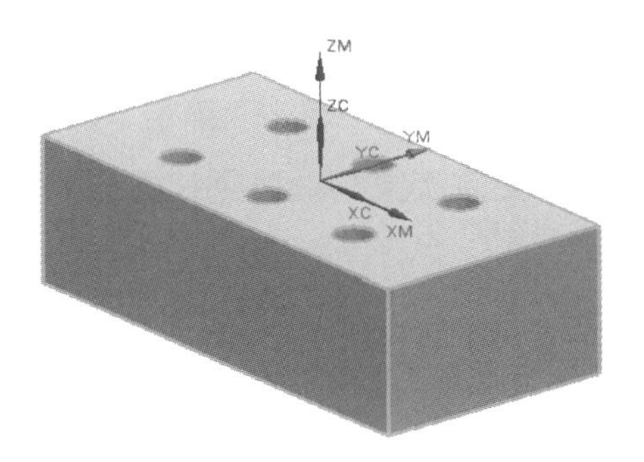

图 3-8 选择被加工零件

图 3-9 “毛坯几何体”对话框

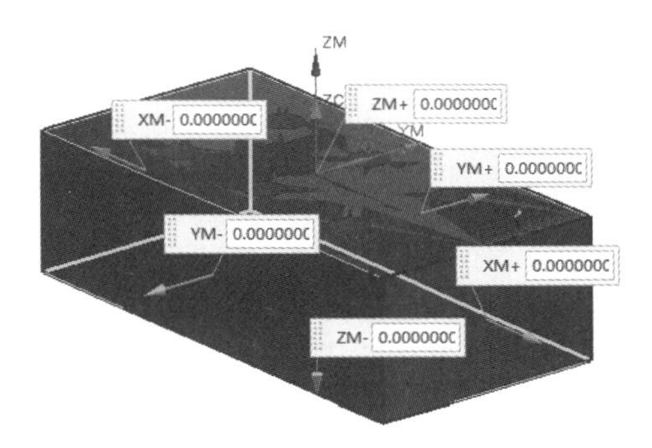

图 3-10 选择毛坯

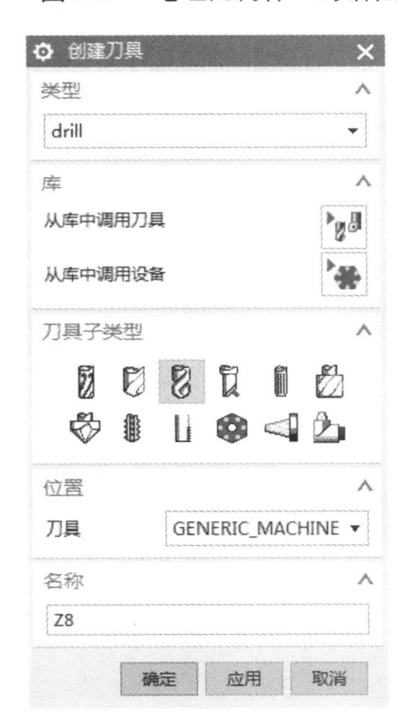

图 3-11 “创建刀具”对话框

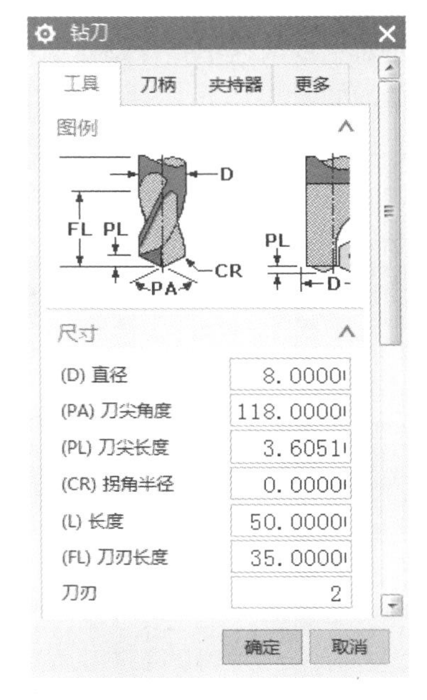

图 3-12 “钻刀”对话框

步骤 5　创建钻孔加工工序

单击工具条上的“创建工序”图标，系统打开“创建工序”对话框。“类型”设为“drill”，“工序子类型”设为“PECK_DRILLING”图标，“刀具”选择“Z8(钻刀)”，“几何体”选择“WORKPIECE”，“方法”选择“DRILL_METHOD”，名称为“PECK_DRILLING”，如图 3-13 所示，确认各选项后单击“确定”按钮，打开啄钻对话框，如图 3-14 所示。

图 3-13　“创建工序”对话框

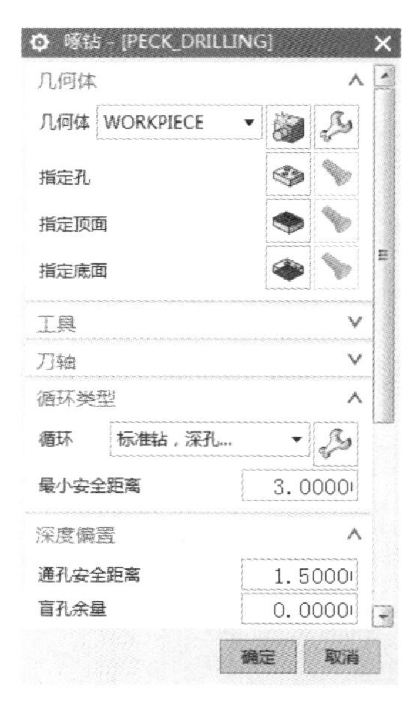

图 3-14　啄钻对话框

步骤 6　指定孔

在操作对话框（这里指啄钻对话框）中单击“指定孔”图标，系统打开“点到点几何体”对话框，如图 3-15 所示。单击“选择”按钮，弹出图 3-16 所示对话框。单击“面上所有

图 3-15　“点到点几何体”对话框

图 3-16　单击“面上所有孔”按钮

孔”按钮，选择零件最顶部的平面，单击“确定”按钮，在选择的孔位置处将显示序号，如图3-17所示。在“点到点几何体”对话框中单击“优化”按钮，如图3-18所示。单击“最短刀轨”按钮，如图3-19所示。单击“优化”按钮，如图3-20所示。优化后的钻孔点顺序如图3-21所示。单击“确定”按钮，完成孔的设置。

图3-17 显示孔的序号

图3-18 单击“优化”按钮(“点对点几何体”对话框)

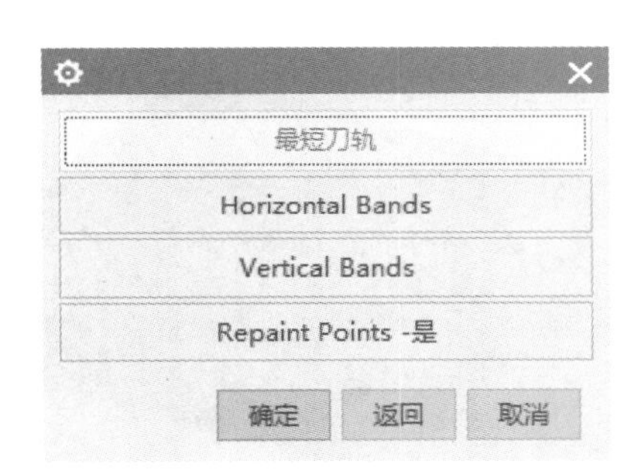

图3-19 单击“最短刀轨”按钮

图3-20 单击“优化”按钮

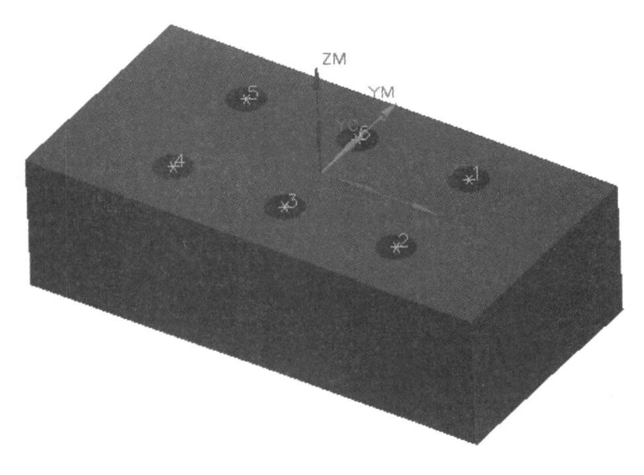

图3-21 优化后的钻孔序号

步骤 7　指定顶面

在操作对话框中单击“指定顶面”图标，系统打开“顶面”对话框，将“顶面选项”选择为“面”，“选择面”为零件最顶部的平面，如图 3-22 和图 3-23 所示。

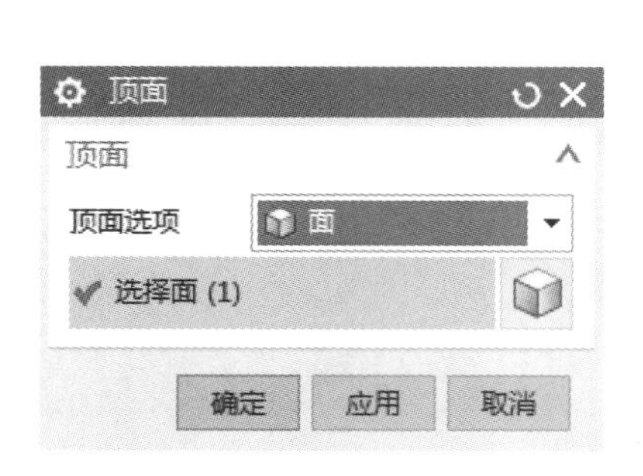

图 3-22 “顶面”对话框

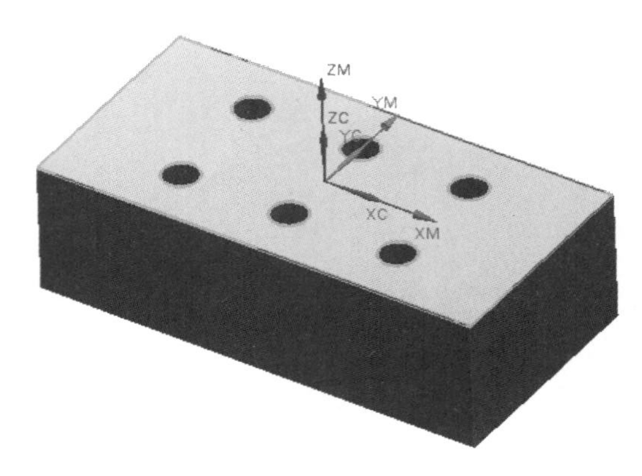

图 3-23　选取零件最顶部的平面

步骤 8　指定底面

在操作对话框中单击“指定底面”图标，系统打开“底面”对话框，将“底面选项”选择为“面”，“选择面”为零件最底部的平面，如图 3-24 和图 3-25 所示。

图 3-24 “底面”对话框

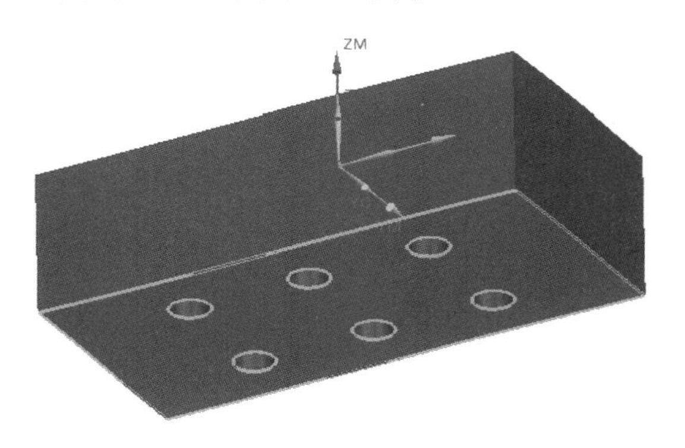

图 3-25　选取零件最底部的平面

步骤 9　设置“循环类型”参数

在“循环类型”中单击“编辑参数”图标，单击“确定”按钮，弹出“Cycle 参数”对话框，如图 3-26 所示。单击“Depth-模型深度”按钮，进入“Cycle 深度”对话框，单击“穿过底面”按钮，如图 3-27 所示。单击“进给率（MMPM）-250.0000”按钮，在“Cycle 进给率”对话框中设置进给率为 50，如图 3-28 所示。单击“Step 值-未定义”按钮，在“Step#1”中输入 5，即每次工进的深度值为 5 mm，如图 3-29 所示。单击“确定”按钮，完成“循环类型”参数设置。

图 3-26 “Cycle 参数”对话框

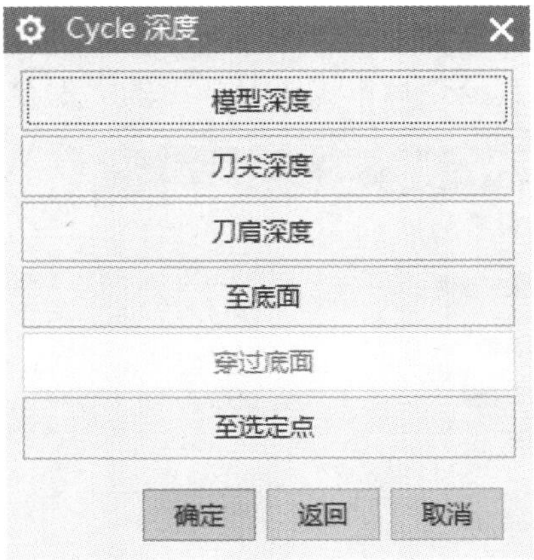

Cycle 深度
模型深度
刀尖深度
刀肩深度
至底面
穿过底面
至选定点
确定
返回
取消

图 3-27 “Cycle 深度”对话框

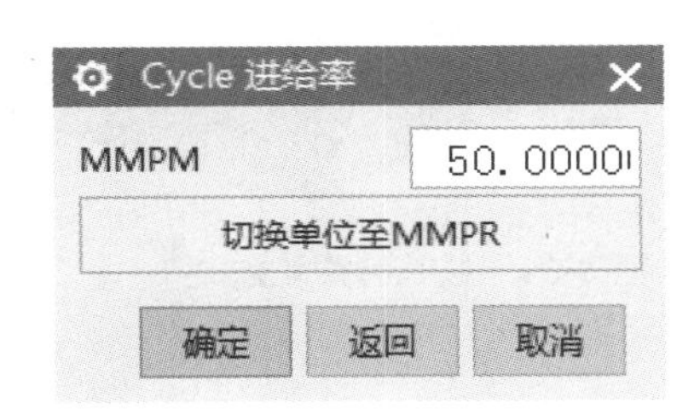

图 3-28 “Cycle 进给率”对话框

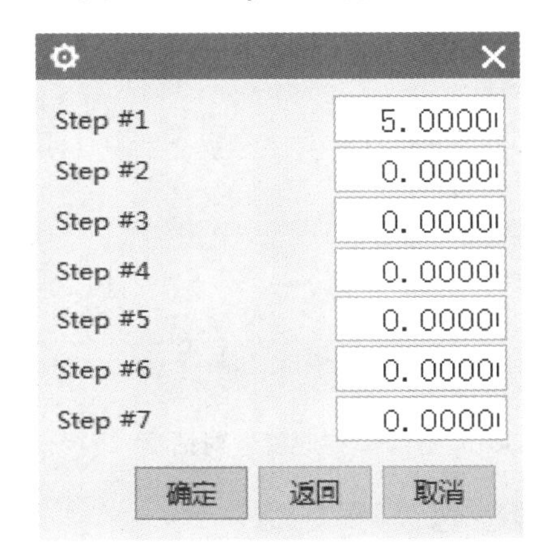

图 3-29 设置 Step 值

步骤 10 设置进给率和速度

在“刀轨设置”中单击“进给率和速度”图标，弹出“进给率和速度”对话框，设置“主轴速度”为 500，切削进给率为 50，如图 3-30 所示。单击“确定”按钮完成进给率和速度的设置，返回操作对话框。

步骤 11 生成刀路轨迹

在操作对话框中单击“生成”图标，计算生成刀路轨迹。产生的刀轨如图 3-31 所示，确认刀轨后单击“确定”按钮，接受刀轨并关闭操作对话框。

步骤 12 模拟仿真加工、保存

选中工序导航器中所做的“PECK_DRILLING”工序，单击鼠标右键，执行“刀轨”→“确认”命令，进入实体模拟仿真加工。在弹出的“刀轨可视化”对话框中，选择“2D 动态”选项卡，如图 3-32 所示。单击“碰撞设置”按钮，在弹出的“碰撞设置”对话框中勾选“碰撞时暂停”，然后单击“确定”按钮，如图 3-33 所示。单击“播放”按钮▶，模拟仿真加工开始，实体模拟仿真加工图如图 3-34 所示，单击“比较”按钮可对比零件与模拟仿真加工图之间的差别。仿真结束后单击工具栏上的“保存”图标，保存文件。

图 3-30 “进给率和速度”对话框

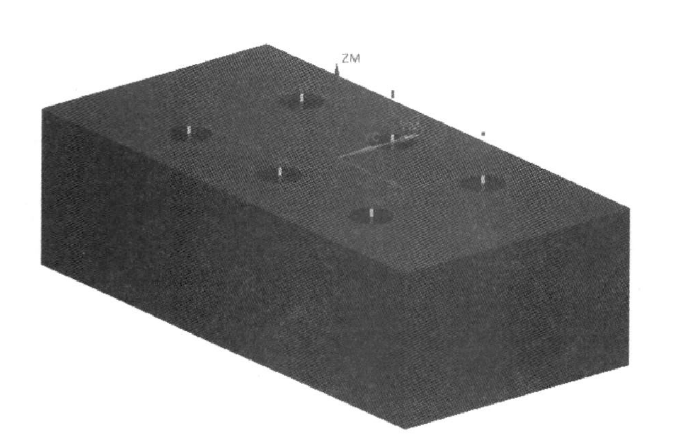

图 3-31 钻孔刀路轨迹

图 3-32 “刀轨可视化”对话框

图 3-33 “碰撞设置”对话框

图 3-34 最终仿真加工图

任务二　钻孔加工操作创建示例 2

如图 3-35 所示零件的孔加工，4 个孔均为盲孔，孔的直径为 10 mm，有效深度为 15 mm，先使用 $\phi9.5$ 的钻头对孔钻削粗加工，然后使用 $\phi10$ 的铰刀对孔铰削精加工。

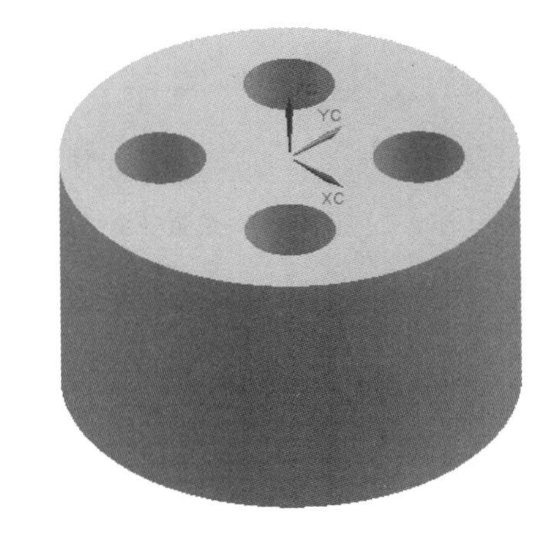

图 3-35　任务二零件图

步骤 1　打开模型文件，进入加工模块

启动 UG NX 10.0，打开本书配套课程资源二维码(在封底)中的任务零件文件 renwu\3-2.prt，进入 UG 的加工模块，将“加工环境”对话框中的“要创建的 CAM 设置”选择为“drill”。

步骤 2　创建加工坐标系及安全平面

在工序导航器空白处单击鼠标右键，切换至“几何视图”，如图 3-36 所示。双击“坐标系”图标 MCS_MILL，弹出“Mill Orient”对话框，如图 3-37 所示。单击“指定 MCS”中的图标，进入“CSYS”对话框，设置“参考”为“WCS”，如图 3-38 所示。单击“确定”按钮，则设置好加工坐标系。

图 3-36　切换至“几何视图”

图 3-37　“Mill Orient”对话框

图 3-38　“CSYS”对话框

在“Mill Orient”对话框“安全设置”下的“安全设置选项”中选择“刨”，单击“指定平面”中的“平面对话框”图标，随即弹出“刨”对话框，如图 3-39 所示。选择“类型”为“自动判断”，“选择对象”为零件最顶部的平面，如图 3-40 所示，然后在“偏置”“距离”处输入 10，单击“确定”按钮，则设置好安全平面。最后单击“Mill Orient”对话框的“确定”按钮。

图 3-39　设置安全平面

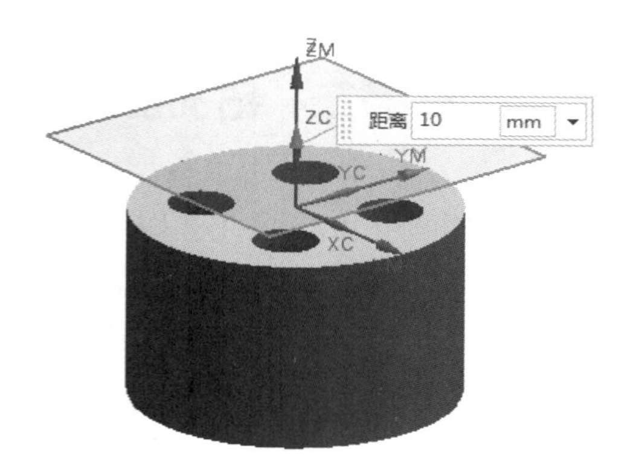

图 3-40　选择对象

步骤 3　创建几何体

双击“WORKPIECE”图标 WORKPIECE，弹出“工件”对话框，如图 3-41 所示。单击“指定部件”图标，选择被加工零件，如图 3-42 所示，单击“确定”按钮；单击“指定毛坯”图标，弹出“毛坯几何体”对话框，“类型”选择“包容圆柱体”，如图 3-43、图 3-44 所示，单击“确定”按钮，完成几何体创建。

图 3-41　“工件”对话框

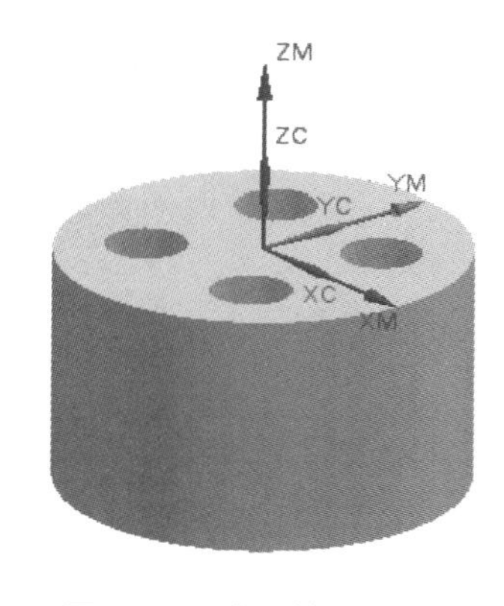

图 3-42　选择被加工零件

图 3-43　“毛坯几何体”对话框

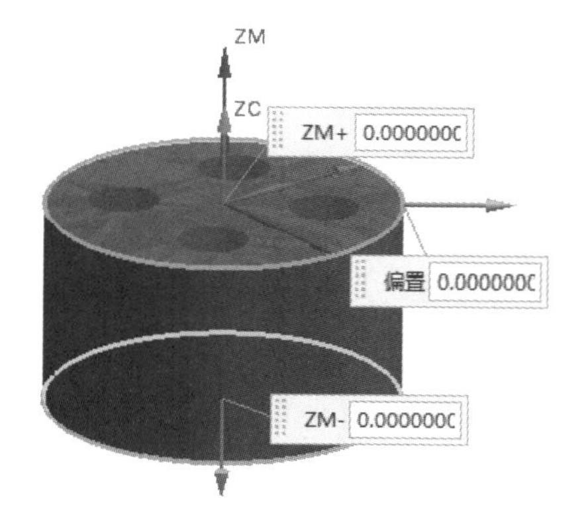

图 3-44　选择毛坯

步骤4 创建刀具

单击工具条上的“创建刀具”图标，弹出“创建刀具”对话框，如图3-45所示。设置“类型”为“drill”，“刀具子类型”为“DRILLING_TOOL”图标，“名称”为“Z9.5”，单击“确定”按钮，进入“钻刀”对话框，在“直径”处输入9.5，如图3-46所示。

以同样的方法创建ϕ10铰刀，设置“类型”为“drill”，“刀具子类型”为“REAMER”图标，“名称”为“J10”，在“直径”处输入10。

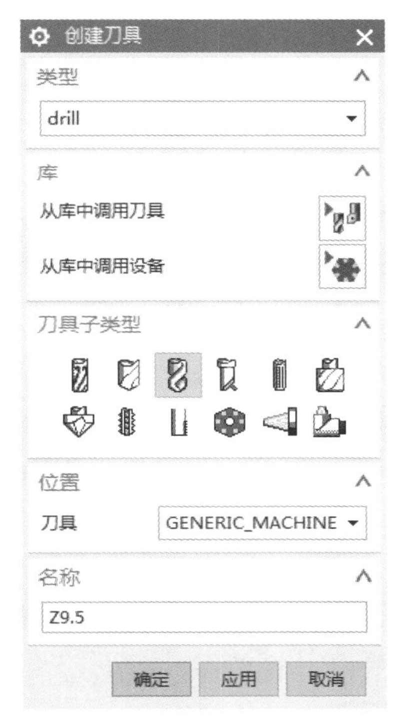

图3-45 “创建刀具”对话框

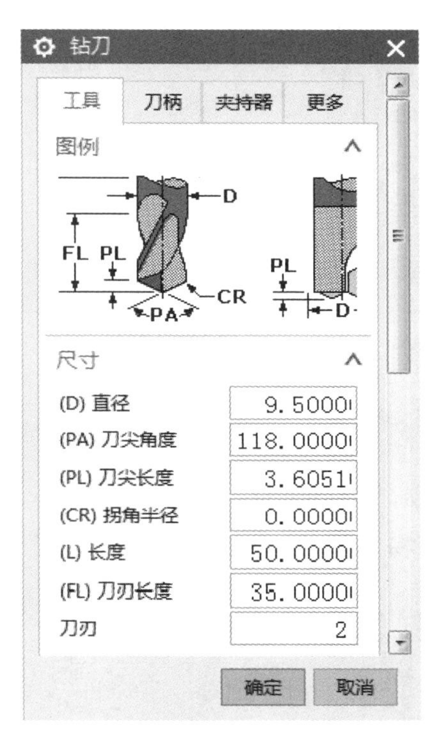

图3-46 “钻刀”对话框

步骤5 创建钻孔加工工序

单击工具条上的“创建工序”图标，系统打开“创建工序”对话框。“类型”设为“drill”，“工序子类型”设为“PECK_DRILLING”图标，“刀具”选择“Z9.5(钻刀)”，“几何体”选择“WORKPIECE”，“方法”选择“DRILL_METHOD”，名称为“PECK_DRILLING1”，如图3-47所示，确认各选项后单击“确定”按钮，打开啄钻对话框，如图3-48所示。

步骤6 指定孔

在操作对话框（这里指啄钻对话框）中单击“指定孔”图标，系统打开“点到点几何体”对话框，如图3-49所示。单击“选择”按钮，弹出图3-50所示对话框。单击“面上所有孔”按钮，选择零件最顶部的平面，如图3-51所示。单击“确定”按钮，在选择的孔位置处将显示序号，如图3-52所示。单击“确定”按钮，完成孔的设置。

图 3-47 “创建工序”对话框

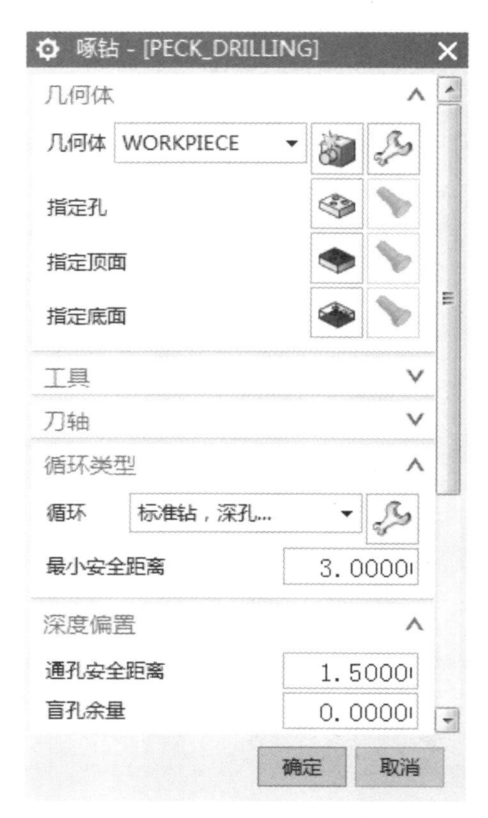

图 3-48 啄钻对话框

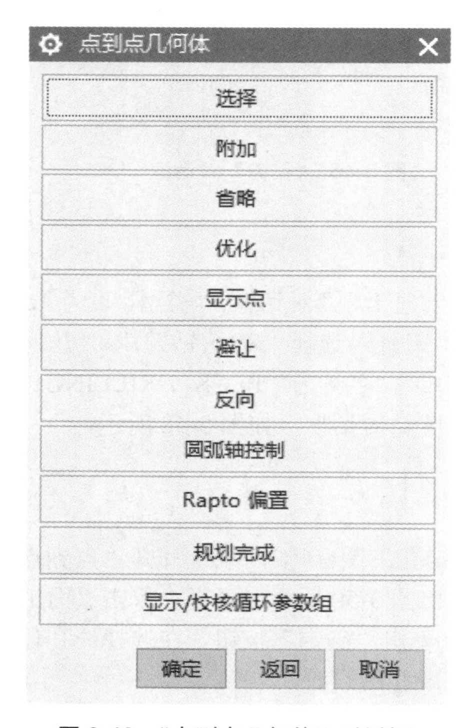

图 3-49 “点到点几何体”对话框

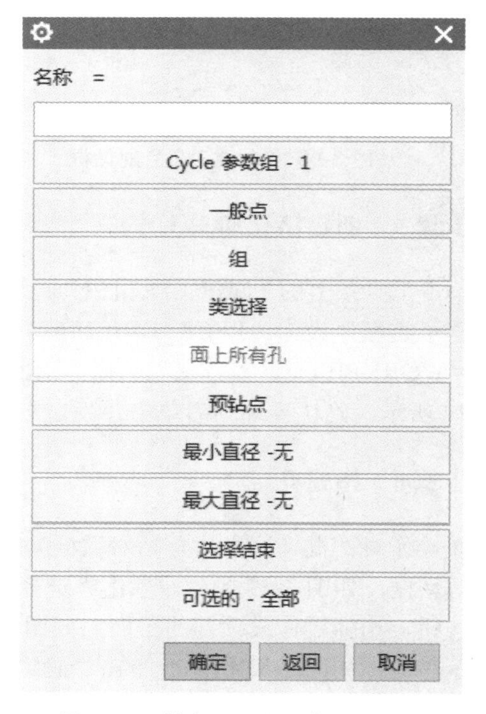

图 3-50 单击“面上所有孔”按钮

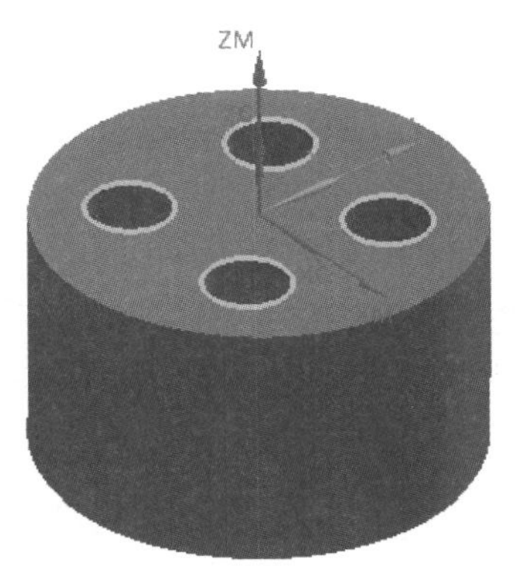

图 3-51 选择零件最顶部的平面

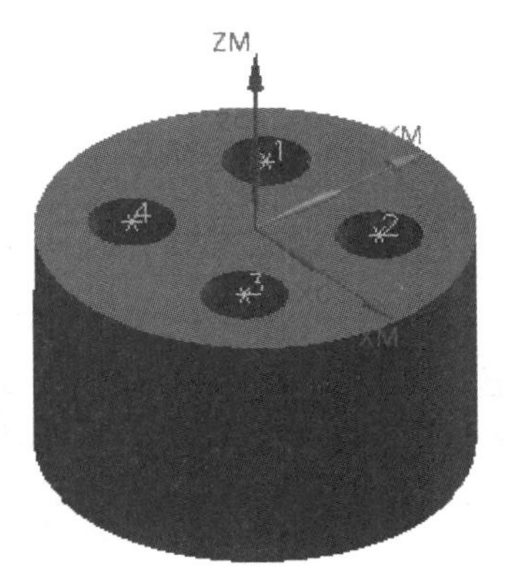

图 3-52 显示孔的序号

步骤 7 指定顶面

在操作对话框中单击“指定顶面”图标，系统打开“顶面”对话框，将“顶面选项”选择为“面”，“选择面”为零件最顶部的平面，如图 3-53 和图 3-54 所示。

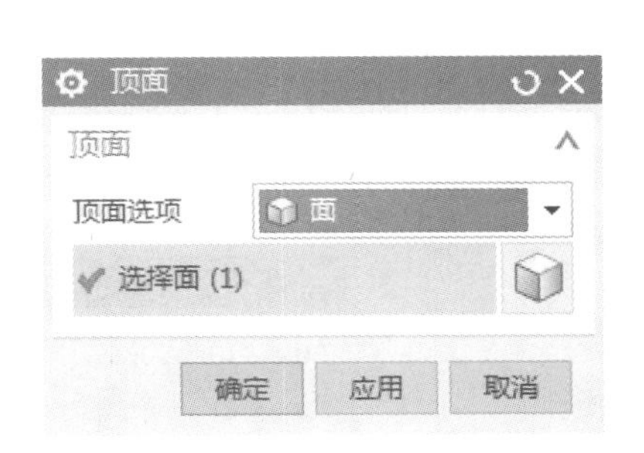

图 3-53 “顶面”对话框

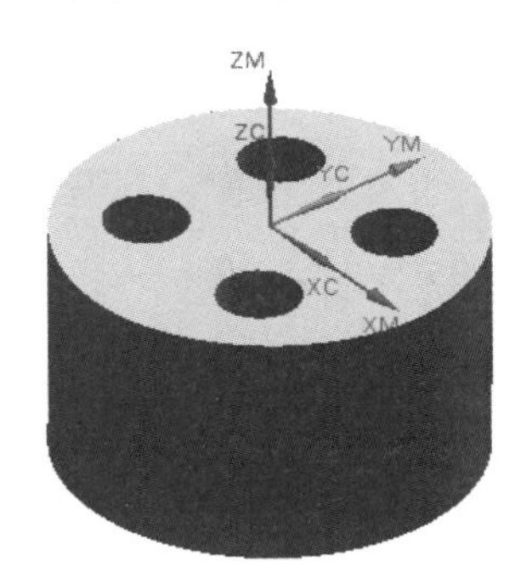

图 3-54 选取顶面

步骤 8 指定底面

在操作对话框中单击“指定底面”图标，系统打开“底面”对话框，将“底面选项”选择为“面”，“选择面”为零件最底部的平面，如图 3-55 和图 3-56 所示。

图 3-55 “底面”对话框

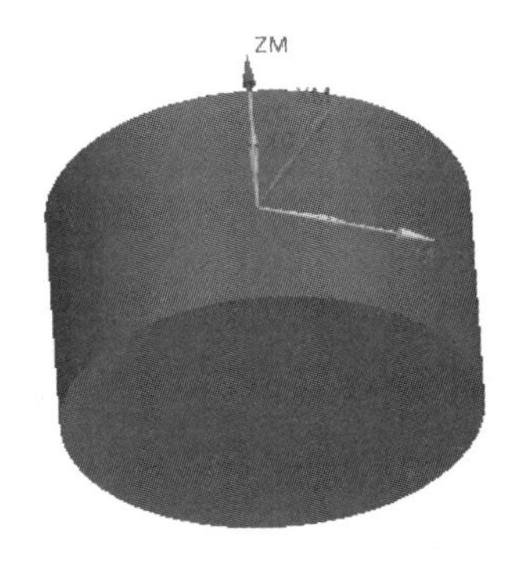

图 3-56 选取底面

步骤 9　设置“循环类型”参数

在“循环类型”中单击“编辑参数”图标，单击“确定”按钮，弹出“Cycle 参数”对话框，如图 3-57 所示。单击“Depth-模型深度”按钮，进入“Cycle 深度”对话框，单击“刀肩深度”按钮，如图 3-58 所示。指定刀肩深度为 15，如图 3-59 所示。单击“进给率（MMPM）-250.0000”按钮，在“Cycle 进给率”对话框中设置进给率为 50，如图 3-60 所示。单击“Step 值-未定义”按钮，在“Step #1”中输入 5，即每次工进的深度值为 5 mm，如图 3-61 所示。单击“确定”按钮，完成“循环类型”参数设置。

图 3-57　“Cycle 参数”对话框

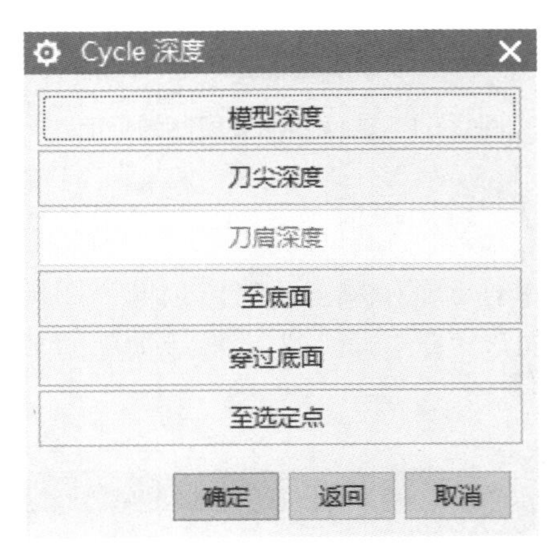

图 3-58　“Cycle 深度”对话框

图 3-59　指定深度

图 3-60　设置进给率

图 3-61　设置 Step 值

步骤 10　设置进给率和速度

在“刀轨设置”中单击“进给率和速度”图标，弹出“进给率和速度”对话框，设置“主轴速度”为 500，切削进给率为 50，如图 3-62 所示。单击“确定”按钮完成进给率和速度的设置，返回操作对话框。

步骤 11　生成刀路轨迹

在操作对话框中单击“生成”图标，计算生成刀路轨迹。产生的刀轨如图 3-63 所示，确认刀轨后单击“确定”按钮，接受刀轨并关闭操作对话框。

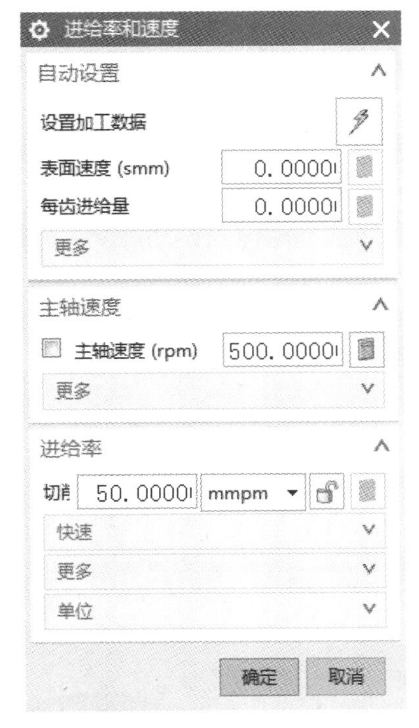

图 3-62 “进给率和速度”对话框

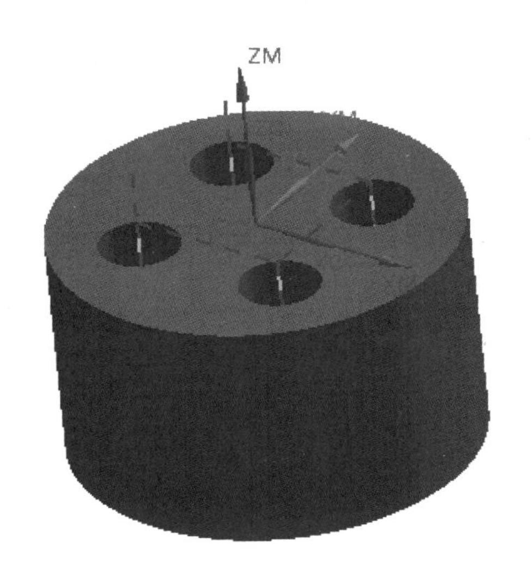

图 3-63 钻孔刀路轨迹

步骤 12 创建铰孔精加工工序

在工序导航器中，选择操作程序“PECK_DRILLING1”，单击鼠标右键，依次选择“复制”和“粘贴”命令，并将操作程序名称重命名为“PECK_DRILLING2”，如图 3-64 和图 3-65 所示。

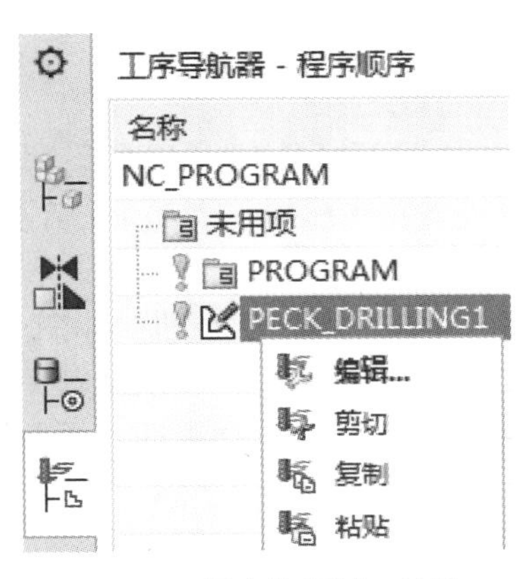

图 3-64 程序的复制、粘贴

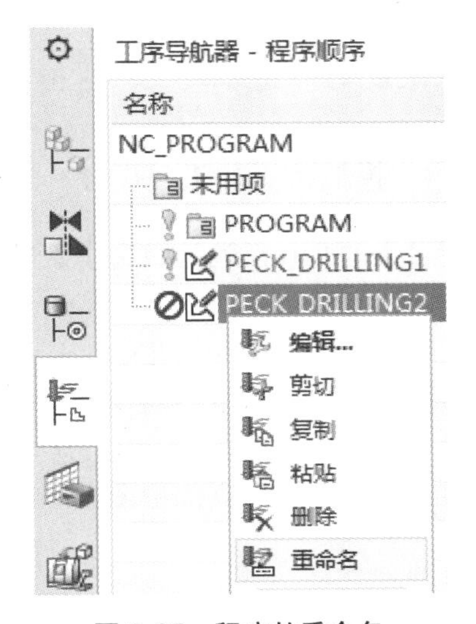

图 3-65 程序的重命名

步骤 13　修改铰孔精加工工序的加工参数

双击“PECK_DRILLING2”工序，进入编辑状态，此工序为铰孔精加工工序。将“工具”下的“刀具”选择为“J10”。“循环类型”选择“标准镗”，在随后弹出的“Cycle 参数”对话框中，单击“进给率（MMPM）-250.0000”按钮，在“Cycle 进给率”对话框中设置进给率为40，如图 3-66 所示。单击“确定”按钮，完成“循环类型”参数设置。在“刀轨设置”中单击“进给率和速度”图标，弹出“进给率和速度”对话框，设置“主轴速度”为 150，切削进给率为 40，如图 3-67 所示。在操作对话框中单击“生成”图标，计算生成刀路轨迹。产生的刀轨如图 3-68 所示。

图 3-66　设置 Cycle 进给率

图 3-67　设置进给率和速度

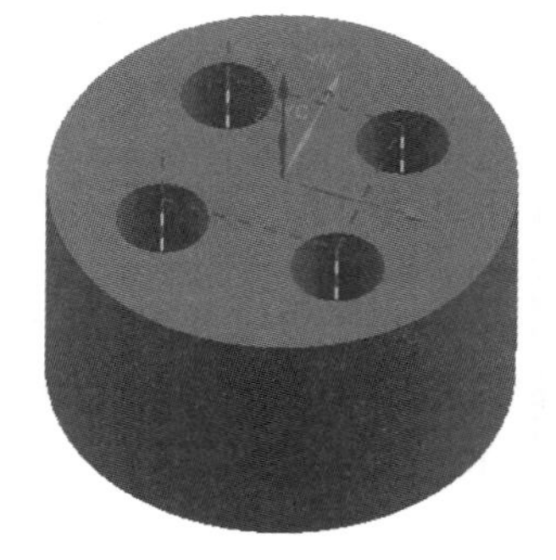

图 3-68　铰孔刀路轨迹

步骤 14　模拟仿真加工、保存

按住键盘上的 Ctrl 键的同时选中工序导航器的“PECK_DRILLING1”“PECK_DRILLING2”工序，单击鼠标右键，执行“刀轨”→“确认”命令，进入实体模拟仿真加工。在弹出的“刀轨可视化”对话框中，选择“2D 动态”选项卡，如图 3-69 所示。单击“碰撞设置”按钮，在弹出的“碰撞设置”对话框中勾选“碰撞时暂停”，然后单击“确定”按钮，如图 3-70 所示。单击“播放”按钮▶，模拟仿真加工开始，实体模拟仿真加工图如图 3-71 所示，单击“比较”按钮可对比零件与模拟仿真加工图之间的差别。仿真结束后单击工具栏上的“保存”图标，保存文件。

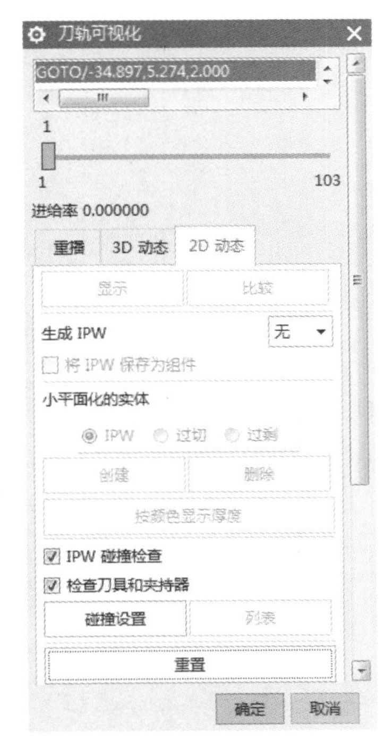

图 3-69 “刀轨可视化”对话框

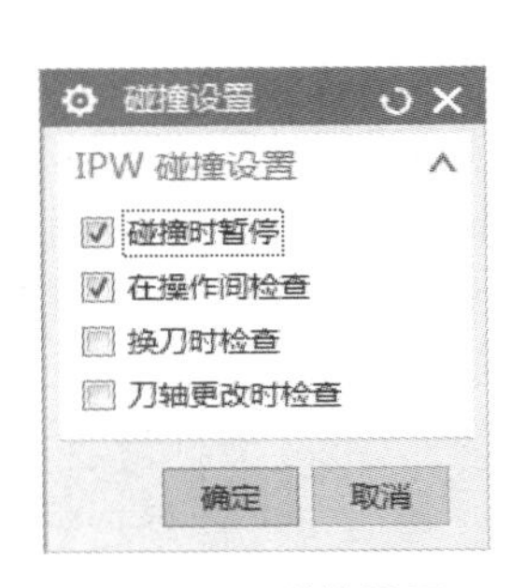

图 3-70 碰撞设置

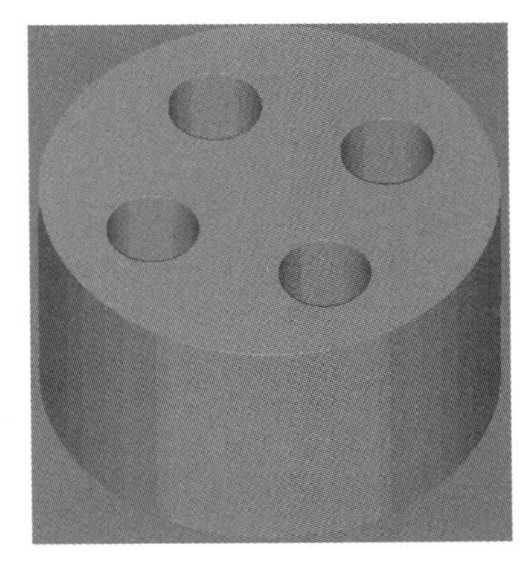

图 3-71 最终仿真加工图

练 习 题

完成本书配套课程资源二维码(在封底)中零件 lianxi\3-1.prt 的钻孔加工程序编制，如图 3-72 所示。

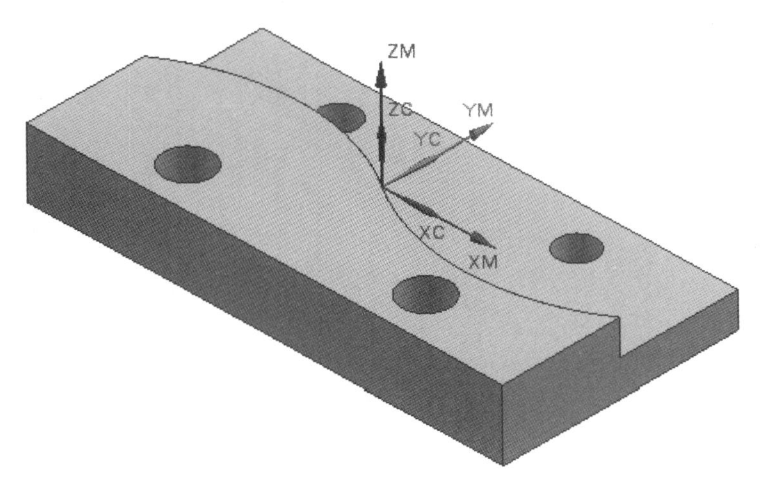

图 3-72 练习题

项目4 型腔铣削

任务说明

本项目主要讲述型腔铣削加工方法，它是 UG CAM 加工最常用的操作，型腔铣削的适用范围很广泛，主要用于工件的粗加工和二次粗加工，能快速去除毛坯剩余材料，适用于非直壁、岛屿顶面及槽腔底面加工为平面或曲面的模具型腔、型芯零件加工。型腔铣的子类型是根据型腔铣加工的用途不同而设置的，以满足各种加工的需要，如深度轮廓加工子类型适用于使用“轮廓”切削模式精加工工件外形。

本项目通过两个任务的练习，重点讲解了型腔铣及深度轮廓加工的切削模式选择、切削层设置、刀轨参数设置、切削参数设置等相关知识，其中切削层设置、刀轨参数设置是影响型腔铣削操作的最重要因素。

学习目标

理解 UG 型腔铣削加工方法及特点，掌握型腔铣及其子类型的工序创建步骤，能根据零件特点选用型腔铣加工方法，恰当设置型腔铣及其子类型的相关加工参数。

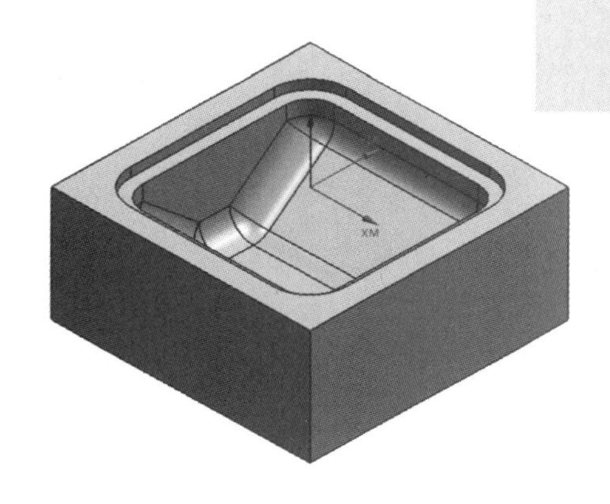

任务一　型腔铣削操作创建示例 1

如图 4-1 所示凹模零件加工，要求使用型腔铣完成粗加工与精加工程序的创建。整体粗加工使用 ϕ16 的平底刀，直壁精加工使用 ϕ8 的平底刀，型腔曲面精加工使用 ϕ8 的球刀。

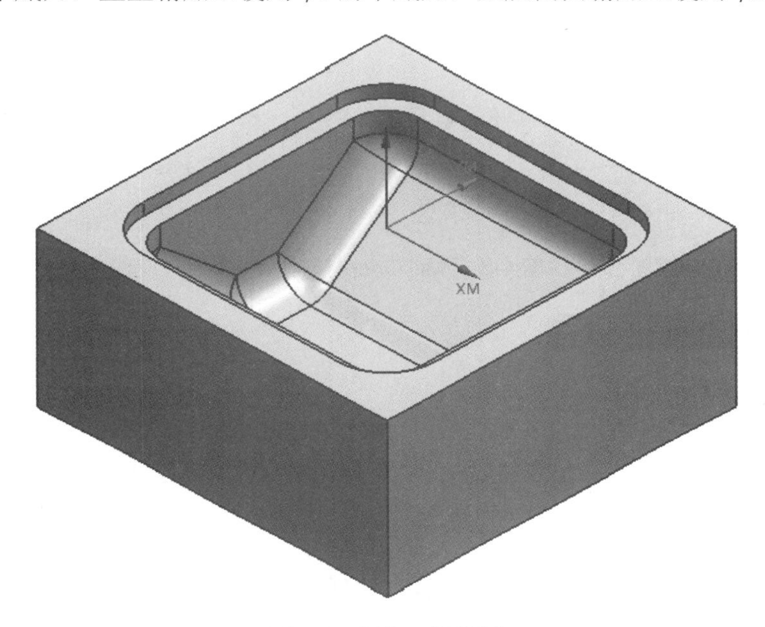

图 4-1　任务一零件图

步骤 1　打开模型文件，进入加工模块

启动 UG NX 10.0，打开本书配套课程资源二维码(在封底)中的任务零件文件 renwu\4-1.prt，进入 UG 的加工模块。

步骤 2　创建加工坐标系及安全平面

在工序导航器空白处单击鼠标右键，切换至“几何视图”，如图 4-2 所示。双击“坐标系”图标 MCS_MILL，弹出“Mill Orient”对话框，如图 4-3 所示。单击“指定 MCS”中的图标，进入“CSYS”对话框，设置“参考”为“WCS”，如图 4-4 所示。单击“确定”按钮，则设置好加工坐标系。

在“Mill Orient”对话框“安全设置”下的“安全设置选项”中选择“刨”，单击“指定平面”中的“平面对话框”图标，随即弹出“刨”对话框，如图 4-5 所示。选择“类型”为“自动判断”，“选择对象”为零件最顶部的平面，如图 4-6 所示，然后在“偏置”“距离”处输入 3，单击“确定”按钮，则设置好安全平面。最后单击“Mill Orient”对话框的“确定”按钮。

图 4-2　切换至“几何视图”

图 4-3　“Mill Orient”对话框

图 4-4　“CSYS”对话框

图 4-5　设置安全平面

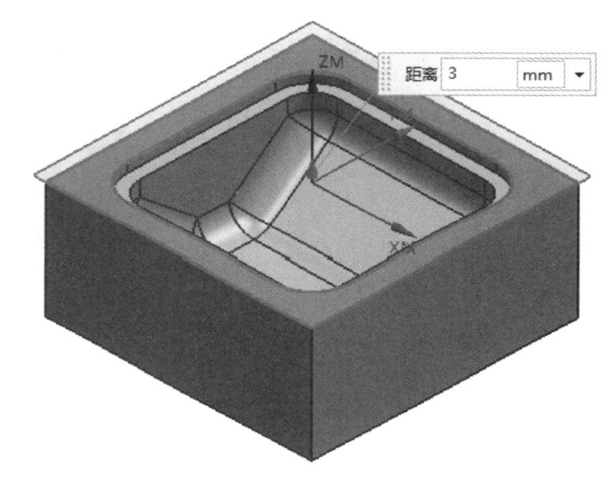

图 4-6　选择对象

步骤 3　创建几何体

双击“WORKPIECE”图标 WORKPIECE，弹出“铣削几何体”对话框，如图 4-7 所示。单击“指定部件”图标，选择被加工零件，如图 4-8 所示，单击“确定”按钮；单击“指定毛坯”图标，弹出“毛坯几何体”对话框，“类型”选择“包容块”，如图 4-9 所示，选择毛坯，如图 4-10 所示，单击“确定”按钮，完成几何体创建。

步骤 4　创建刀具

单击工具条上的“创建刀具”图标 创建刀具，弹出“创建刀具”对话框，如 4-11 所示。设置“类型”为“mill_contour”，“刀具子类型”为“MILL”图标，“名称”为“D16”，单击“确定”按钮，进入“铣刀-5 参数”对话框，在“直径”处输入 16，如图 4-12 所示。

图 4-7 “铣削几何体”对话框

图 4-8 选择被加工零件

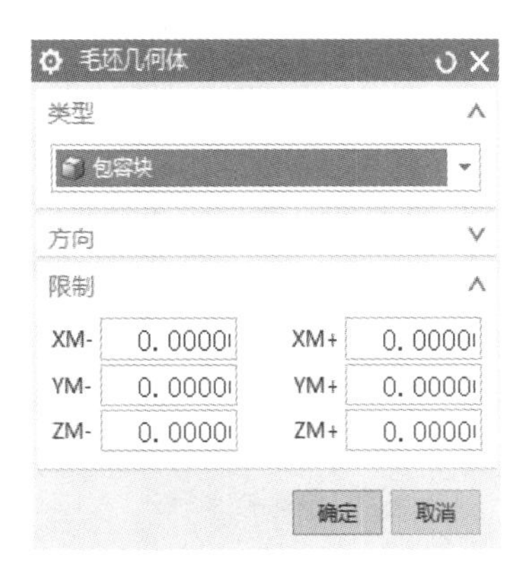

图 4-9 “毛坯几何体”对话框

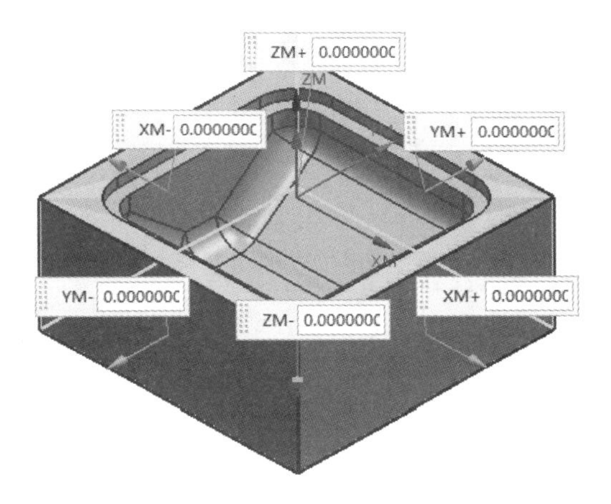

图 4-10 选择毛坯

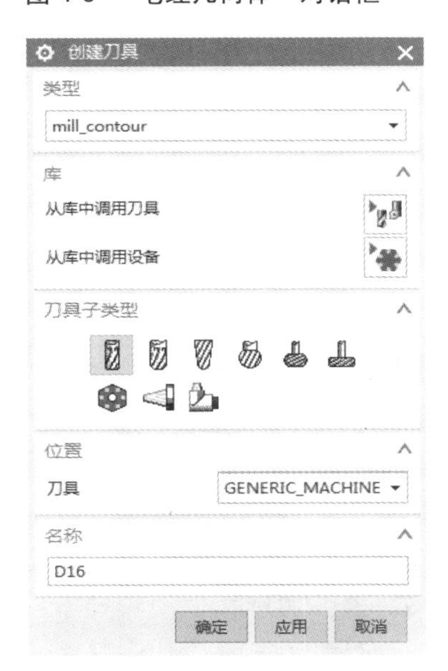

图 4-11 “创建刀具”对话框

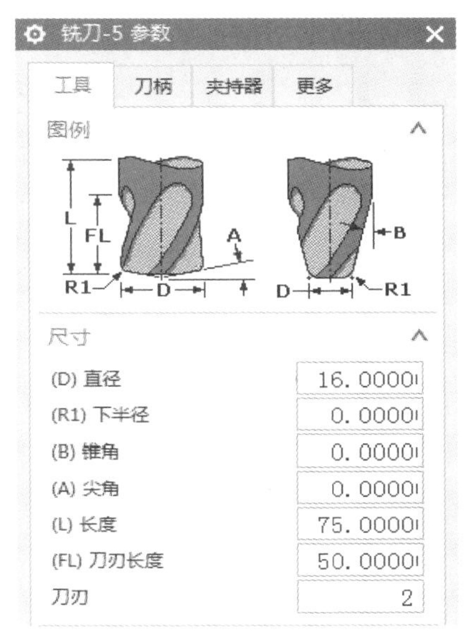

图 4-12 “铣刀-5 参数”对话框

用同样的方法创建 $\phi 8$ 平底刀，“名称”为“D8”，在“直径”处输入 8。创建 $\phi 8$ 球刀，“名称”为“B8”，在“直径”处输入 8，在底圆角半径即“下半径”处输入 4。

步骤 5　创建型腔铣加工工序

单击工具条上的“创建工序”图标（创建工序），系统打开“创建工序”对话框。“类型”设为“mill_contour”，“工序子类型”设为“型腔铣”，“刀具”选择”D16（铣刀-5 参数）”，“几何体”选择“WORKPIECE”，“方法”选择“MILL_ROUGH”，名称为“CAVITY_MILL1”，如图 4-13 所示，确认各选项后单击“确定”按钮，打开型腔铣对话框，如图 4-14 所示。

图 4-13　“创建工序”对话框

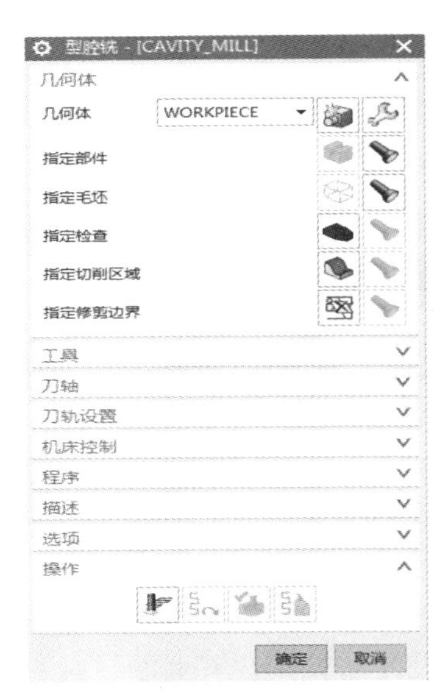

图 4-14　型腔铣对话框

步骤 6　指定切削区域

在操作对话框（这里指型腔铣对话框）中单击“指定切削区域”图标，系统打开“切削区域”对话框，如图 4-15 所示。切削区域框选零件型腔曲面，如图 4-16 所示。单击“确定”按钮，完成切削区域的选择，返回操作对话框。

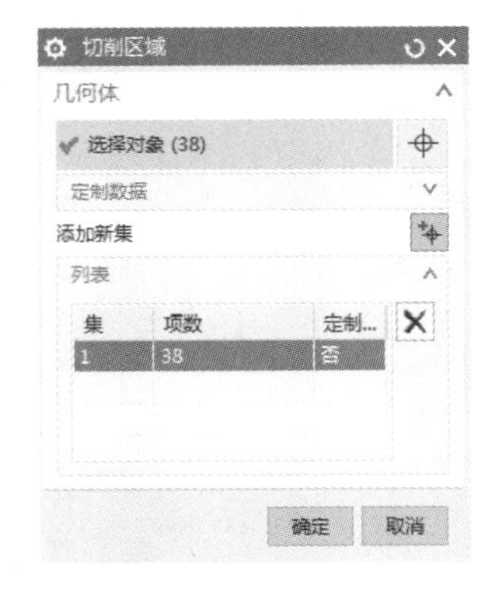

图 4-15　“切削区域”对话框

图 4-16　框选切削区域

步骤7 刀轨设置

在型腔铣对话框中，“切削模式”选择为“跟随部件”，“步距”选择为“刀具平直百分比”，“平面直径百分比”文本框中输入75，“公共每刀切削深度”设置为“恒定”，在“最大距离”文本框中输入2，刀轨设置如图4-17所示。

图4-17 刀轨设置

步骤8 设置切削参数

在“刀轨设置”中单击“切削参数”图标，系统打开“切削参数”对话框。在“策略”选项卡中，“切削方向”选择“顺铣”，“切削顺序”选择“深度优先”，如图4-18所示。选择“余量”选项卡，将“使底面余量与侧面余量一致”复选框中的“√”去掉，输入“部件侧面余量”为0.3，“部件底面余量”为0，其他参数不变，如图4-19所示。完成设置后单击“确定”按钮，返回操作对话框。

图4-18 “策略”选项卡

图4-19 “余量”选项卡

步骤9 设置非切削移动参数

在“刀轨设置”中单击“非切削移动”图标，弹出“非切削移动”对话框。设置进刀参数，在“进刀”选项卡中，“进刀类型”设为“螺旋”，“斜坡角”为5，“高度”为1，如图4-20所示，其他参数按默认值。

步骤 10 设置进给率和速度

在“刀轨设置”中单击“进给率和速度”图标，弹出“进给率和速度”对话框，设置“主轴速度”为 2500，切削进给率为 1000，如图 4-21 所示。单击“确定”按钮完成进给率和速度的设置，返回操作对话框。

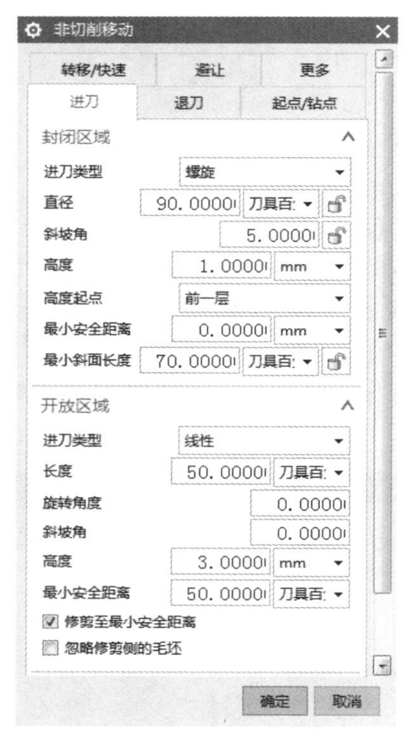

图 4-20 “非切削移动”对话框

图 4-21 进给率和速度参数设置

步骤 11 生成刀路轨迹

在操作对话框中单击“生成”图标，计算生成刀路轨迹。产生的刀轨如图 4-22 所示，确认刀轨后单击“确定”按钮，接受刀轨并关闭操作对话框。

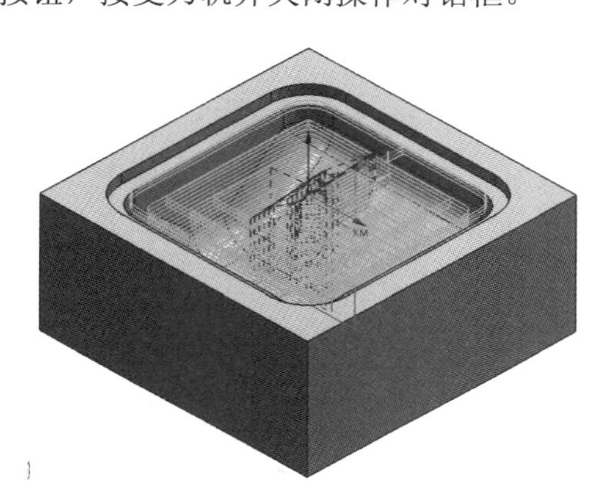

图 4-22 粗加工刀路轨迹

步骤 12　创建侧壁精加工工序

单击工具条上的“创建工序”图标，系统打开“创建工序”对话框。“类型”设为“mill_contour”，“工序子类型”设为“型腔铣”，“刀具”选择“D8(铣刀-5 参数)”，“几何体”选择“WORKPIECE”，“方法”选择“MILL_FINISH”，名称为“CAVITY_MILL2”，如图 4-23 所示，确认各选项后单击“确定”按钮，打开型腔铣对话框，如图 4-24 所示。

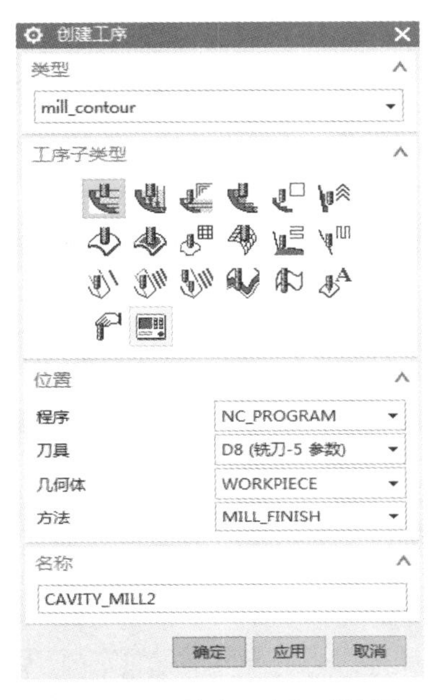

图 4-23　“创建工序”对话框

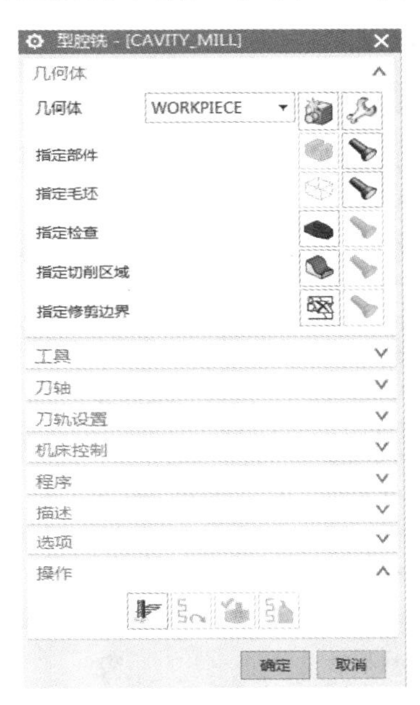

图 4-24　型腔铣对话框

步骤 13　指定切削区域

在操作对话框中单击“指定切削区域”图标，系统打开“切削区域”对话框，如图 4-25 所示。切削区域选择四周的直壁面，如图 4-26 所示。单击“确定”按钮，完成切削区域的选择，返回操作对话框。

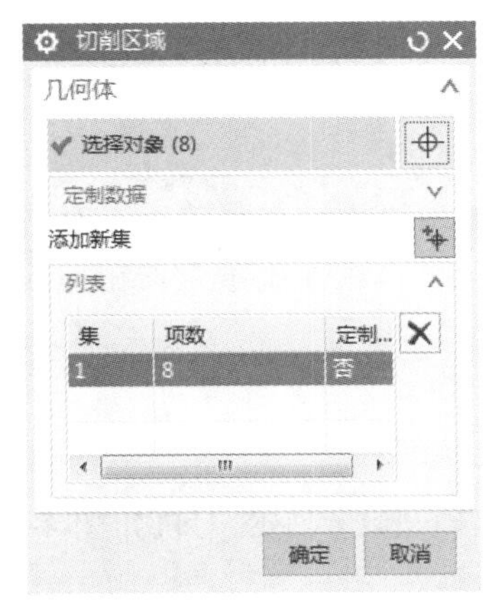

图 4-25　“切削区域”对话框

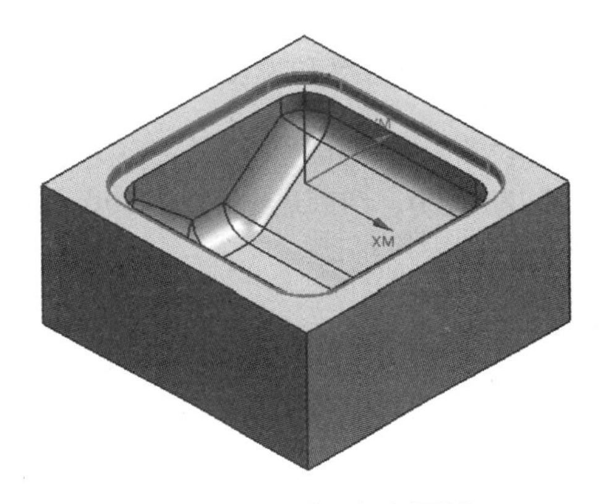

图 4-26　选取切削区域

步骤 14　刀轨设置

在型腔铣对话框中“切削模式”选择 “轮廓”，其他参数默认不变，如图 4-27 所示。

步骤 15　设置切削层

在“刀轨设置”中单击“切削层”图标，系统打开“切削层”对话框。将“切削层”修改为“仅在范围底部”，如图 4-28 所示。

图 4-27　刀轨设置

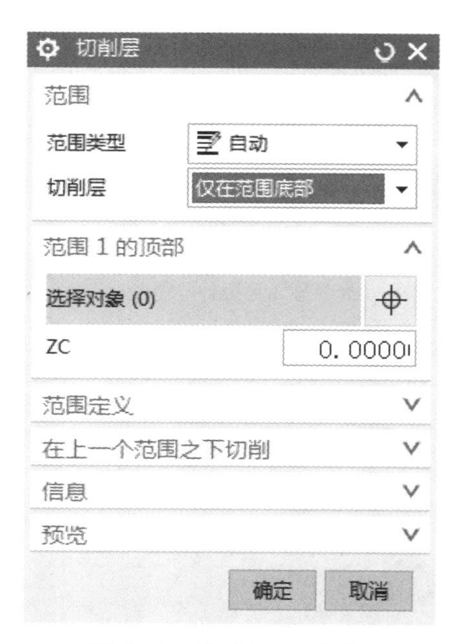

图 4-28　“切削层”对话框

步骤 16　设置非切削移动参数

在“刀轨设置”中单击“非切削移动”图标，弹出“非切削移动”对话框。设置进刀参数，在“进刀”选项卡中，将“封闭区域”的“进刀类型”设为“与开放区域相同”，设置“开放区域”的“进刀类型”为“圆弧”，如图 4-29 所示。

步骤 17　设置进给率和速度

在“刀轨设置”中单击“进给率和速度”图标，弹出“进给率和速度”对话框，设置“主轴速度”为 3000，切削进给率为 800，如图 4-30 所示。单击“确定”按钮完成进给率和速度的设置，返回操作对话框。

步骤 18　生成刀路轨迹

在操作对话框中单击“生成”图标，计算生成刀路轨迹。产生的刀轨如图 4-31 所示，确认刀轨后单击“确定”按钮，接受刀轨并关闭操作对话框。

图 4-29 “非切削移动”对话框

图 4-30 进给率和速度参数设置

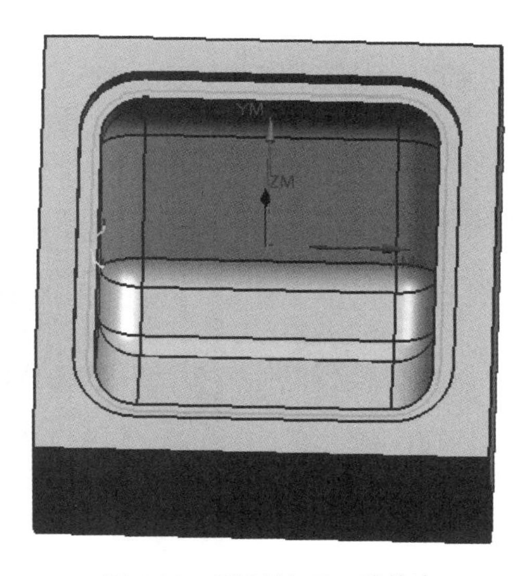

图 4-31 侧壁精加工刀路轨迹

步骤 19 创建深度轮廓加工精加工工序

单击工具条上的“创建工序”图标，系统打开“创建工序”对话框。“类型”设为“mill_contour”，“工序子类型”设为“深度轮廓加工”，“刀具”选择“B8(铣刀-5 参数)”，“几何体”选择“WORKPIECE”，“方法”选择“MILL_FINISH”，名称为“ZLEVEL_PROFILE”，如图 4-32 所示，确认各选项后单击“确定”按钮，打开深度轮廓加工对话框，如图 4-33 所示。

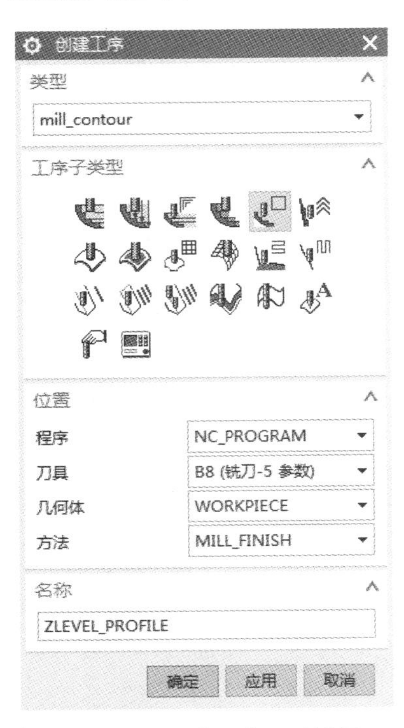

图 4-32 “创建工序”对话框

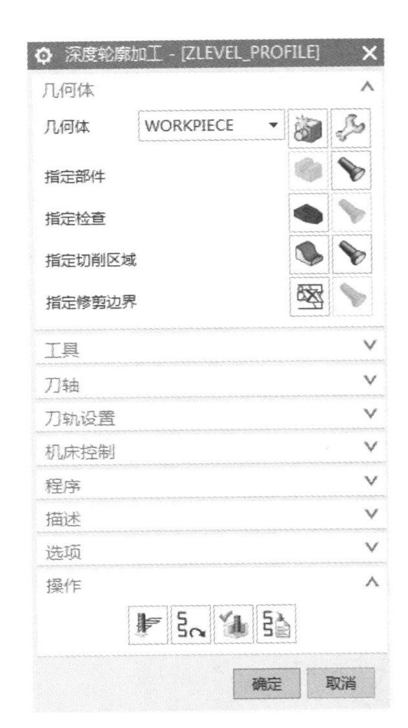

图 4-33 深度轮廓加工对话框

步骤 20 指定切削区域

在操作对话框中单击“指定切削区域”图标，系统打开“切削区域”对话框，如图 4-34 所示。将视图切换至俯视图，框选零件型腔曲面，如图 4-35 所示。单击“确定”按钮，完成切削区域的选择，返回操作对话框。

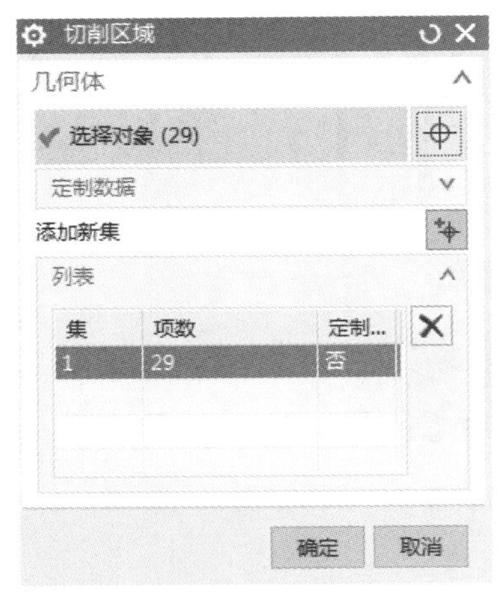

图 4-34 “切削区域”对话框

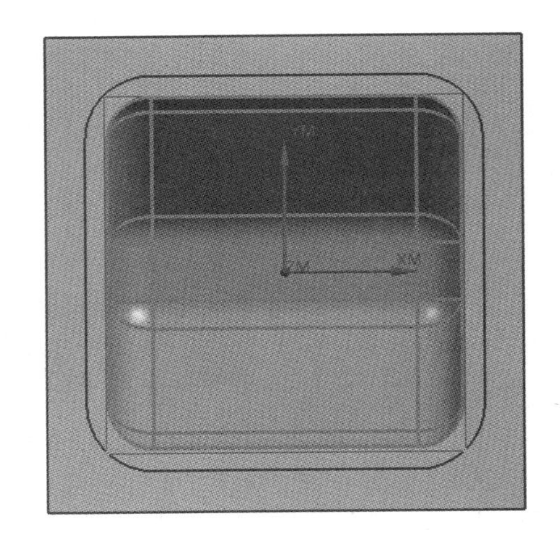

图 4-35 框选切削区域

步骤 21 刀轨设置

将“刀轨设置”中的“公共每刀切削深度”设置为“恒定”，在“最大距离”文本框中输入 0.5，其他参数默认不变，如图 4-36 所示。

步骤 22　设置切削层

在“刀轨设置”中单击“切削层”图标，系统打开“切削层”对话框。将“切削层”修改为“最优化”，如图 4-37 所示。

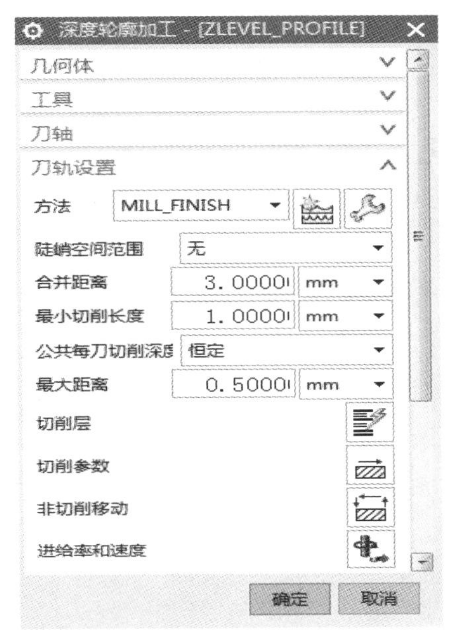

图 4-36　刀轨设置

图 4-37　“切削层”对话框

步骤 23　设置切削参数

在“刀轨设置”中单击“切削参数”图标，系统打开“切削参数”对话框。在“策略”选项卡中，“切削方向”选择“顺铣”，“切削顺序”选择“深度优先”，如图 4-38 所示。选择“连接”选项卡，将“层到层”选择为“直接对部件进刀”，其他参数不变，如图 4-39 所示。完成设置后单击“确定”按钮，返回操作对话框。

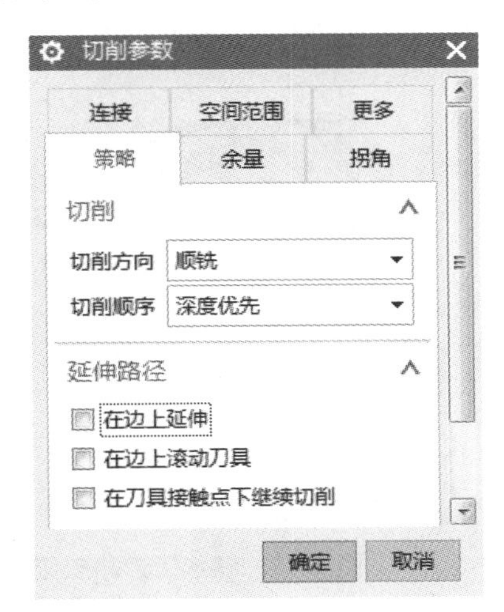

图 4-38　“策略”选项卡

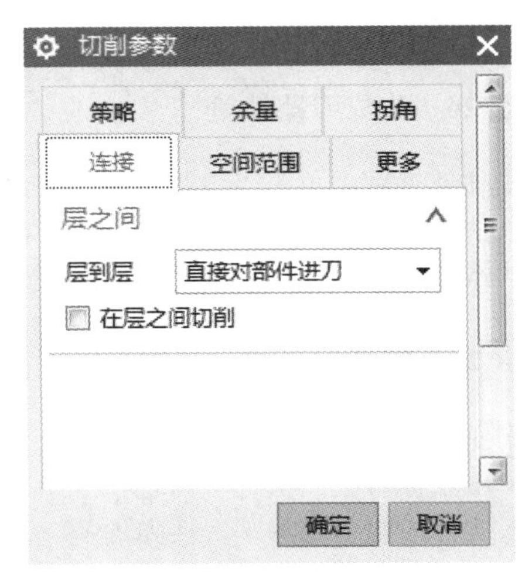

图 4-39　“连接”选项卡

步骤 24　设置非切削移动参数

在“刀轨设置”中单击“非切削移动”图标，弹出“非切削移动”对话框。设置进刀参数，在“进刀”选项卡中，将“封闭区域”中的“进刀类型”设为“与开放区域相同”，设置“开放区域”的“进刀类型”为“圆弧”，如图 4-40 所示，其他参数按默认值。

步骤 25　设置进给率和速度

在“刀轨设置”中单击“进给率和速度”图标，弹出“进给率和速度”对话框，设置“主轴速度”为 3000，切削进给率为 1250，如图 4-41 所示。单击“确定”按钮完成进给率和速度的设置，返回操作对话框。

图 4-40　“非切削移动”对话框

图 4-41　进给率和速度参数设置

步骤 26　生成刀路轨迹

在操作对话框中单击“生成”图标，计算生成刀路轨迹。产生的刀轨如图 4-42 所示，确认刀轨后单击“确定”按钮，接受刀轨并关闭操作对话框。

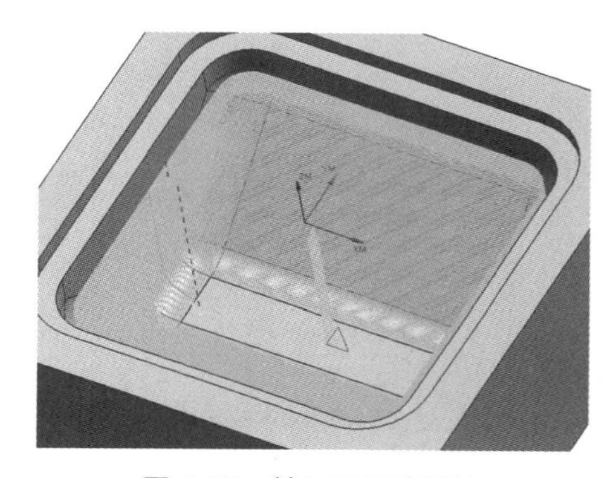

图 4-42　精加工刀路轨迹

步骤 27　模拟仿真加工、保存

选中工序导航器中所做的“CAVITY_MILL”工序，单击鼠标右键，执行“刀轨”→“确认”命令，进入实体模拟仿真加工。在弹出的“刀轨可视化”对话框中，选择“2D 动态”选项卡，如图 4-43 所示。单击“碰撞设置”按钮，在弹出的“碰撞设置”对话框中勾选“碰撞时暂停”，然后单击“确定”按钮，如图 4-44 所示。单击“播放”按钮▶，模拟仿真加工开始，实体模拟仿真加工图如图 4-45 所示，单击“比较”按钮可对比零件与模拟仿真加工图之间的差别。仿真结束后单击工具栏上的“保存”图标，保存文件。

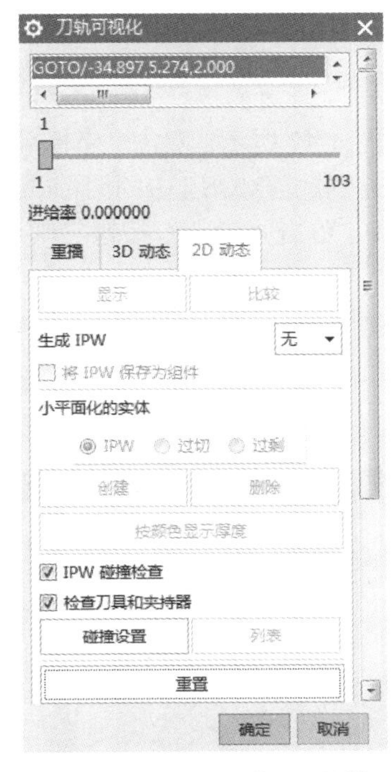

图 4-43　“刀轨可视化”对话框

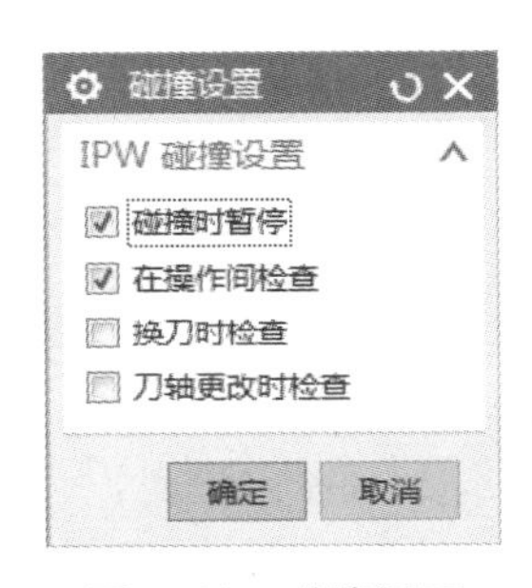

图 4-44　碰撞设置

图 4-45　最终仿真加工图

任务二　型腔铣削操作创建示例 2

如图 4-46 所示型芯模具零件，要求使用型腔铣完成粗加工与精加工程序的创建。整体粗加工使用 $\phi16$ 的平底刀，型芯曲面精加工使用 $\phi6$ 的球刀，底部直壁精加工使用 $\phi8$ 的平底刀。

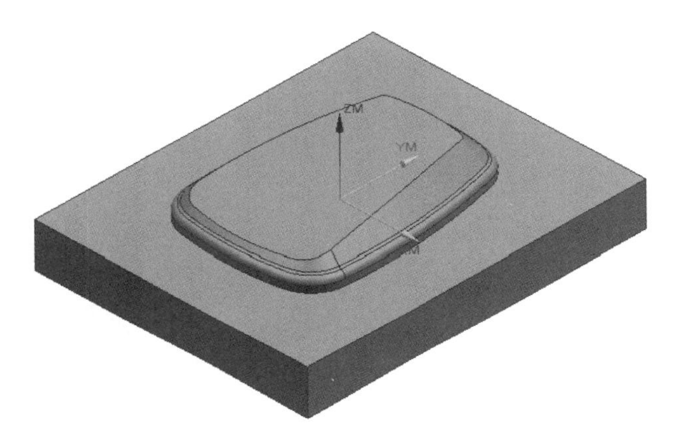

图 4-46　任务二零件图

步骤 1　打开模型文件，进入加工模块

启动 UG NX 10.0，打开本书配套课程资源二维码(在封底)中的任务零件文件 renwu\4-2.prt，进入 UG 的加工模块。

步骤 2　创建加工坐标系及安全平面

在工序导航器空白处单击鼠标右键，切换至“几何视图”，如图 4-47 所示。双击“坐标系”图标 MCS_MILL，弹出“Mill Orient”对话框，如图 4-48 所示。单击“指定 MCS”中的图标，进入“CSYS”对话框，设置“参考”为“WCS”，如图 4-49 所示。单击“确定”按钮，则设置好加工坐标系。

图 4-47　切换至“几何视图”

图 4-48　“Mill Orient”对话框

图 4-49　“CSYS”对话框

在“Mill Orient”对话框“安全设置”下的“安全设置选项”中选择“刨”，单击“指定平面”中的“平面对话框”图标，随即弹出“刨”对话框，如图 4-50 所示。选择“类型”为“按某一距离”，“选择对象”为零件底部的平面，如图 4-51 所示，然后在“偏置”“距离”处输入 25，单击“确定”按钮，则设置好安全平面。最后单击“Mill Orient”对话框的“确定”按钮。

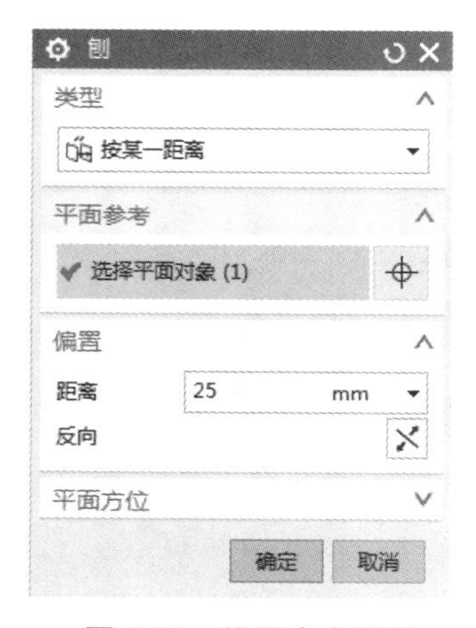

图 4-50　设置安全平面

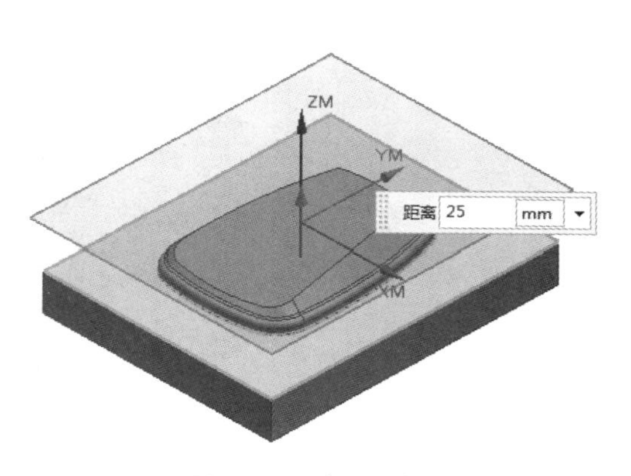

图 4-51　选择对象

步骤3 创建几何体

双击“WORKPIECE”图标WORKPIECE，弹出“工件”对话框，如图4-52所示。单击“指定部件”图标，然后选择被加工零件，如图4-53所示，单击“确定”按钮；单击“指定毛坯”图标，弹出“毛坯几何体”对话框，“类型”选择“包容块”，如图4-54所示，选择毛坯(见4-55)，单击“确定”按钮，完成几何体创建。

图4-52 “工件”对话框

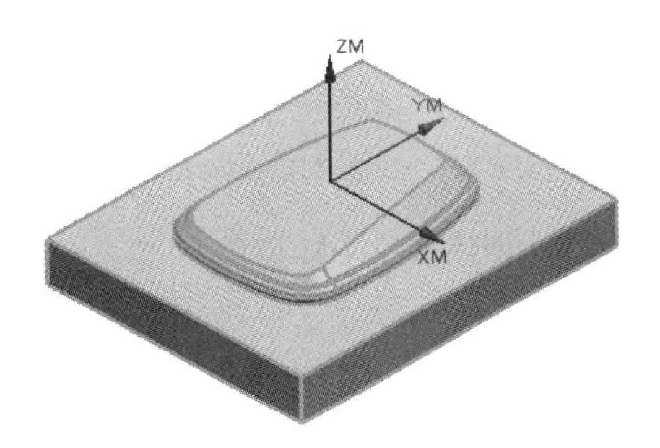

图4-53 选择被加工零件

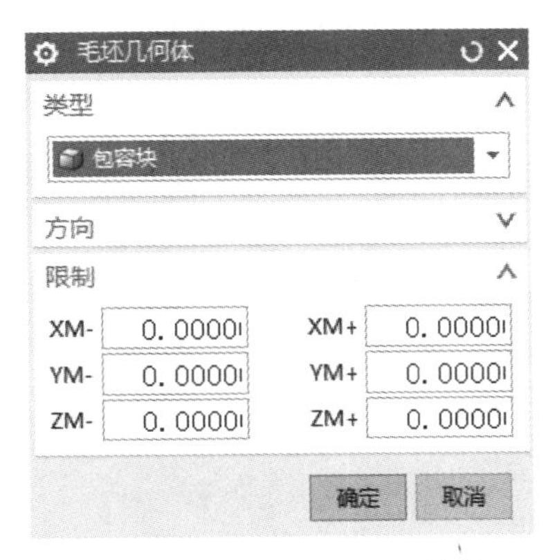

图4-54 “毛坯几何体”对话框

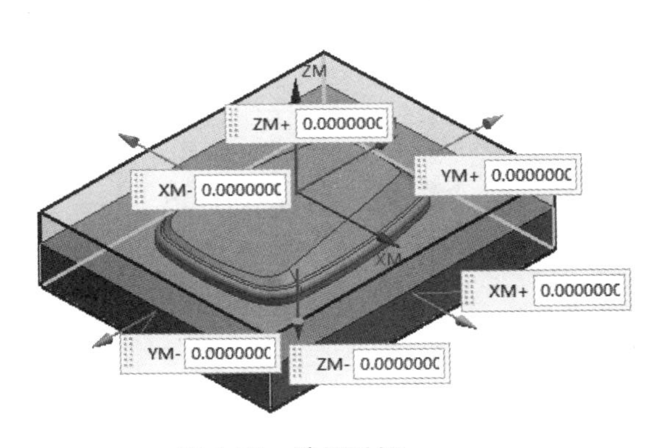

图4-55 选择毛坯

步骤4 创建刀具

单击工具条上的“创建刀具”图标，弹出“创建刀具”对话框，如4-56所示。设置“类型”为“mill_contour”，“刀具子类型”为“MILL”图标，“名称”为“D16”，单击“确定”按钮，进入“铣刀-5 参数”对话框，在“直径”处输入16，如图4-57所示。

用同样的方法创建$\phi8$平底刀，“名称”为“D8”，在“直径”处输入8。创建$\phi6$球刀，“名称”为“B6”，在“直径”处输入6，在底圆角半径即“下半径”处输入3。

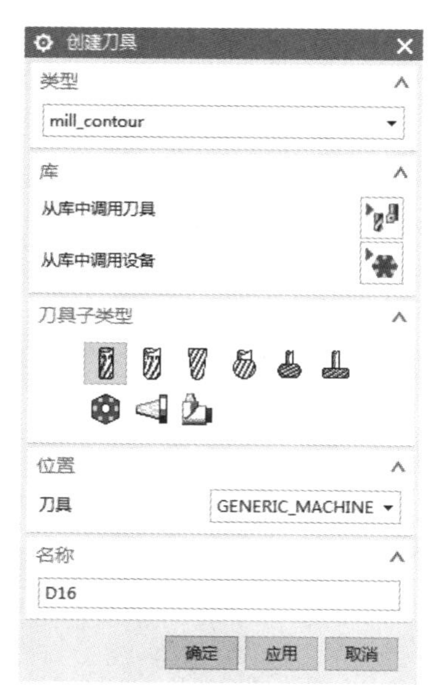

图 4-56 “创建刀具”对话框

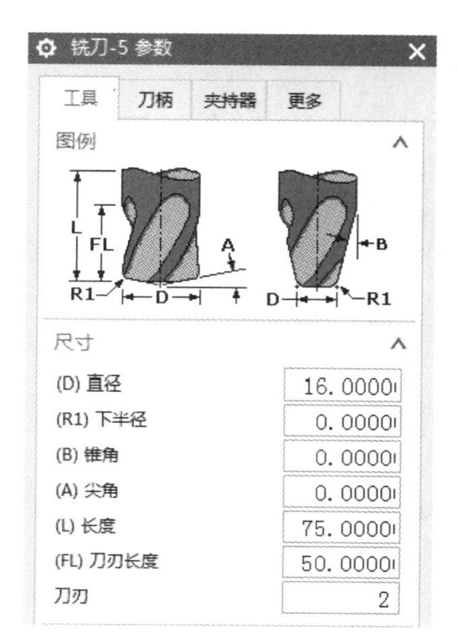

图 4-57 “铣刀-5 参数”对话框

步骤 5 创建型腔铣加工工序

单击工具条上的“创建工序”图标，系统打开“创建工序”对话框。“类型”设为“mill_contour”，“工序子类型”设为“型腔铣”，“刀具”选择“D16（铣刀-5 参数）”，“几何体”选择“WORKPIECE”，“方法”选择“MILL_ROUGH”，名称为“CAVITY_MILL1”，如图 4-58 所示，确认各选项后单击“确定”按钮，打开型腔铣对话框，如图 4-59 所示。

图 4-58 “创建工序”对话框

图 4-59 型腔铣对话框

步骤 6 指定切削区域

在操作对话框中单击“指定切削区域”图标，系统打开“切削区域”对话框，如图 4-60 所示。切削区域选取如图 4-61 所示，即零件型芯曲面及底面。单击“确定”按钮，完成切削区域的选择，返回操作对话框。

图 4-60 “切削区域”对话框

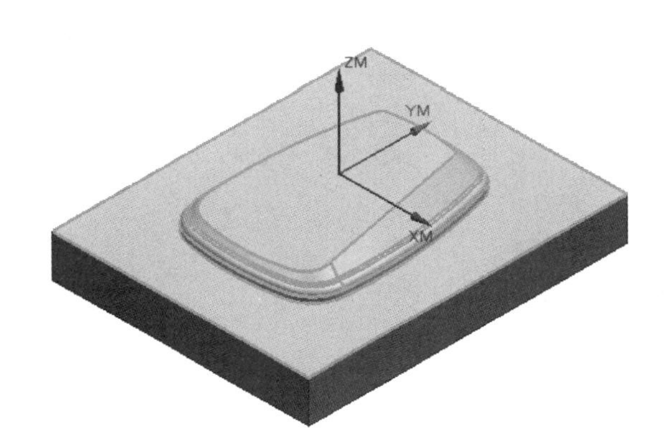

图 4-61 选取切削区域

步骤 7 刀轨设置

在型腔铣对话框中“切削模式”选择为“跟随部件”，“步距”选择“刀具平直百分比”，在“平面直径百分比”文本框中输入 75，“公共每刀切削深度”设置为“恒定”，在“最大距离”文本框中输入 2，刀轨设置如图 4-62 所示。

图 4-62 刀轨设置

步骤 8　设置切削参数

在“刀轨设置”中单击“切削参数”图标，系统打开“切削参数”对话框。在“策略”选项卡中，“切削方向”选择“顺铣”，“切削顺序”选择“层优先”，如图 4-63 所示。选择“余量”选项卡，将“使底面余量与侧面余量一致”复选框中的“√”去掉，输入“部件侧面余量”为 0.3，“部件底面余量”为 0，其他参数不变，如图 4-64 所示。完成设置后单击“确定”按钮，返回操作对话框。

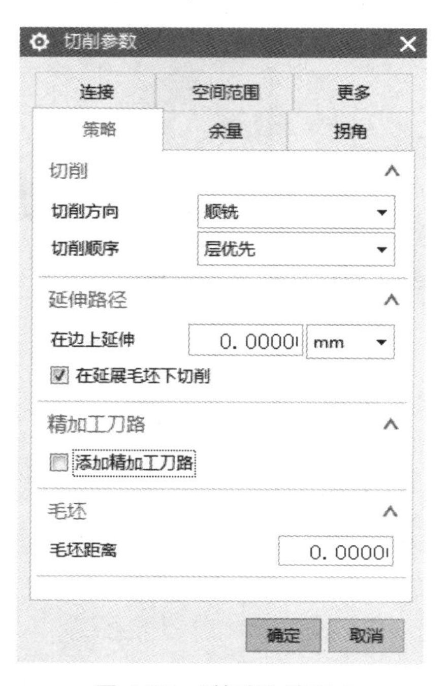

图 4-63　“策略”选项卡

图 4-64　“余量”选项卡

步骤 9　设置非切削移动参数

在“刀轨设置”中单击“非切削移动”图标，弹出“非切削移动”对话框。设置进刀参数，在“进刀”选项卡中，“进刀类型”设为“螺旋”，“斜坡角”为 5，“高度”为 1，如图 4-65 所示，其他参数按默认值设置。

步骤 10　设置进给率和速度

在“刀轨设置”中单击“进给率和速度”图标，弹出“进给率和速度”对话框，设置“主轴速度”为 2500，切削进给率为 1000，如图 4-66 所示。单击“确定”按钮完成进给率和速度的设置，返回操作对话框。

步骤 11　生成刀路轨迹

在操作对话框中单击“生成”图标，计算生成刀路轨迹。产生的刀轨如图 4-67 所示，确认刀轨后单击“确定”按钮，接受刀轨并关闭操作对话框。

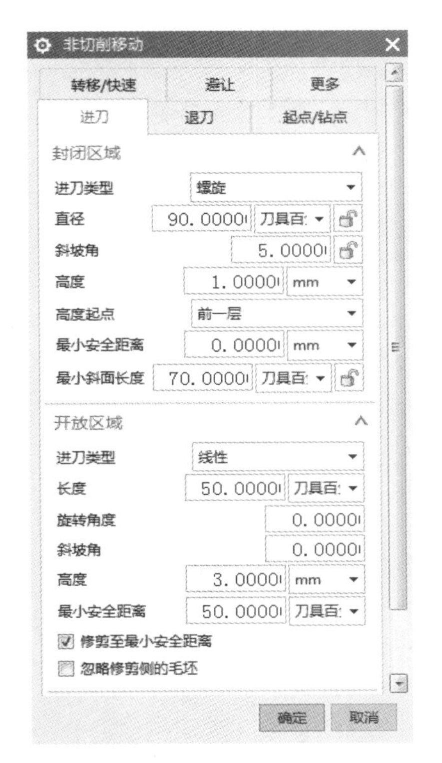

图 4-65 “非切削移动”对话框

图 4-66 进给率和速度参数设置

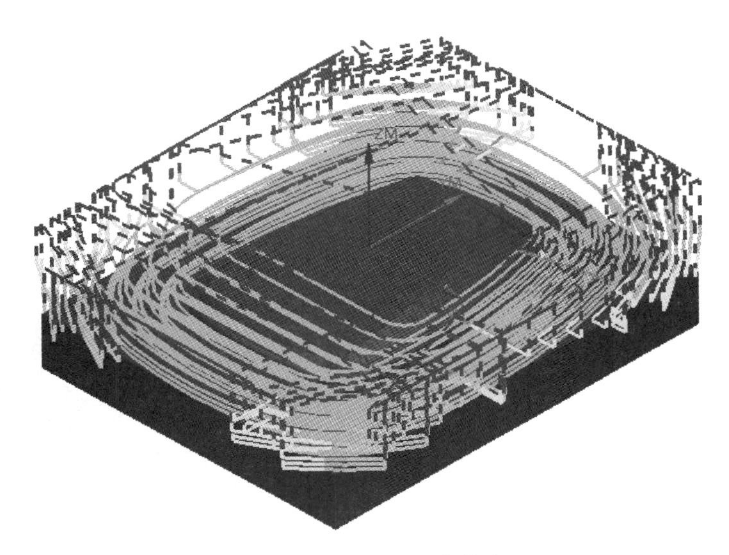

图 4-67 粗加工刀路轨迹

步骤 12 创建深度轮廓加工精加工工序

单击工具条上的“创建工序”图标，系统打开“创建工序”对话框。“类型”设为“mill_contour”，“工序子类型”设为“深度轮廓加工”，“刀具”选择“B6(铣刀-5 参数)”，“几何体”选择“WORKPIECE”，“方法”选择“MILL_FINISH”，名称为“ZLEVEL_PROFILE”，如图 4-68 所示，确认各选项后单击“确定”按钮，打开深度轮廓加工对话框，如图 4-69 所示。

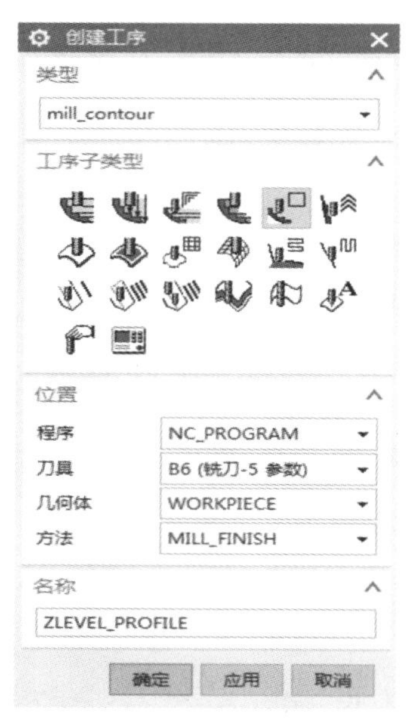

图 4-68 “创建工序”对话框

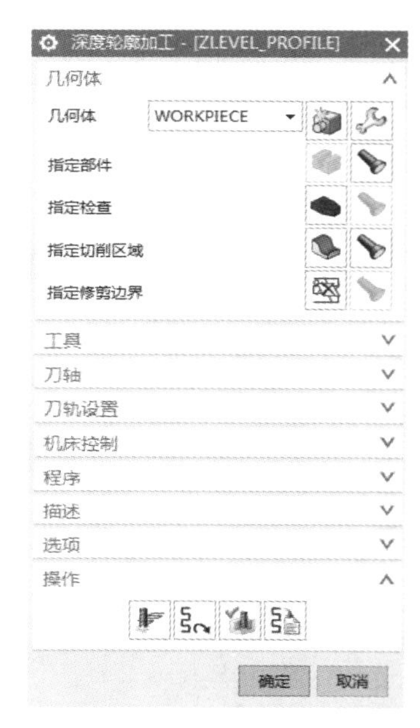

图 4-69 深度轮廓加工对话框

步骤 13 指定切削区域

在操作对话框中单击“指定切削区域”图标，系统打开“切削区域”对话框，如图 4-70 所示。将工作视图切换至前视图，框选零件型芯曲面，如图 4-71 所示。单击“确定”按钮，完成切削区域的选择，返回操作对话框。

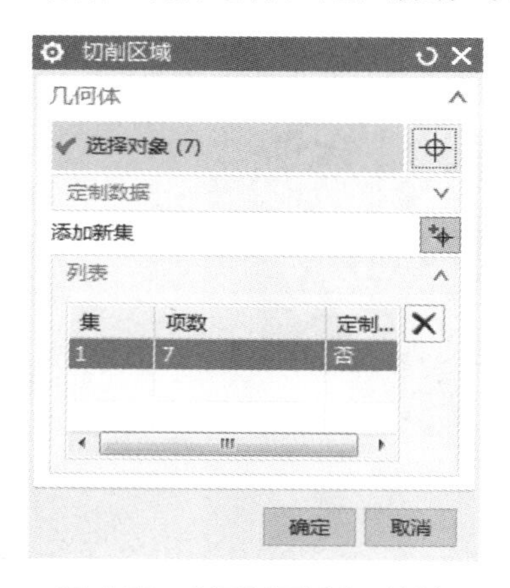

图 4-70 “切削区域”对话框

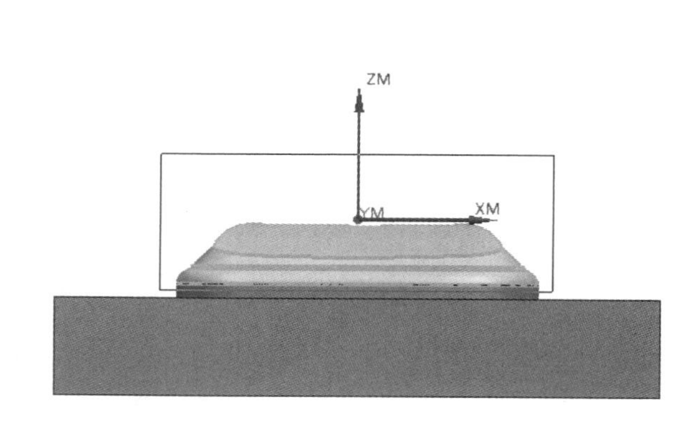

图 4-71 框选切削区域

步骤 14 刀轨设置

将“刀轨设置”中的“公共每刀切削深度”设置为“恒定”，在“最大距离”文本框中输入 0.3，其他参数默认不变，如图 4-72 所示。

步骤 15 设置切削层

在“刀轨设置”中单击“切削层”图标，系统打开“切削层”对话框。将“切削层”

修改为“最优化”，如图 4-73 所示。

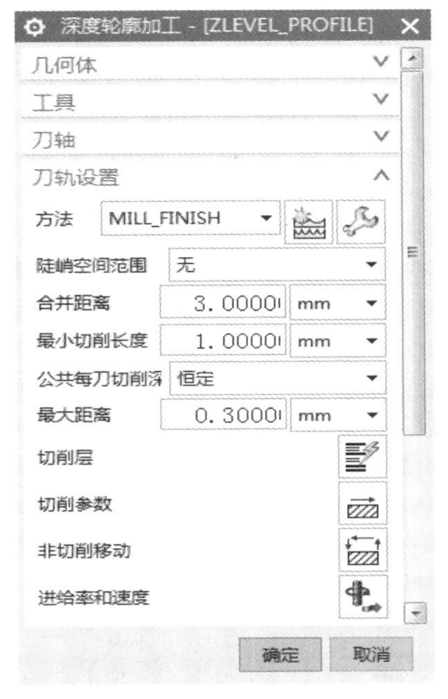

图 4-72 刀轨设置

图 4-73 “切削层”对话框

步骤 16 设置切削参数

在“刀轨设置”中单击“切削参数”图标，系统打开“切削参数”对话框。在“策略”选项卡中，“切削方向”选择“混合”，“切削顺序”选择“深度优先”，如图 4-74 所示。选择“连接”选项卡，选择“层到层”为“直接对部件进刀”，勾选“在层之间切削”复选框，其他参数不变，如图 4-75 所示。完成设置后单击“确定”按钮，返回操作对话框。

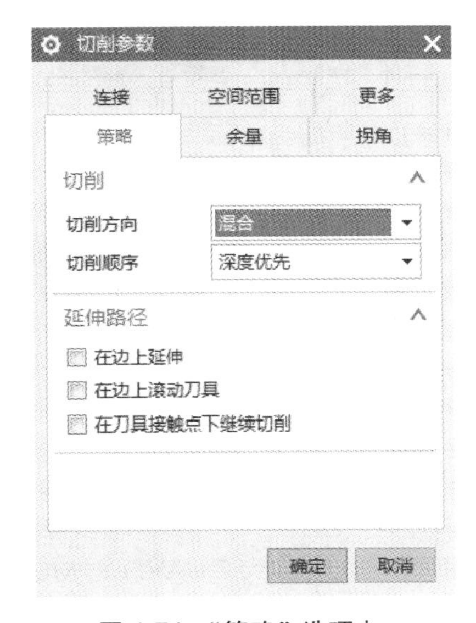

图 4-74 “策略”选项卡

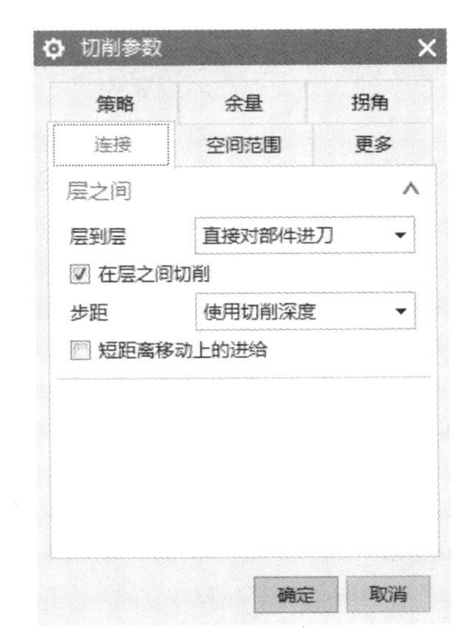

图 4-75 “连接”选项卡

步骤 17　设置非切削移动参数

在“刀轨设置”中单击“非切削移动”图标，弹出“非切削移动”对话框。设置进刀参数，在“进刀”选项卡中，将“封闭区域”中的“进刀类型”设为“与开放区域相同”，设置“开放区域”的“进刀类型”为“圆弧”，如图 4-76 所示，其他参数按默认值设置。

步骤 18　设置进给率和速度

在“刀轨设置”中单击“进给率和速度”图标，弹出“进给率和速度”对话框，设置“主轴速度”为 3000，切削进给率为 1250，如图 4-77 所示。单击“确定”按钮完成进给率和速度的设置，返回操作对话框。

图 4-76　“非切削移动”对话框

图 4-77　进给率和速度参数设置

步骤 19　生成刀路轨迹

在操作对话框中单击“生成”图标，计算生成刀路轨迹。产生的刀轨如图 4-78 所示，确认刀轨后单击“确定”按钮，接受刀轨并关闭操作对话框。

步骤 20　创建侧壁精加工工序

单击工具条上的“创建工序”图标，系统打开“创建工序”对话框。“类型”设为“mill_contour”，“工序子类型”设为“型腔铣”，“刀具”选择“D8(铣刀-5 参数)”，“几何体”选择“WORKPIECE”，“方法”选择“MILL_FINISH”，名称为“CAVITY_MILL2”，如图 4-79 所示，确认各选项后单击“确定”按钮，打开型腔铣对话框，如图 4-80 所示。

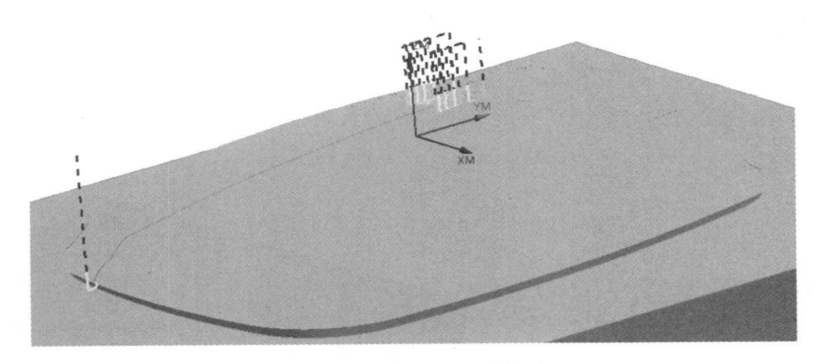

图 4-78　精加工刀路轨迹

图 4-79　“创建工序”对话框

图 4-80　型腔铣对话框

步骤 21　指定切削区域

在操作对话框中单击“指定切削区域”图标，系统打开“切削区域”对话框，如图 4-81 所示。切削区域选择四周的直壁面，如图 4-82 所示。单击“确定”按钮，完成切削区域的选择，返回操作对话框。

步骤 22　刀轨设置

选择“切削模式”为“轮廓”，其他参数默认不变，如图 4-83 所示。

步骤 23　设置切削层

在“刀轨设置”中单击“切削层”图标，系统打开“切削层”对话框。

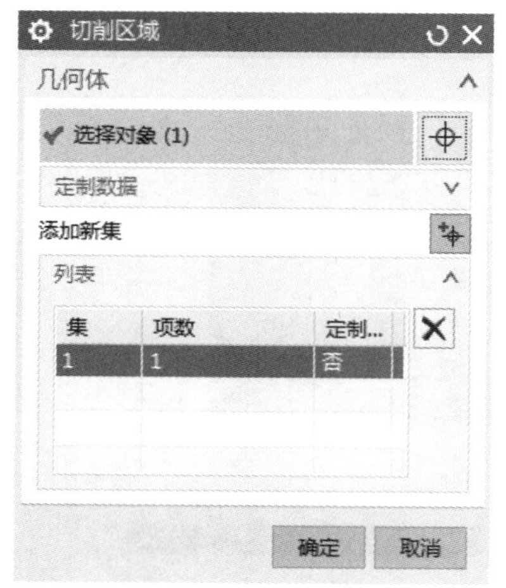

图 4-81 “切削区域”对话框

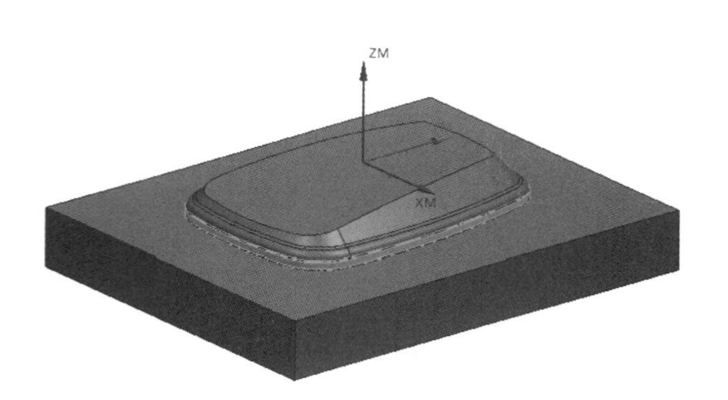

图 4-82 选取切削区域

将“切削层”修改为“仅在范围底部”，如图 4-84 所示。

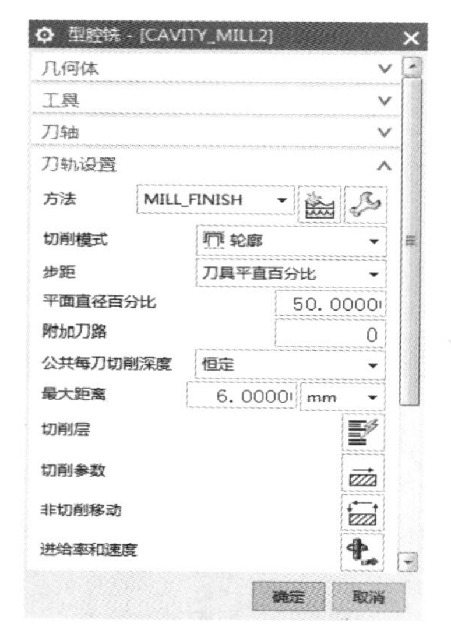

图 4-83 刀轨设置

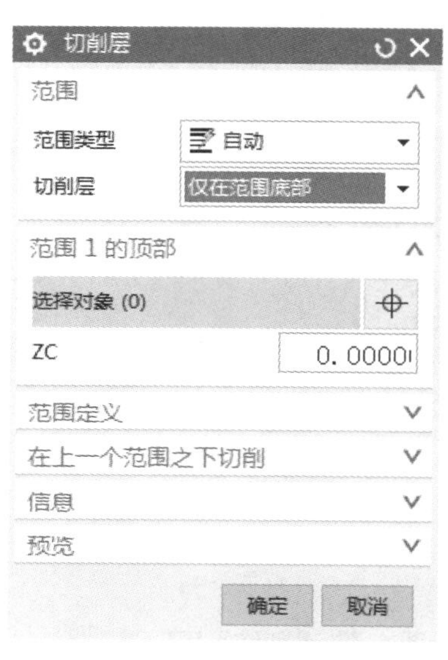

图 4-84 “切削层”对话框

步骤 24 设置非切削移动参数

在“刀轨设置”中单击“非切削移动”图标，弹出“非切削移动”对话框。设置进刀参数，在“进刀”选项卡中，将“封闭区域”的“进刀类型”设为“与开放区域相同”，设置“开放区域”的“进刀类型”为“圆弧”，如图 4-85 所示。

步骤 25 设置进给率和速度

在“刀轨设置”中单击“进给率和速度”图标，弹出“进给率和速度”对话框，设置“主轴速度”为 3000，切削进给率为 800，如图 4-86 所示。单击“确定”按钮完成进给率和速度的设置，返回操作对话框。

图 4-85 “非切削移动”对话框

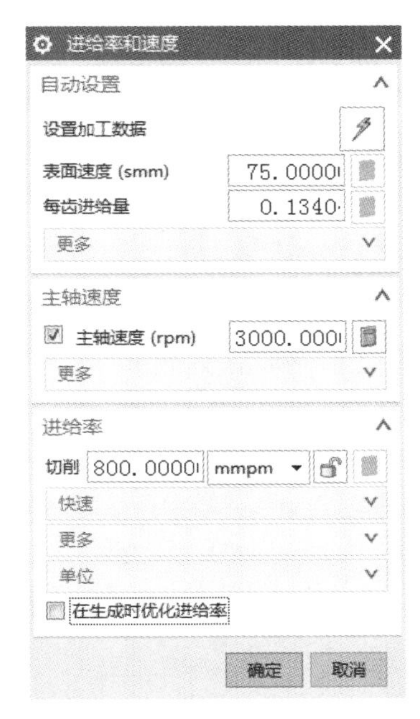

图 4-86 进给率和速度参数设置

步骤 26 生成刀路轨迹

在操作对话框中单击“生成”图标，计算生成刀路轨迹。产生的刀轨如图 4-87 所示，确认刀轨后单击“确定”按钮，接受刀轨并关闭操作对话框。

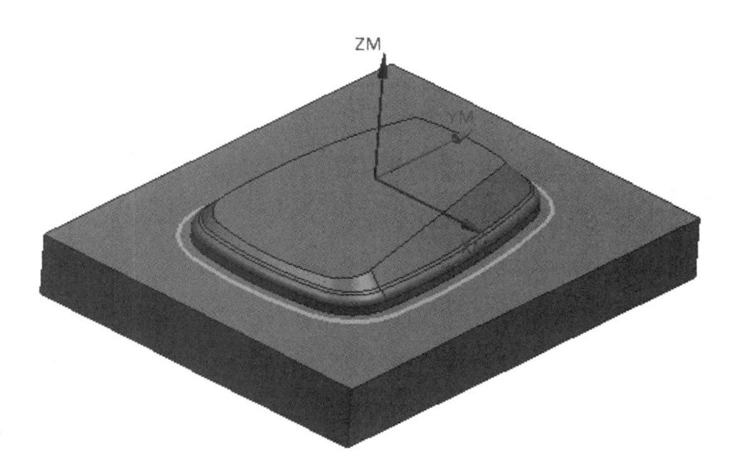

图 4-87 侧壁精加工刀路轨迹

步骤 27 模拟仿真加工、保存

选中工序导航器中所做的“CAVITY_MILL”工序，单击鼠标右键，执行“刀轨”→“确认”命令，进入实体模拟仿真加工。在弹出的“刀轨可视化”对话框中，选择“2D 动态”选项卡，如图 4-88 所示。单击“碰撞设置”按钮，在弹出的“碰撞设置”对话框中勾选“碰撞时暂停”，然后单击“确定”按钮，如图 4-89 所示。单击“播放”按钮▶，模拟仿真加工开始，实体模拟仿真加工图如图 4-90 所示，单击“比较”按钮可对比零件与模拟仿真加工图之间的差别。仿真结束后单击工具栏上的“保存”图标，保存文件。

图 4-88 “刀轨可视化”对话框

图 4-89 碰撞设置

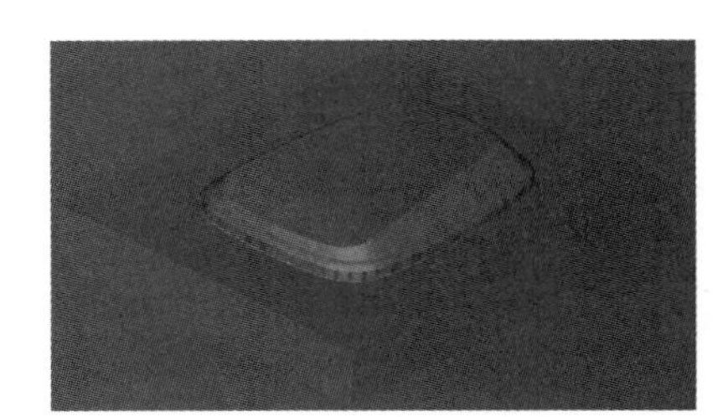

4-90 最终仿真加工图

练 习 题

完成本书配套课程资源二维码(在封底)中零件 lianxi\4-1.prt 的加工操作流程，创建型腔铣工序，如图 4-91 所示。

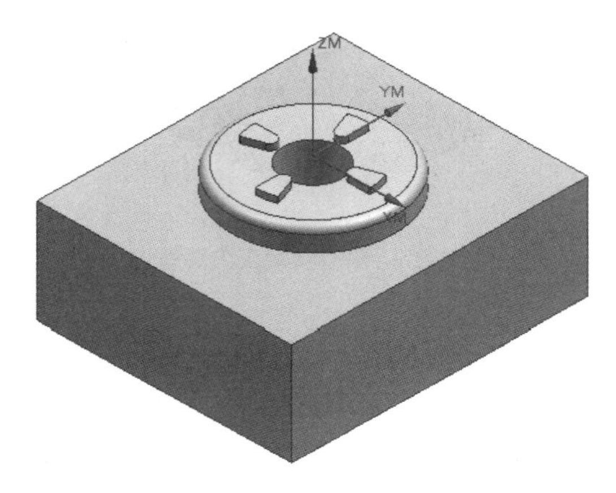

图 4-91 练习题

项目5 边界驱动曲面铣

任务说明

本项目主要讲述UG固定轮廓铣中的边界驱动加工方法，它是以边界为驱动几何体生成沿轮廓或者在整个切削区域内加工的曲面铣操作。边界驱动铣削适用于有明确边界的曲面铣削加工，是曲面半精加工和精加工方法中的一种。通过指定边界来控制铣削区域，可以选择多种切削模式，生成不同形状的刀轨，用来创建允许刀具沿着复杂表面轮廓移动的加工操作。

本项目通过两个任务的练习，重点讲解了边界驱动方式中边界的指定、边界偏置、切削模式与步距的选择等驱动设置。

学习目标

理解边界驱动曲面铣加工方法及特点；掌握边界驱动操作方法和工序创建具体步骤，尤其是边界指定、边界偏置、切削模式与步距的设置；能根据零件特点选用边界驱动加工方法，恰当选择、合理设置边界驱动参数。

任务一　边界驱动曲面铣操作创建示例 1

如图 5-1 所示零件，已经完成了初始设置并使用型腔铣完成了粗加工（型腔铣操作方法参照项目 4，此处不再介绍），要求使用边界驱动轮廓铣完成零件的半精加工与精加工，刀具分别使用 $\phi12$、$\phi6$、$\phi3$ 的球刀。

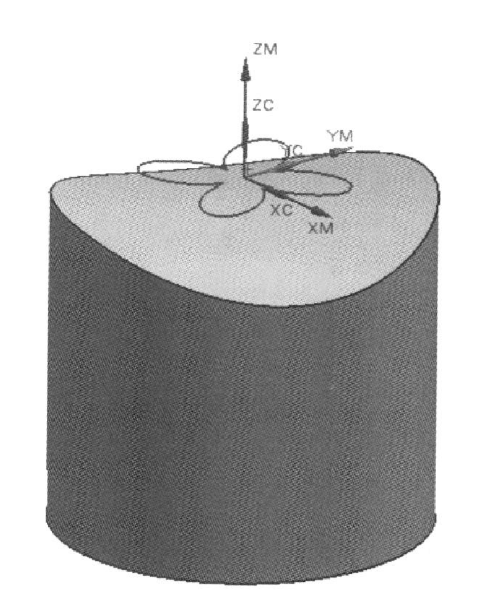

图 5-1　任务一零件图

步骤 1　打开模型文件

启动 UG NX 10.0，打开本书配套课程资源二维码(在封底)中的任务零件文件 renwu\5-1.prt，进入 UG 的加工模块。

步骤 2　创建加工坐标系及安全平面

在工序导航器空白处单击鼠标右键，切换至“几何视图”，如图 5-2 所示。双击“坐标系”图标 MCS_MILL，弹出“Mill Orient”对话框，如图 5-3 所示。单击“指定 MCS”中的图标，进入“CSYS”对话框，设置“参考”为“WCS”，如图 5-4 所示。单击“确定”按钮，则设置好加工坐标系。

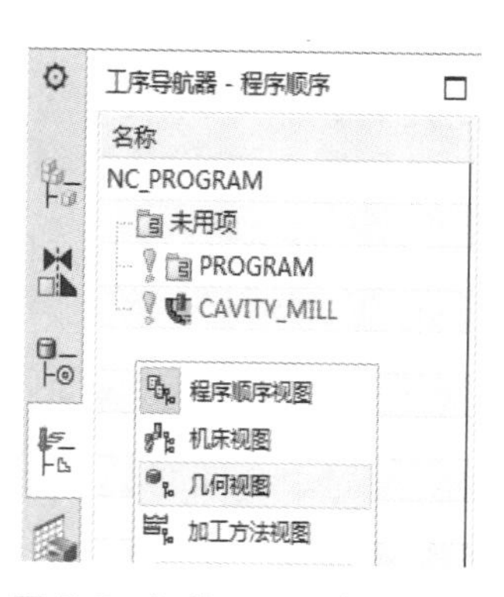

图 5-2　切换至“几何视图”

图 5-3　“Mill Orient”对话框

图 5-4　“CSYS”对话框

在“Mill Orient”对话框“安全设置”下的“安全设置选项”中选择“刨”，单击“指定平面”中的“平面对话框”图标，随即弹出图 5-5 所示对话框。选择“类型”为“按某一距离”，“选择对象”为零件底部的平面，如图 5-6 所示，然后在“偏置”“距离”处输入－52，单击“确定”按钮，则设置好安全平面。最后单击“Mill Orient”对话框的“确定”按钮。

图 5-5 “刨”对话框

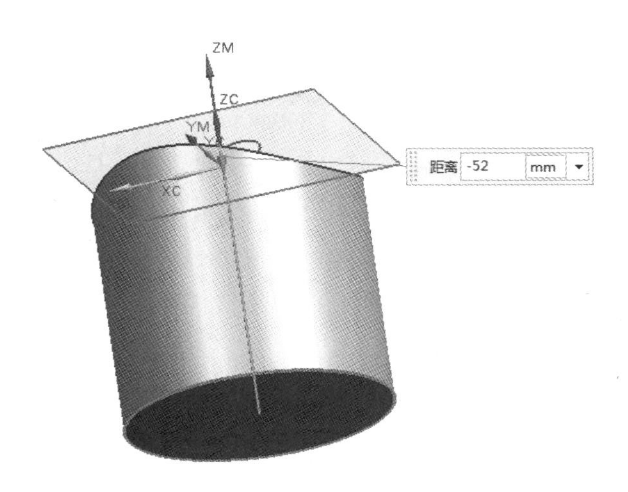

图 5-6 设置安全平面

步骤 3 创建几何体

双击“WORKPIECE”图标 WORKPIECE，弹出“铣削几何体”对话框，如图 5-7 所示。单击“指定部件”图标，然后选择被加工零件，如图 5-8 所示，单击“确定”按钮；单击“指定毛坯”图标，弹出“毛坯几何体”对话框，“类型”选择“包容圆柱体”，“限制”中的“ZM+”设置为 1，如图 5-9 和图 5-10 所示，单击“确定”按钮，完成几何体创建。

步骤 4 创建刀具

单击工具条上的“创建刀具”图标，弹出“创建刀具”对话框，如图 5-11 所示。设置“类型”为“mill_contour”，“刀具子类型”为“MILL”图标，“名称”为“B12”，单击“确定”按钮，进入“铣刀-5 参数”对话框，在“直径”处输入 12，在底圆角半径即“下半径”处输入 6，如图 5-12 所示。

图 5-7 “铣削几何体”对话框

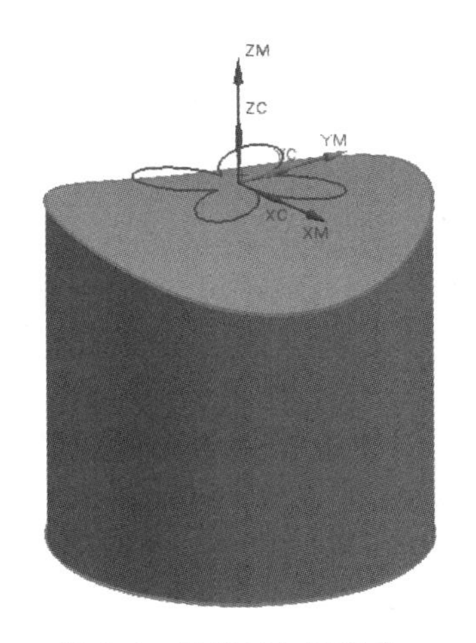

图 5-8 选择被加工零件

图 5-9 “毛坯几何体”对话框

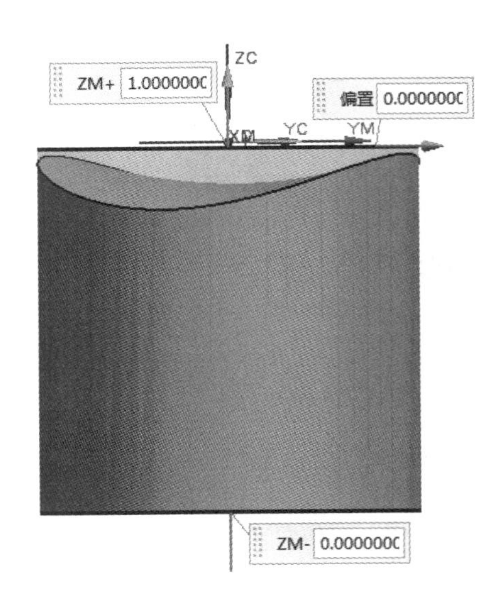

图 5-10 选择毛坯

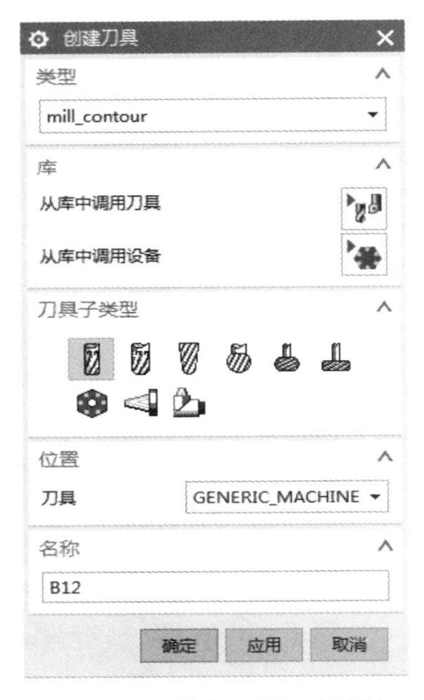

图 5-11 “创建刀具”对话框

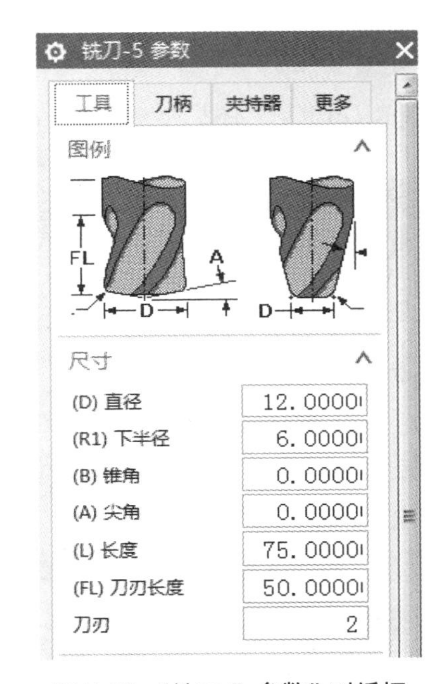

图 5-12 “铣刀-5 参数”对话框

以同样的方法创建 $\phi6$ 球刀，“名称”为“B6”，在“直径”处输入 6，在底圆角半径即“下半径”处输入 3。创建 $\phi3$ 球刀，“名称”为“B3”，在“直径”处输入 3，在底圆角半径即“下半径”处输入 1.5。

步骤 5 创建边界驱动轮廓铣半精加工工序

单击工具条上的“创建工序”图标，系统打开“创建工序”对话框。“类型”设为“mill_contour”，“工序子类型”设为“固定轮廓铣”，“刀具”选择“B12(铣刀-5 参数)”，“几何体”选择“WORKPIECE”，“方法”选择“MILL_SEMI_FINISH”，名称改为

“FIXED_CONTOUR1”，如图 5-13 所示，确认各选项后单击“确定”按钮，打开固定轮廓铣对话框，如图 5-14 所示。

图 5-13 “创建工序”对话框

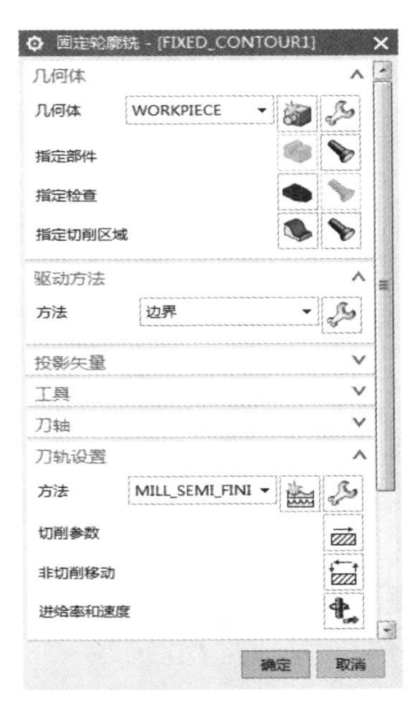

图 5-14 固定轮廓铣对话框

步骤 6 指定切削区域

在操作对话框中单击“指定切削区域”图标，系统打开“切削区域”对话框，如图 5-15 所示。切削区域选取零件顶部曲面，如图 5-16 所示。单击“确定”按钮，完成切削区域的选择，返回操作对话框。

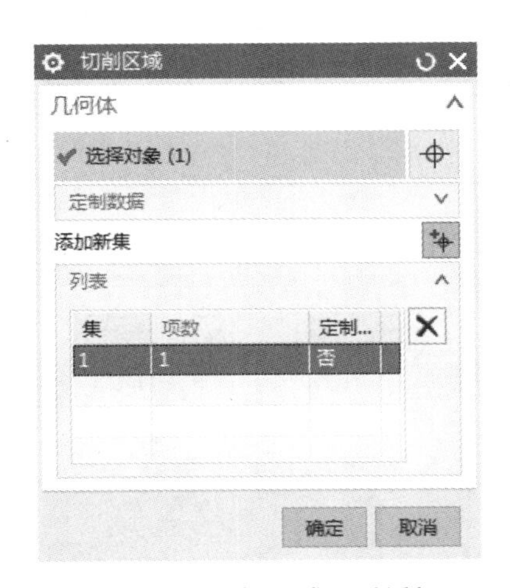

图 5-15 “切削区域”对话框

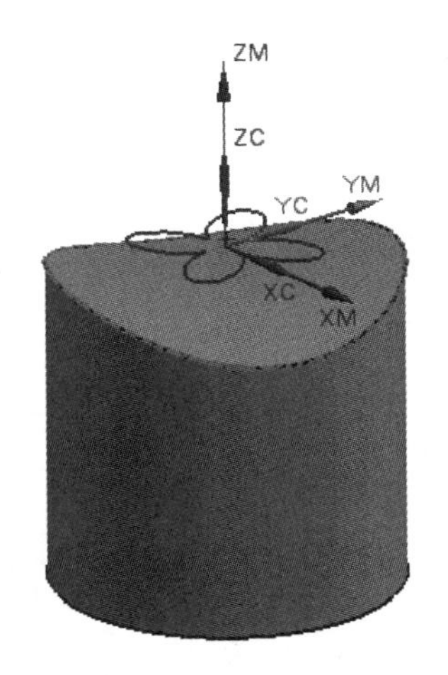

图 5-16 选取切削区域

步骤 7 设置驱动方法

“驱动方法”选择为“边界”，单击“编辑”图标，系统弹出“边界驱动方法”对话框。

在“指定驱动几何体”中单击图标，弹出“边界几何体”对话框，在“模式”中选择“曲线/边”，如图 5-17 所示，紧接着弹出“创建边界”对话框，如图 5-18 所示，在图形上选择图 5-19 所示的边界曲线。单击“确定”按钮，返回“边界驱动方法”对话框。

将“偏置”中的“边界偏置”设为−7，使刀路沿边界曲线向外延伸 7 mm，否则部件边界区域有可能加工不到。将“驱动设置”中“切削模式”选择为“跟随周边”，“刀路方向”选择“向内”，“切削方向”设为“顺铣”，“步距”选择“恒定”，“最大距离”输入 0.5，如图 5-20 所示，单击“确定”按钮，返回操作对话框。

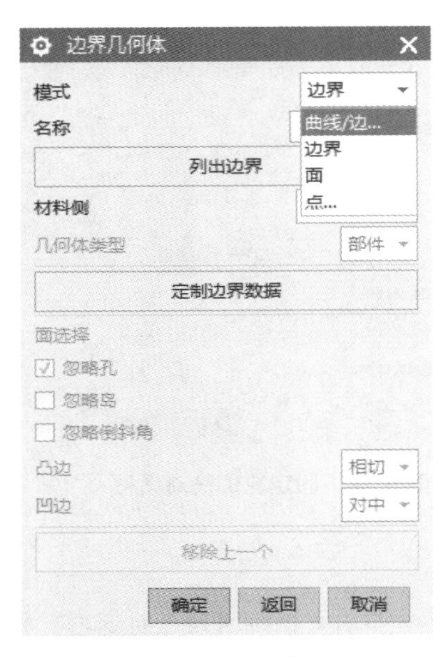

图 5-17 “边界几何体”对话框

图 5-18 “创建边界”对话框

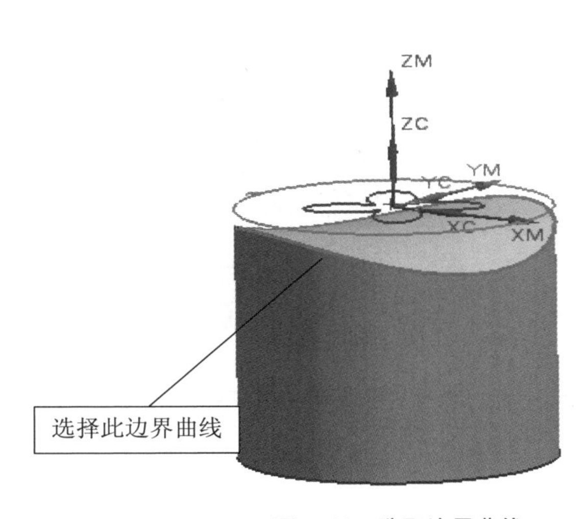

图 5-19 选取边界曲线

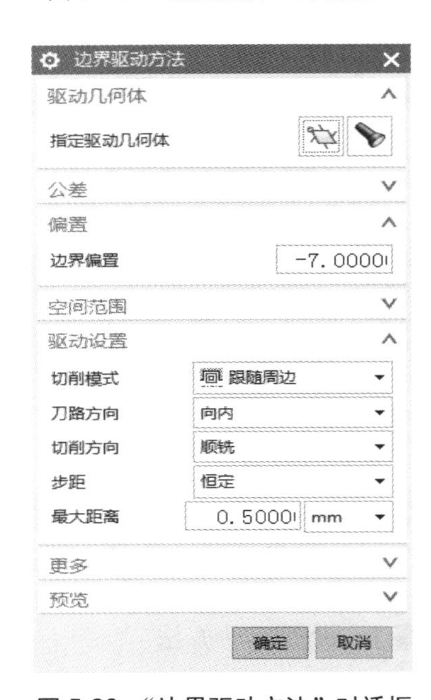

图 5-20 “边界驱动方法”对话框

步骤 8　设置切削参数

在“刀轨设置”中单击“切削参数”图标，系统打开“切削参数”对话框。在“策略”选项卡中，“切削方向”选择“顺铣”，“刀路方向”选择“向内”，选中“在边上延伸”复选框，如图 5-21 所示。选择“余量”选项卡，输入“部件余量”为 0.2，其他余量参数不变，如图 5-22 所示。完成设置后单击“确定”按钮，返回操作对话框。

图 5-21　“策略”选项卡

图 5-22　“切削参数”对话框（“余量”选项卡）

步骤 9　设置非切削移动参数

在“刀轨设置”中单击“非切削移动”图标，弹出“非切削移动”对话框。首先设置进刀参数，在“进刀”选项卡中，“进刀类型”设为“圆弧-平行于刀轴”，如图 5-23 所示。选择“转移/快速”选项卡，“安全设置选项”设为“使用继承的”，如图 5-24 所示。单击“确定”按钮完成非切削移动参数的设置，返回操作对话框。

步骤 10　设置进给率和速度

在“刀轨设置”中单击“进给率和速度”图标，弹出“进给率和速度”对话框，设置“主轴速度”为 3000，切削进给率为 1250，如图 5-25 所示。单击“确定”按钮完成进给率和速度的设置，返回操作对话框。

步骤 11　生成半精加工刀路轨迹

在操作对话框中单击“生成”图标，计算生成刀路轨迹。产生的刀轨如图 5-26 所示，确认刀轨后单击“确定”按钮，接受刀轨并关闭操作对话框。

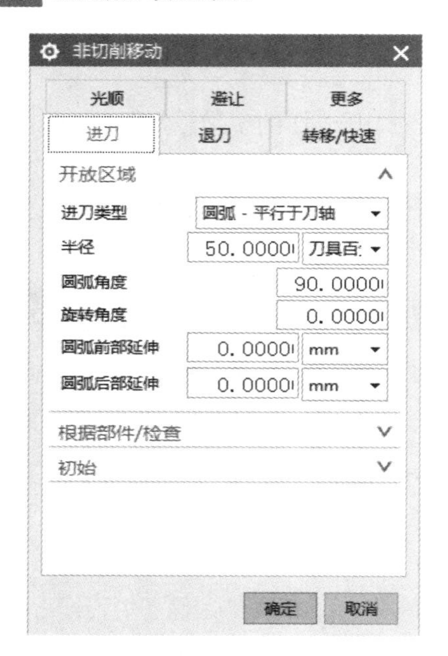

图 5-23 “进刀”选项卡

图 5-24 “转移/快速”选项卡

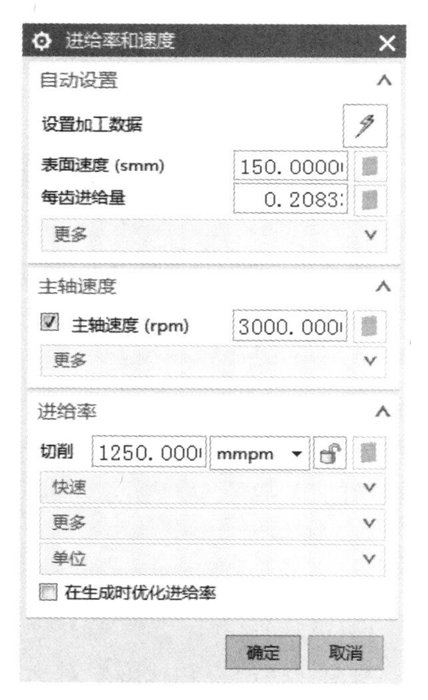

图 5-25 进给率和速度参数设置

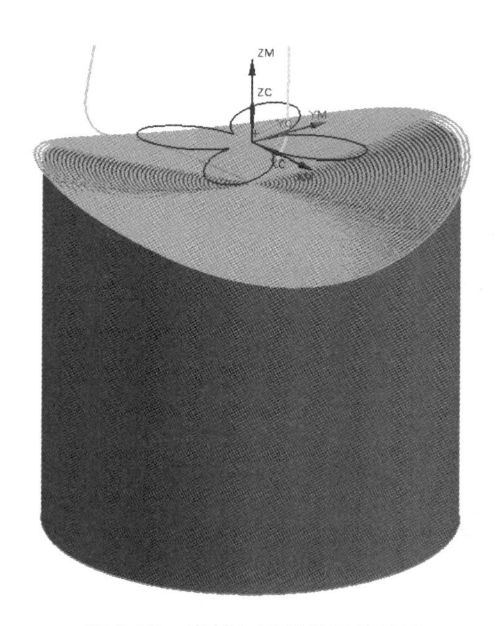

图 5-26 半精加工零件刀路轨迹

步骤 12 创建边界驱动轮廓铣精加工工序

在工序导航器中，选择操作程序“FIXED_CONTOUR1”，单击鼠标右键，依次选择“复制”和“粘贴”命令，如图 5-27 所示。将操作程序名称改为“FIXED_CONTOUR2”，如图 5-28 所示。

图 5-27 程序的复制与粘贴

图 5-28 程序的重命名

步骤 13 修改边界驱动方法、刀具及刀轨设置方法

工序“FIXED_CONTOUR2”要求的是精加工零件顶部曲面，双击之前复制、粘贴的程序，进入编辑状态。将“驱动方法”下的“方法”选择为“边界”，并单击“编辑”图标，系统弹出“边界驱动方法”对话框，进行参数设置。将“偏置”中的“边界偏置”设为−2，将“驱动设置”中的“步距”设为“残余高度”，“最大残余高度”设为 0.01，其他参数参照默认设置，如图 5-29 所示。完成后单击“确定”按钮，返回操作对话框。将“工具”中的“刀具”选择为“B6（铣刀-5 参数）”，“刀轨设置”中的“方法”选择为“MILL_FINISH”，如图 5-30 所示。

图 5-29 “边界驱动方法”对话框

图 5-30 刀具及方法参数设置

步骤 14　修改切削参数、进给率和速度

将“切削参数”对话框“余量”选项卡中的“部件余量”设为 0，“内公差”输入 0.01，“外公差”输入 0.01，如图 5-31 所示。设置“主轴速度”为 4000，切削进给率为 1400，如图 5-32 所示。

图 5-31　余量参数设置

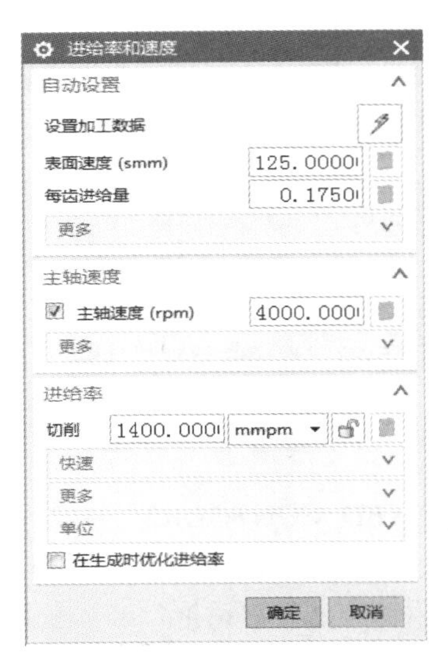

图 5-32　进给率和速度参数设置

步骤 15　生成精加工刀路轨迹

在操作对话框中单击“生成”图标，计算生成刀路轨迹。产生的刀轨如图 5-33 所示，确认刀轨后单击“确定”按钮，接受刀轨并关闭操作对话框。

步骤 16　创建第二个曲面的边界驱动加工工序

在工序导航器中，选择操作程序“FIXED_CONTOUR2”，单击鼠标右键，依次选择“复制”和“粘贴”命令，并将操作程序名称改为“FIXED_CONTOUR3”，如图 5-34 所示。

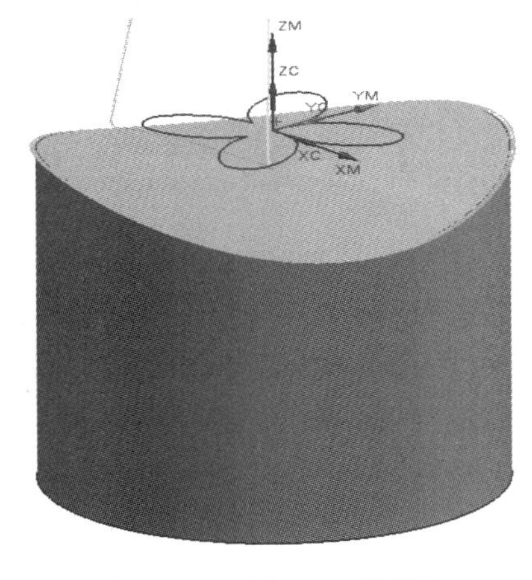

图 5-33　精加工刀路轨迹

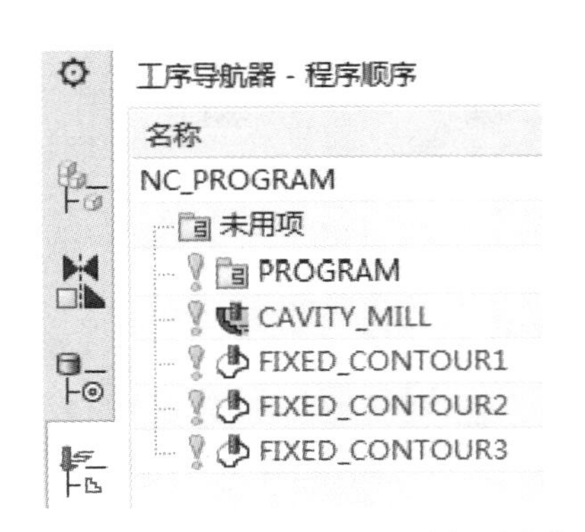

图 5-34　程序的复制、粘贴与重命名

步骤 17 修改第二个曲面的边界驱动加工参数

双击“FIXED_CONTOUR3”工序，进入编辑状态。将“驱动方法”下的“方法”选择为“边界”，并单击“编辑”图标，系统弹出“边界驱动方法”对话框，进行参数设置，如图5-35所示。在“指定驱动几何体”中单击图标，弹出“编辑边界”对话框，单击“移除”按钮，如图5-36所示，弹出“边界几何体”对话框，在“模式”中选择“曲线/边”，如图5-37所示，紧接着弹出“创建边界”对话框，如图5-38所示，在图形上选择图5-39所示的零件最顶部的边界曲线。单击“确定”按钮，返回“边界驱动方法”对话框。

图 5-35 “边界驱动方法”对话框

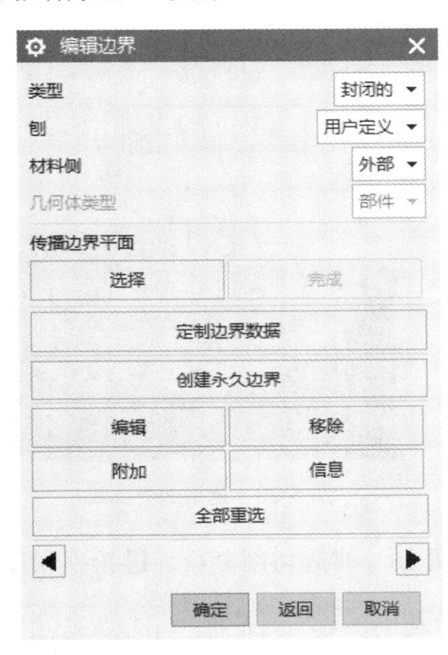

图 5-36 “编辑边界”对话框

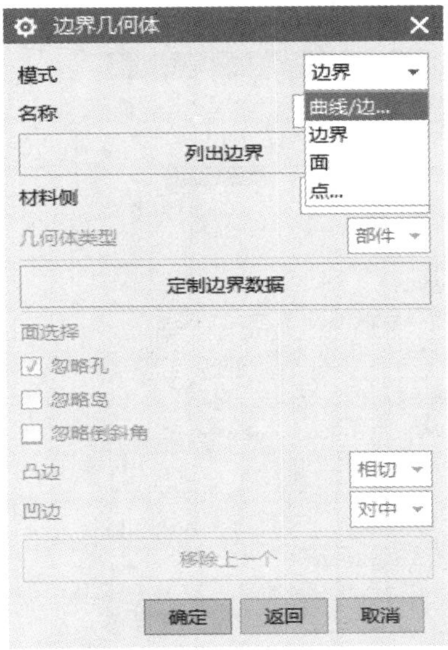

图 5-37 “边界几何体”对话框

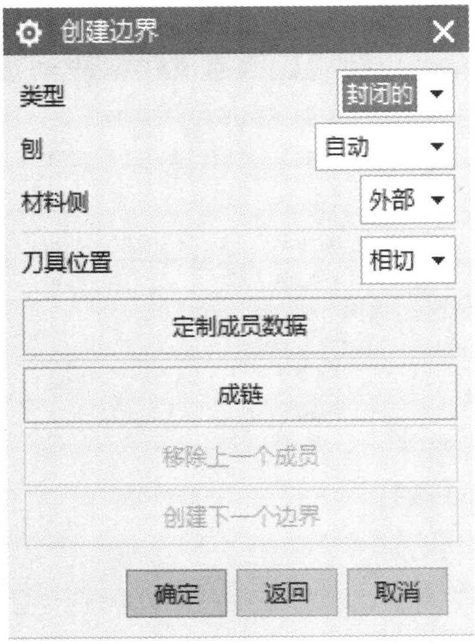

图 5-38 “创建边界”对话框

将“偏置”中的“边界偏置”设为0，将“驱动设置”中的“切削模式”选择为“跟随周边”，“刀路方向”选择“向内”，“切削方向”设为“顺铣”，“步距”设为“残余高度”，“最大残余高度”设为0.01，其他参数参照默认设置，如图5-35所示，完成后单击“确定”按钮，返回操作对话框。将“工具”中的“刀具”选择为“B3(铣刀-5 参数)”，“刀轨设置”中的“方法”选择为“MILL_FINISH”，如图5-40所示。

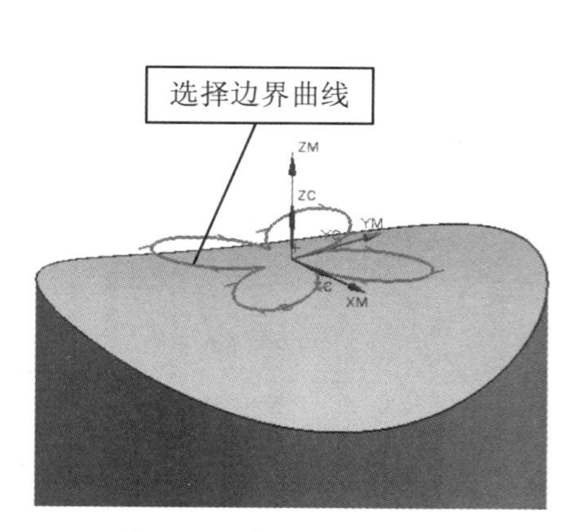

图5-39 选取边界曲线

图5-40 刀具及方法参数设置

步骤18 修改切削参数、进给率和速度

将“切削参数”对话框“余量”选项卡中的“部件余量”设为−0.5，即在曲面表面下凹0.5 mm，在“内公差”文本框中输入0.01，在“外公差”文本框中输入0.01，如图5-41所示。设置“主轴速度”为3000，切削进给率为500，如图5-42所示。

图5-41 余量参数设置

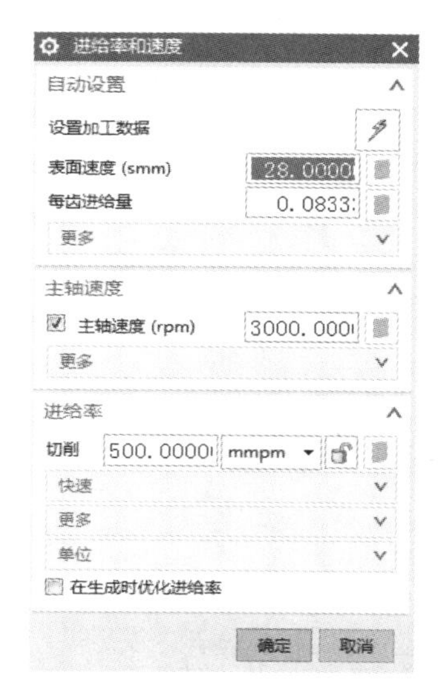

图5-42 进给率和速度参数设置

步骤 19　生成加工刀路轨迹

在操作对话框中单击“生成”图标，计算生成刀路轨迹。产生的刀轨如图 5-43 所示，确认刀轨后单击“确定”按钮，接受刀轨并关闭操作对话框。

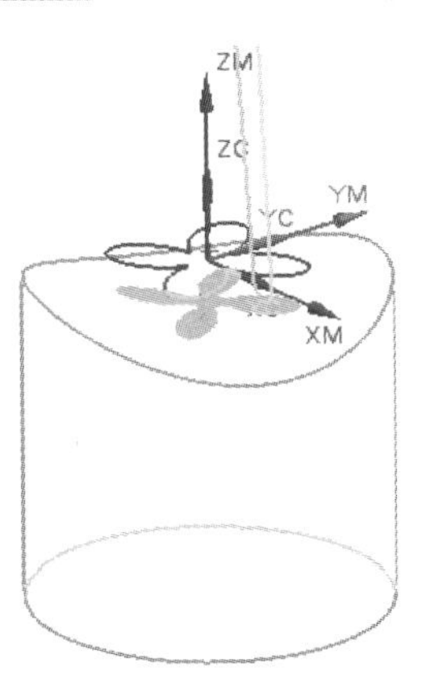

图 5-43　加工刀路轨迹

步骤 20　模拟仿真加工、保存

按住 Ctrl 键的同时选中工序导航器中所做的 4 个操作，单击鼠标右键，执行“刀轨”→“确认”命令，进入实体模拟仿真加工。在弹出的“刀轨可视化”对话框中，选择“2D 动态”选项卡，如图 5-44 所示。单击“碰撞设置”按钮，在弹出的“碰撞设置”对话框中勾选“碰撞时暂停”，然后单击“确定”按钮，如图 5-45 所示。单击“播放”按钮，模拟仿真加工开始，实体模拟仿真加工图如图 5-46 所示，单击“比较”按钮可对比零件与模拟仿真加工图之间的差别。仿真结束后单击工具栏上的“保存”图标，保存文件。

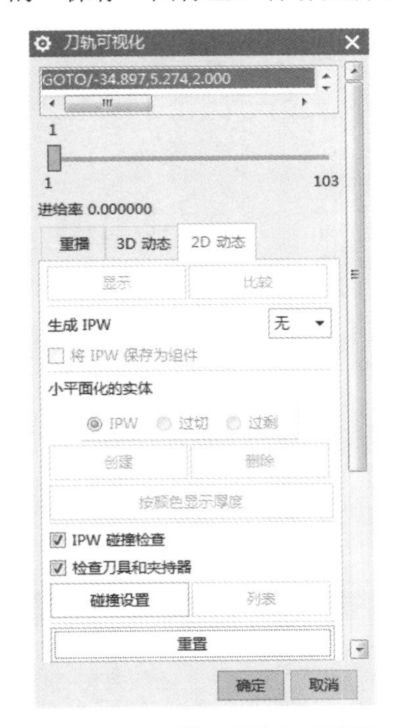

图 5-44　“刀轨可视化”对话框

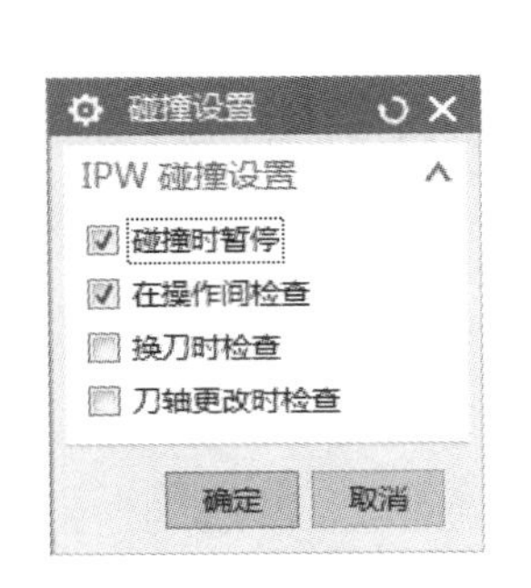

图 5-45　“碰撞设置”对话框

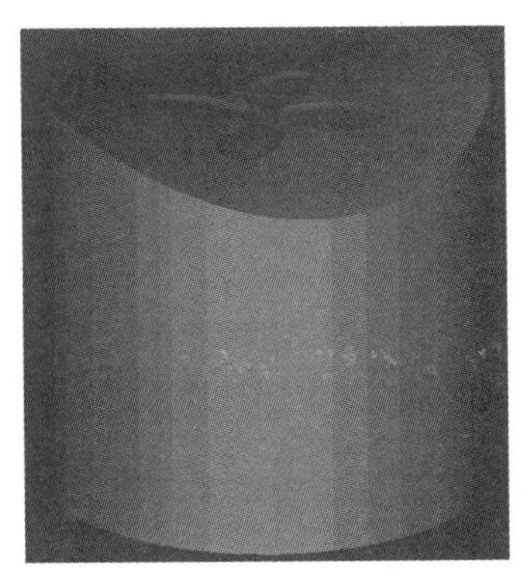

图 5-46　最终模拟仿真加工图

任务二　边界驱动曲面铣操作创建示例 2

如图 5-47 所示零件，已经完成了初始设置并使用型腔铣完成了粗加工（型腔铣操作方法参照项目 4，此处不再介绍），要求使用边界驱动轮廓铣完成零件曲面的半精加工与精加工，刀

具分别使用 $\phi 8$ 球刀和 $\phi 6$ 球刀。

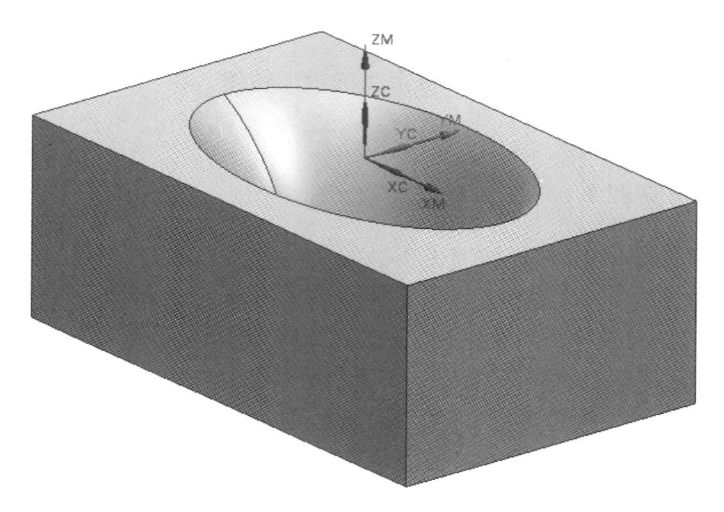

图 5-47 任务二零件图

步骤 1 打开模型文件

启动 UG NX 10.0，打开本书配套课程资源二维码(在封底)中的任务零件文件 renwu\5-2.prt，进入 UG 的加工模块。

步骤 2 创建加工坐标系及安全平面

在工序导航器空白处单击鼠标右键，切换至“几何视图”，如图 5-48 所示。双击“坐标系”图标 MCS_MILL，弹出“Mill Orient”对话框，如图 5-49 所示。单击“指定 MCS”中的图标，进入“CSYS”对话框，设置“参考”为“WCS”，如图 5-50 所示。单击“确定”按钮，则设置好加工坐标系。

图 5-48 创建“几何视图”

图 5-49 “Mill Orient”对话框

图 5-50 “CSYS”对话框

在“Mill Orient”对话框“安全设置”下的“安全设置选项”中选择“刨”，单击“指定平面”中的“平面对话框”图标，随即弹出“刨”对话框，如图 5-51 所示。选择“类型”为“自动判断”，“选择对象”为零件顶部的平面，如图 5-52 所示，然后在“偏置”“距离”处输入 3，单击“确定”按钮，则设置好安全平面。最后单击“Mill Orient”对话框的“确定”按钮。

图 5-51　“刨”对话框

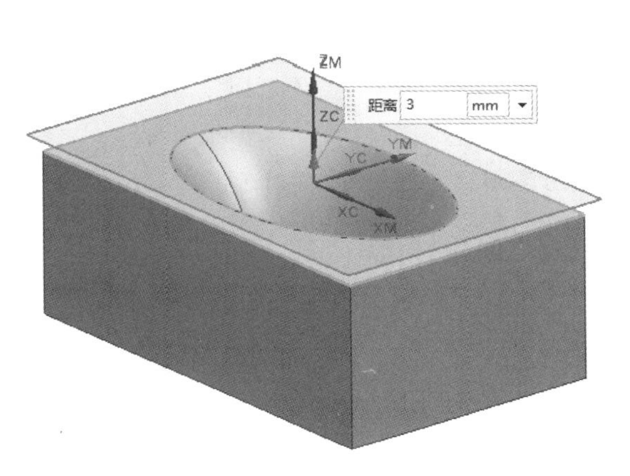

图 5-52　设置安全平面

步骤 3　创建几何体

双击“WORKPIECE”图标 WORKPIECE，弹出“铣削几何体”对话框，如图 5-53 所示。单击“指定部件”图标，然后选择被加工零件，如图 5-54 所示，单击“确定”按钮；单击“指定毛坯”图标，弹出“毛坯几何体”对话框，“类型”选择“包容块”，如图 5-55 和图 5-56 所示，单击“确定”按钮，完成几何体创建。

图 5-53　“铣削几何体”对话框

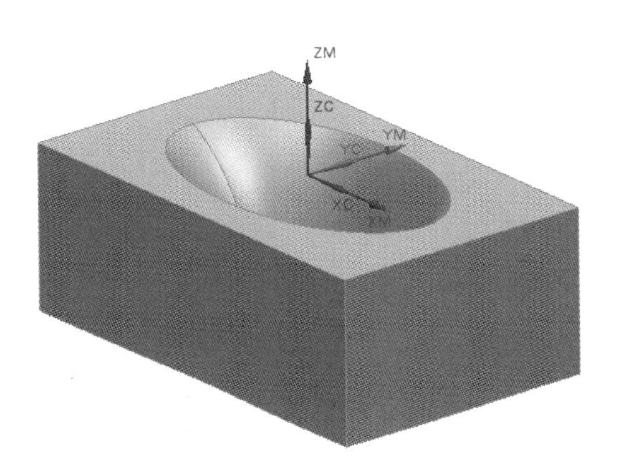

图 5-54　选择被加工零件

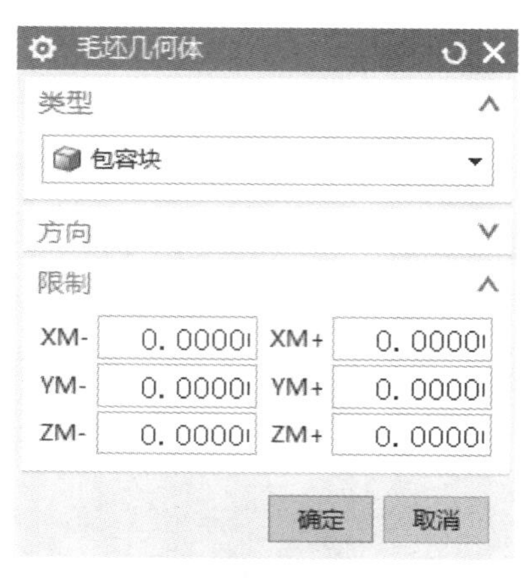

图 5-55 “毛坯几何体”对话框

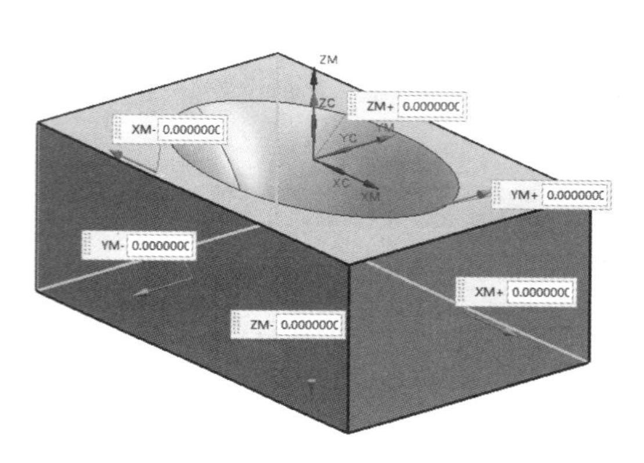

图 5-56 选择毛坯

步骤 4 创建刀具

单击工具条上的“创建刀具”图标，弹出“创建刀具”对话框，如图 5-57 所示。设置“类型”为“mill_contour”，“刀具子类型”为“MILL”图标，“名称”为“B8”，单击“确定”按钮，进入“铣刀-5 参数”对话框，在“直径”处输入 8，在底圆角半径即“下半径”处输入 4，如图 5-58 所示。

以同样的方法创建 $\phi 6$ 球刀，“名称”为“B6”，在“直径”处输入 6，在底圆角半径即“下半径”处输入 3。

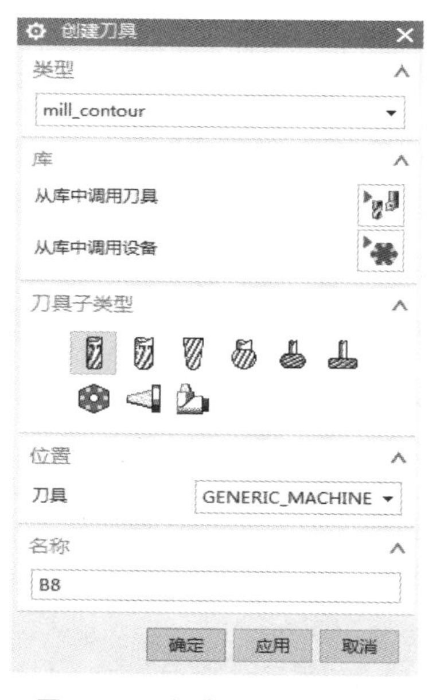

图 5-57 “创建刀具”对话框

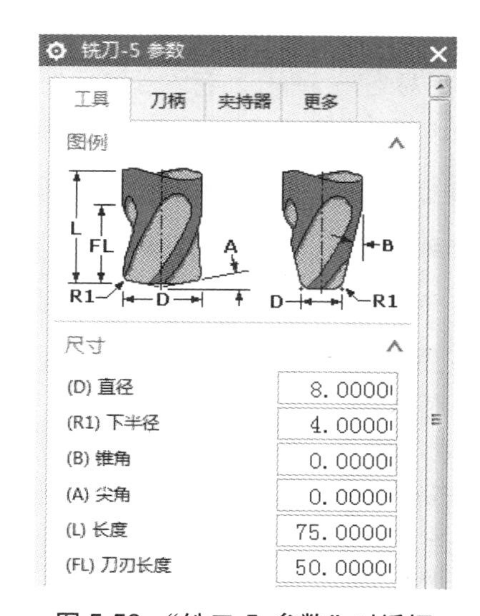

图 5-58 “铣刀-5 参数”对话框

步骤 5 创建边界驱动轮廓铣半精加工工序

单击工具条上的“创建工序”图标，系统打开“创建工序”对话框。“类型”设为“mill_contour”，“工序子类型”设为“固定轮廓铣”，“刀具”选择“B8(铣刀-5 参数)”，

“几何体”选择“WORKPIECE”，“方法”选择“MILL_SEMI_FINISH”，名称改为“FIXED_CONTOUR1”，如图 5-59 所示，确认各选项后单击“确定”按钮，打开固定轮廓铣对话框，如图 5-60 所示。

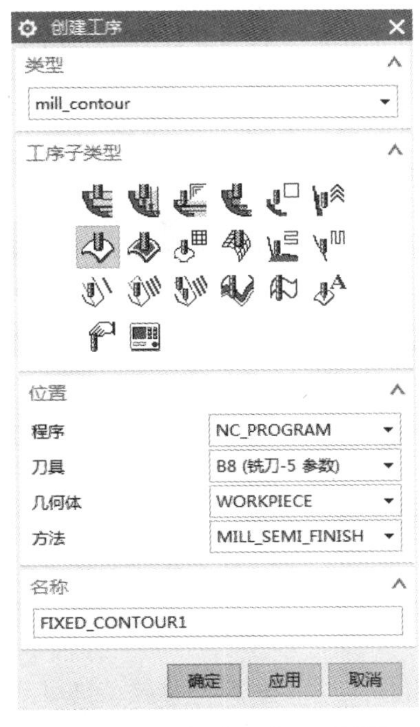

图 5-59 “创建工序”对话框

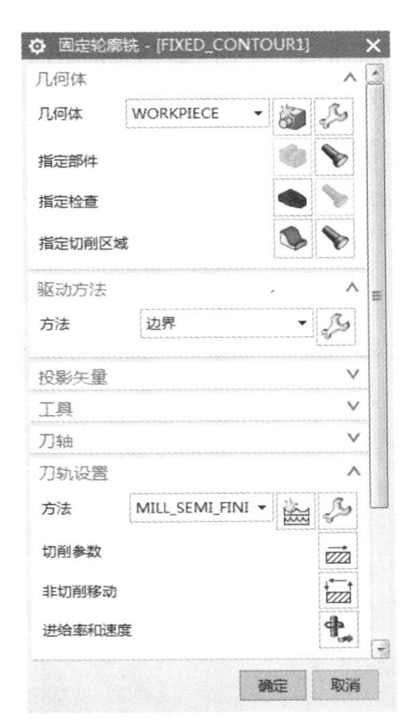

图 5-60 固定轮廓铣对话框

步骤 6 指定切削区域

在操作对话框（这里指固定轮廓铣对话框）中单击“指定切削区域”图标，系统打开“切削区域”对话框，如图 5-61 所示。框选零件内部的 3 个曲面为切削区域，如图 5-62 所示。单击“确定”按钮，完成切削区域的选择，返回操作对话框。

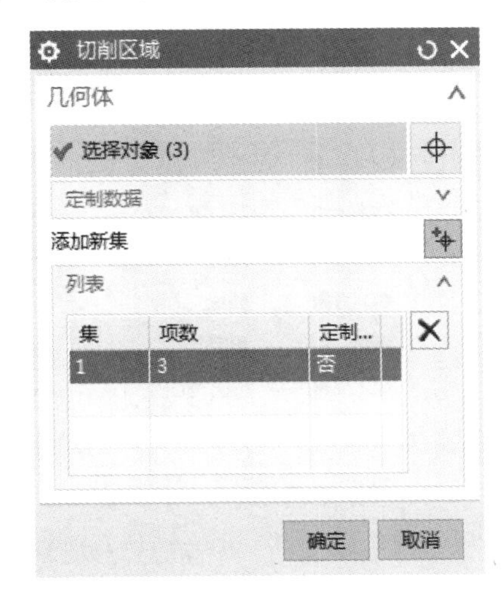

图 5-61 “切削区域”对话框

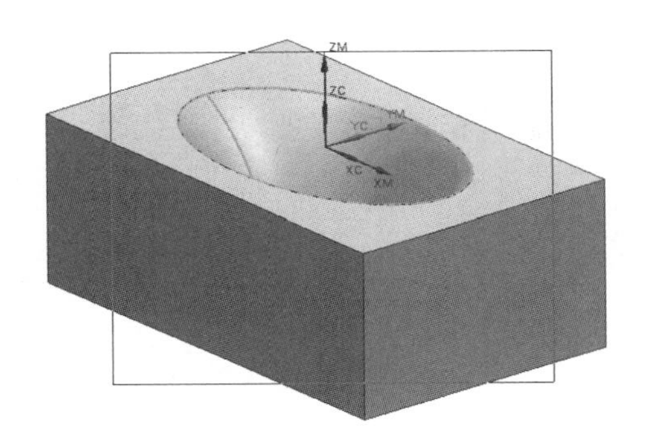

图 5-62 框选切削区域

步骤 7　设置驱动方法

“驱动方法”选择为“边界”，单击“编辑”图标，系统弹出“边界驱动方法”对话框。在“指定驱动几何体”中单击图标，弹出“边界几何体”对话框，在“模式”中选择“曲线/边”，如图 5-63 所示，紧接着弹出“创建边界”对话框，如图 5-64 所示，在图形上选择图 5-65 所示的边界曲线。单击“确定”按钮，返回“边界驱动方法”对话框。

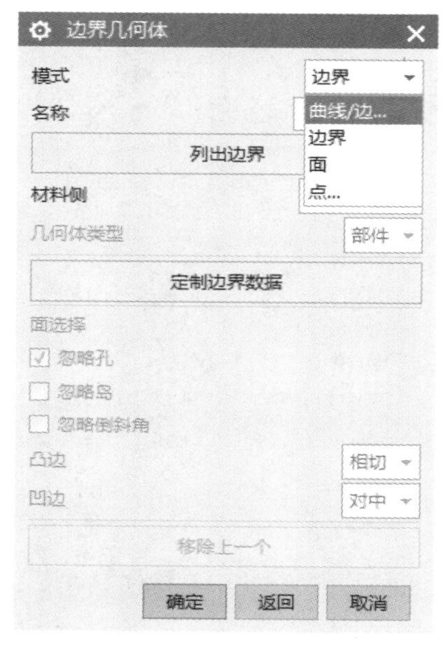

图 5-63　“边界几何体”对话框

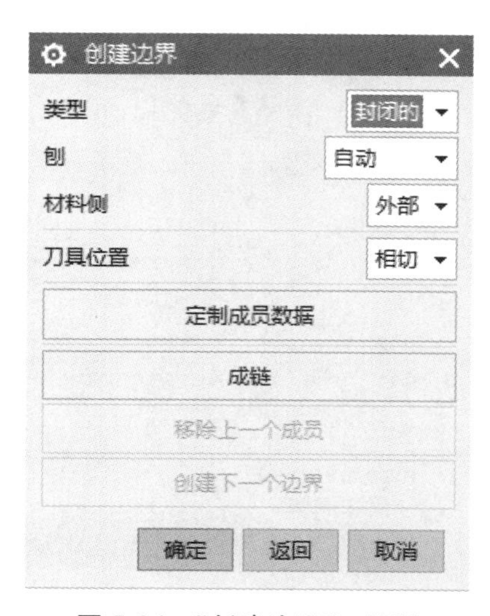

图 5-64　“创建边界”对话框

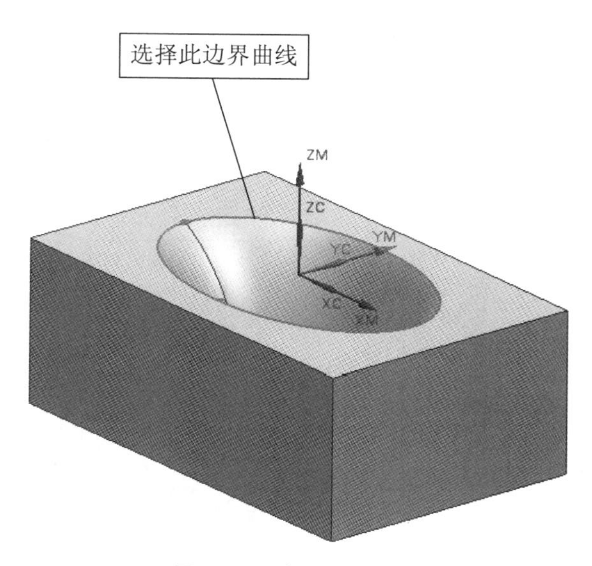

图 5-65　选取边界曲线

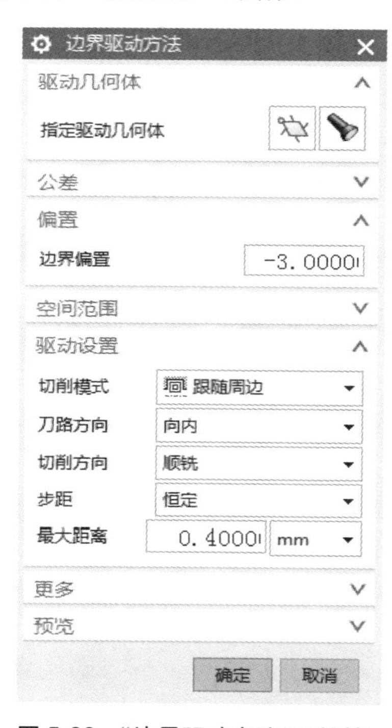

图 5-66　“边界驱动方法”对话框

将“偏置”中的“边界偏置”设为−3，将“驱动设置”中的“切削模式”选择为“跟随周边”，“刀路方向”选择“向内”，“切削方向”设为“顺铣”，“步距”选择“恒定”，在“最大距离”文本框中输入0.4，如图5-66所示，单击“确定”按钮，返回操作对话框。

步骤8 设置切削参数

在“刀轨设置”中单击“切削参数”图标，系统打开“切削参数”对话框。在“策略”选项卡中，“切削方向”选择“顺铣”，“刀路方向”选择“向内”，选中“在边上延伸”复选框，如图5-67所示。选择“余量”选项卡，输入“部件余量”为0.2，其他余量参数不变，如图5-68所示。完成设置后单击“确定”按钮，返回操作对话框。

图5-67 “策略”选项卡

图5-68 “余量”选项卡

步骤9 设置非切削移动参数

在“刀轨设置”中单击“非切削移动”图标，弹出“非切削移动”对话框。首先设置进刀参数，在“进刀”选项卡中，“进刀类型”设为“圆弧-平行于刀轴”，如图5-69所示。选择“转移/快速”选项卡，“安全设置选项”设为“使用继承的”，如图5-70所示。单击“确定”按钮完成非切削移动参数的设置，返回操作对话框。

步骤10 设置进给率和速度

在“刀轨设置”中单击“进给率和速度”图标，弹出“进给率和速度”对话框，设置“主轴速度”为3000，切削进给率为1250，如图5-71所示。单击“确定”按钮完成进给率和速度的设置，返回操作对话框。

步骤11 生成半精加工刀路轨迹

在操作对话框中单击“生成”图标，计算生成刀路轨迹。产生的刀轨如图5-72所示，确认刀轨后单击“确定”按钮，接受刀轨并关闭操作对话框。

图 5-69 “进刀”选项卡

图 5-70 “转移/快速”选项卡

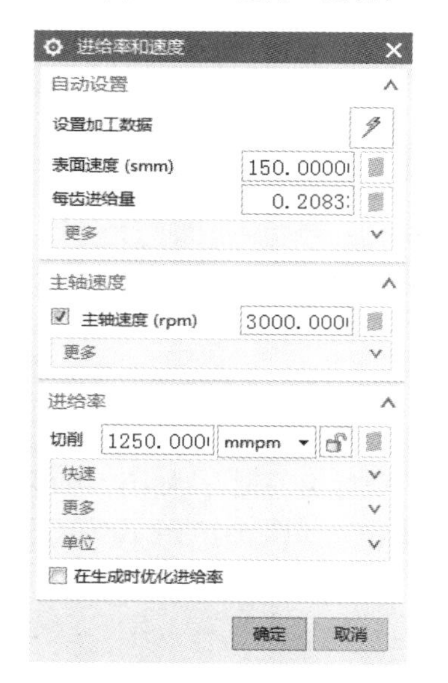

图 5-71 进给率和速度参数设置

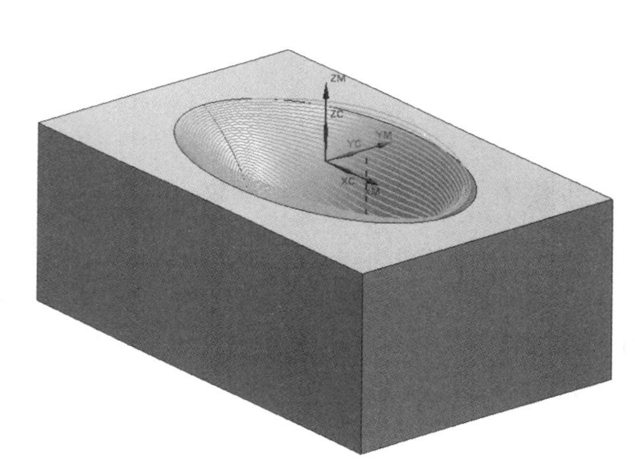

图 5-72 半精加工零件刀路轨迹

步骤 12 创建边界驱动轮廓铣精加工工序

在工序导航器中，选择操作程序“FIXED_CONTOUR1”，单击鼠标右键，依次选择“复制”和“粘贴”命令，如图 5-73 所示。将操作程序名称改为“FIXED_CONTOUR2”，如图 5-74 所示。

图 5-73　程序的复制与粘贴

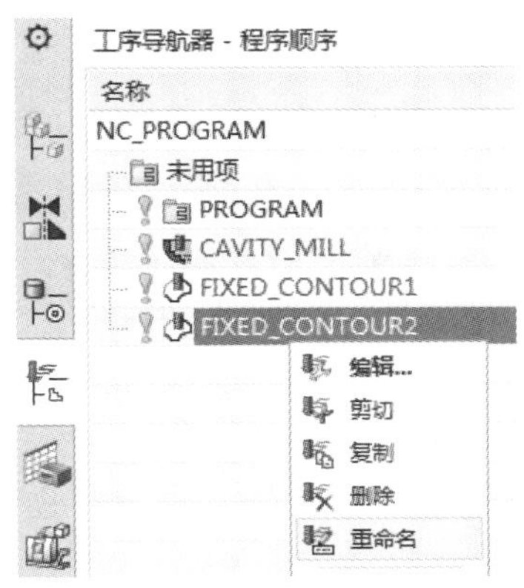

图 5-74　程序的重命名

步骤 13　修改边界驱动方法、刀具及刀轨设置方法

工序“FIXED_CONTOUR2”要求的是精加工零件曲面，双击之前复制、粘贴的程序操作，进入编辑状态。将“驱动方法”下的“方法”选择为“边界”，并单击“编辑”图标，系统弹出“边界驱动方法”对话框，进行参数设置。将“驱动设置”中的“步距”设为“恒定”，“最大距离”设为 0.2，其他参数参照默认设置，如图 5-75 所示。完成后单击“确定”按钮，返回操作对话框。将“工具”中的“刀具”选择为“B6(铣刀-5 参数)”，“刀轨设置”中的“方法”选择为“MILL_FINISH”，如图 5-76 所示。

图 5-75　“边界驱动方法”对话框

图 5-76　刀具及方法参数设置

步骤 14　修改切削参数、进给率和速度

将“切削参数”对话框“余量”选项卡中的“部件余量”设为 0，“内公差”输入 0.01，

“外公差”输入 0.01，如图 5-77 所示。设置“主轴速度”为 4000，切削进给率为 1400，如图 5-78 所示。

图 5-77　余量参数设置

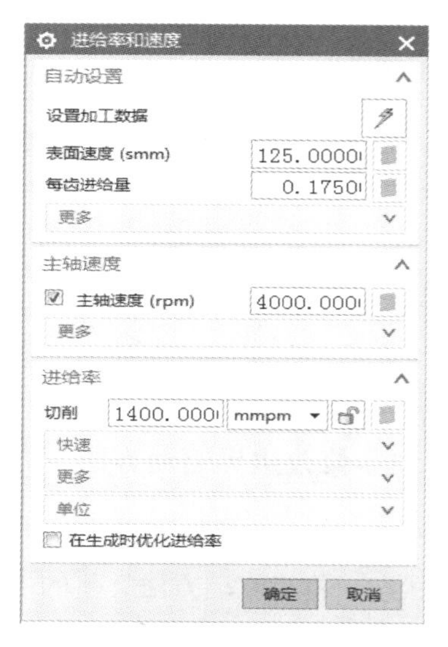

图 5-78　进给率和速度参数设置

步骤 15　生成精加工刀路轨迹

在操作对话框中单击“生成”图标，计算生成刀路轨迹。产生的刀轨如图 5-79 所示，确认刀轨后单击“确定”按钮，接受刀轨并关闭操作对话框。

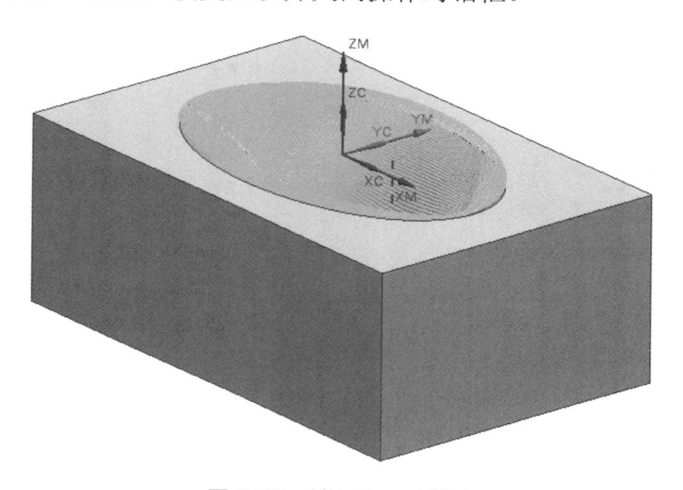

图 5-79　精加工刀路轨迹

步骤 16　模拟仿真加工、保存

按住键盘上的 Ctrl 键的同时选中工序导航器中所做的 4 个操作，单击鼠标右键，执行“刀轨”→“确认”命令，进入实体模拟仿真加工。在弹出的“刀轨可视化”对话框中，选择“2D 动态”选项卡，如图 5-80 所示。单击“碰撞设置”按钮，在弹出的“碰撞设置”对话框中勾选“碰撞时暂停”，然后单击“确定”按钮，如图 5-81 所示。单击“播放”按钮▶，模拟仿真加工开始，实体模拟仿真加工效果如图 5-82 所示，单击“比较”按钮可对比零件与模拟仿真加工图之间的差别。仿真结束后单击工具栏上的“保存”图标，保存文件。

图 5-80　“刀轨可视化”对话框

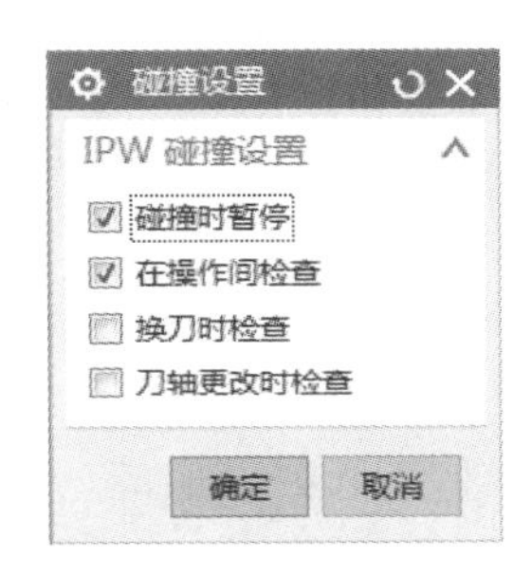

图 5-81　“碰撞设置”对话框

图 5-82　最终仿真加工图

练　习　题

完成本书配套课程资源二维码(在封底)中零件 lianxi\5-1.prt 的曲面铣操作创建，如图 5-83 所示。

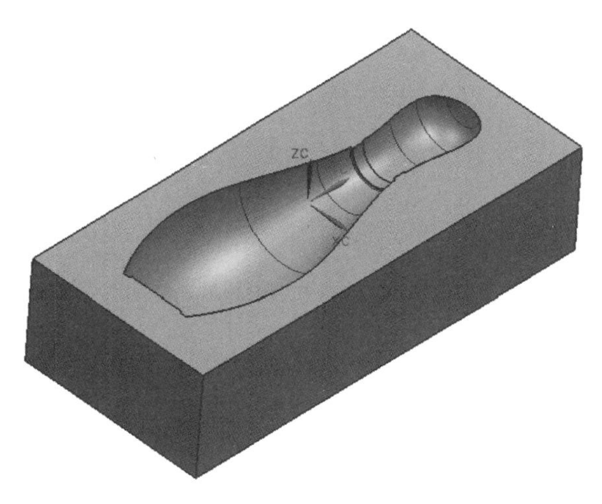

图 5-83　练习题

项目6 区域铣削驱动曲面铣

任务说明

本项目主要讲述 UG 曲面铣削中区域驱动加工方法，它是复杂曲面半精加工和精加工方法中的一种。它可以针对所选切削区域中具有不同特点的子区域进行分类加工，几乎可以适用于所有曲面零件的加工。

本项目通过三个任务的练习，重点讲解了区域铣削驱动曲面铣操作的创建步骤、几何体的选择、驱动方法与刀轨设置。

学习目标

理解区域驱动加工方法及特点；掌握区域铣削驱动工序创建步骤，尤其是驱动方法、刀轨设置的创建，能恰当设置区域驱动加工参数。

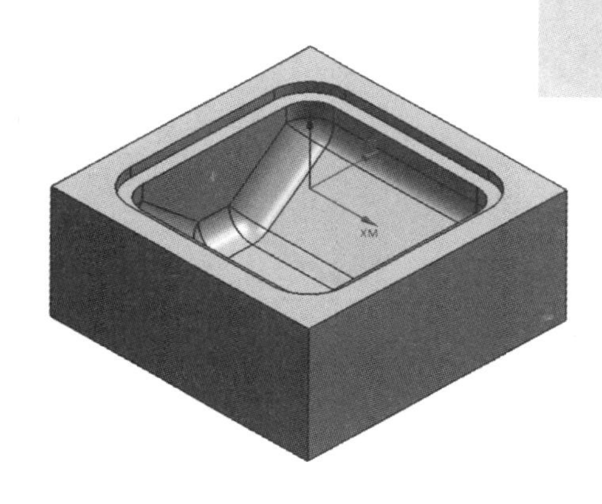

任务一　区域铣削驱动曲面铣操作创建示例 1

如图 6-1 所示零件，零件已经完成了初始设置并使用型腔铣（型腔铣操作参考项目 4）完成了粗加工，要求进行型腔曲面的半精加工与精加工。

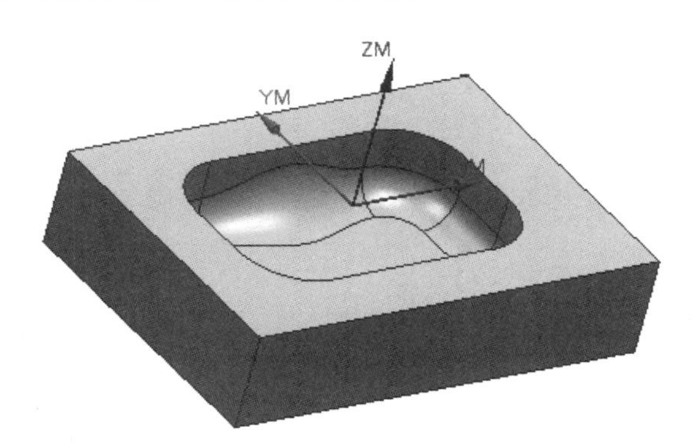

图 6-1　任务一零件图

步骤 1　打开模型文件

启动 UG NX 10.0，并打开本书配套课程资源二维码(在封底)中的任务零件文件 renwu\6-1.prt，进入 UG 的加工模块。

步骤 2　创建加工坐标系及安全平面

在工序导航器空白处单击鼠标右键，切换至“几何视图”，如图 6-2 所示。双击“坐标系”图标 MCS_MILL，弹出“Mill Orient”对话框，如图 6-3 所示。单击“指定 MCS”中的图标，进入“CSYS”对话框，设置“参考”为“WCS”，如图 6-4 所示。单击“确定”按钮，则设置好加工坐标系。

图 6-2　切换至“几何视图”

图 6-3　“Mill Orient”对话框

图 6-4　“CSYS”对话框

在“Mill Orient”对话框“安全设置”下的“安全设置选项”中选择“刨”，单击“指定平面”中的“平面对话框”图标，随即弹出“刨”对话框，如图 6-5 所示。选择“类型”为“自动判断”，“选择对象”为零件最顶部的平面，然后在“偏置”“距离”处输入 3，单击“确定”按钮，则设置好安全平面。最后单击“Mill Orient”对话框的“确定”按钮。

图 6-5　设置安全平面

步骤 3　创建几何体

双击“WORKPIECE”图标 WORKPIECE，弹出“铣削几何体”对话框，如图 6-6 所示。单击“指定部件”图标，然后框选被加工零件，如图 6-7 所示，单击“确定”按钮；单击“指定毛坯”图标，选择“包容块”，单击“确定”按钮。

图 6-6　“铣削几何体”对话框

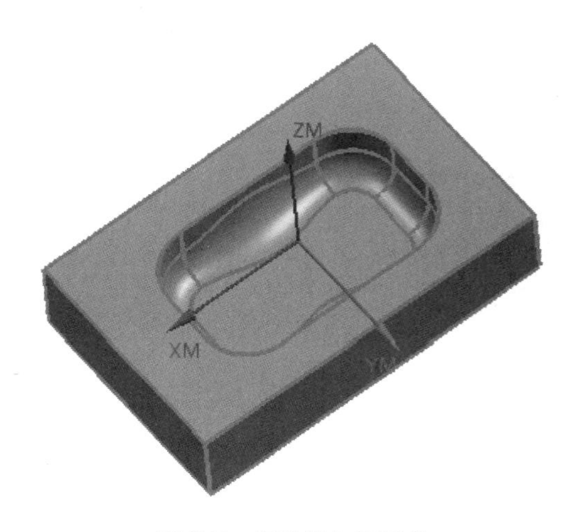

图 6-7　框选被加工零件

步骤 4 创建刀具

单击工具条上的“创建刀具”图标 ，弹出“创建刀具”对话框，如图 6-8 所示。设置“类型”为“mill_contour”，“刀具子类型”为“MILL”图标，“名称”为“D16R4”，单击“确定”按钮，进入“铣刀-5 参数”对话框，在“直径”处输入 16，在底圆角半径即“下半径”处输入 4，如图 6-9 所示。

以同样的方法创建 ϕ10 球刀，“名称”为“B10”，在“直径”处输入 10，在底圆角半径即“下半径”处输入 5。

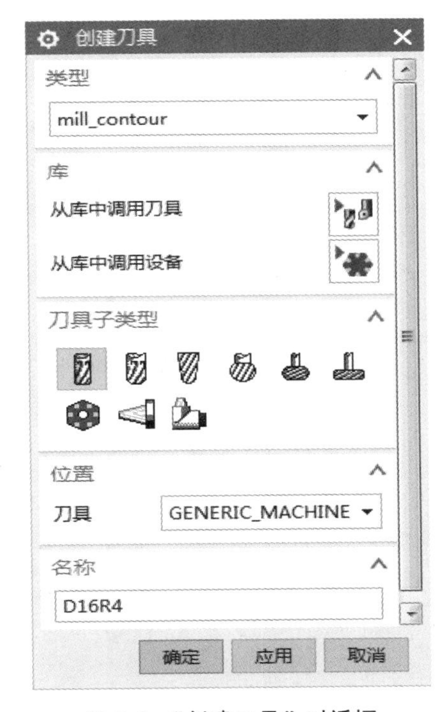

图 6-8 “创建刀具”对话框

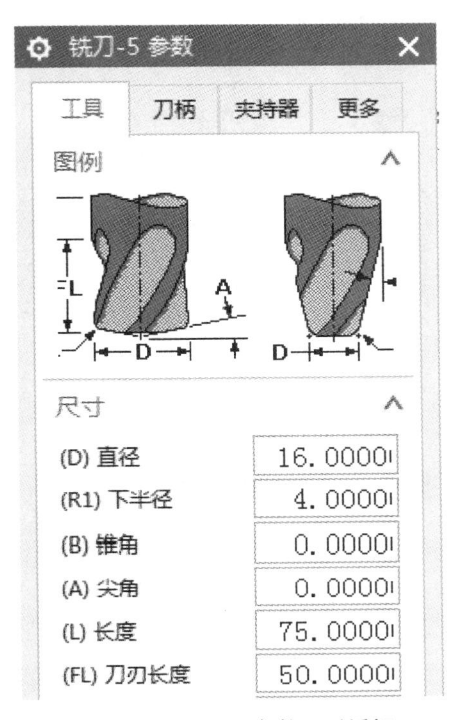

图 6-9 “铣刀-5 参数”对话框

步骤 5 创建曲面铣半精加工工序

单击工具条上的“创建工序”图标 ，系统打开“创建工序”对话框。“类型”设为“mill_contour”，“工序子类型”设为“区域轮廓铣”，“刀具”选择“D16R4（铣刀-5 参数）”，“几何体”选择“WORKPIECE”，“方法”选择“MILL_SEMI_FINISH”，名称改为“CONTOUR_AREA1”，如图 6-10 所示，确认各选项后单击“确定”按钮，打开区域轮廓铣对话框，如图 6-11 所示。

步骤 6 指定切削区域

在操作对话框（这里指区域轮廓铣对话框）中单击“指定切削区域”图标，系统打开“切削区域”对话框，如图 6-12 所示。使用框选方式选取所有的成型曲面，如图 6-13 所示。单击“确定”按钮，完成切削区域的选择，返回操作对话框。

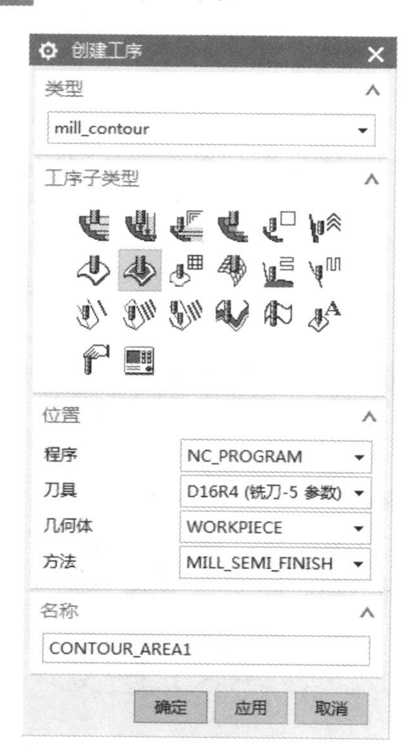

图 6-10 “创建工序”对话框

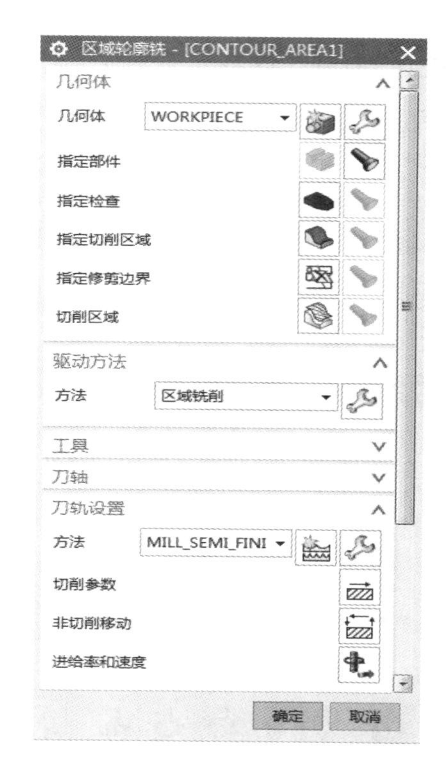

图 6-11 区域轮廓铣对话框

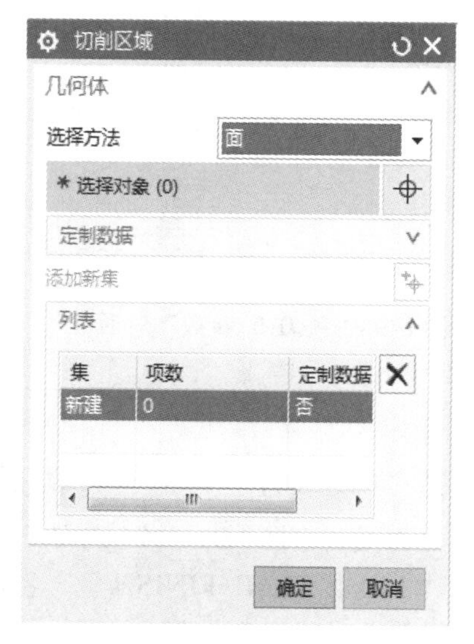

图 6-12 “切削区域”对话框

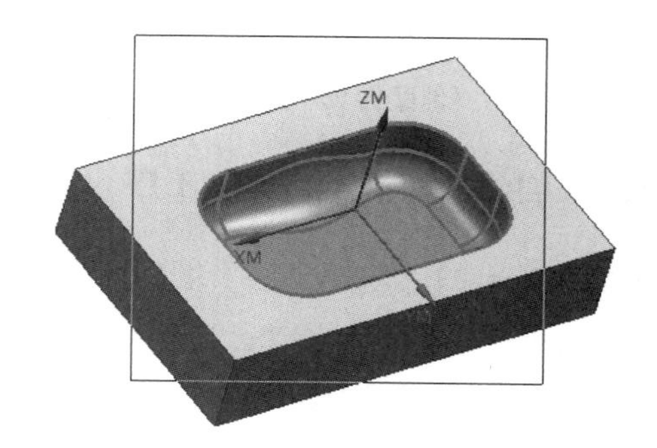

图 6-13 框选切削区域

步骤 7 设置驱动方法

“驱动方法”已选择为“区域铣削”，单击“编辑”图标，系统弹出“区域铣削驱动方法”对话框，如图 6-14 所示进行参数设置。将“陡峭空间范围”中的“方法”选择为“无”，将“驱动设置”中的“非陡峭切削模式”设为“往复”，“切削方向”设为“顺铣”，“步距”设为“恒定”，“最大距离”设为 1.5，“步距已应用”选择“在平面上”，“剖切角”指定为与

XC 的夹角 45，其他参数参照默认设置，完成后单击“确定”按钮，返回操作对话框。

步骤 8　设置切削参数

在“刀轨设置”中单击“切削参数”图标，系统打开“切削参数”对话框。选择“余量”选项卡，输入“部件余量”为 0.2，其他余量参数不变，如图 6-15 所示。完成设置后单击“确定”按钮，返回操作对话框。

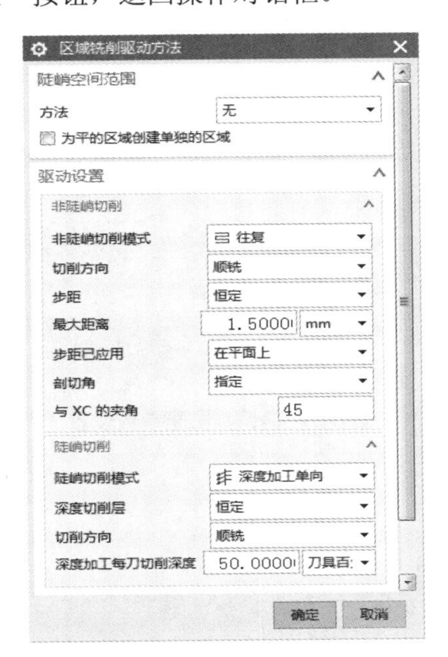

图 6-14 “区域铣削驱动方法”对话框

图 6-15 “切削参数”对话框

步骤 9　设置非切削移动参数

在“刀轨设置”中单击“非切削移动”图标，弹出“非切削移动”对话框。首先设置进刀参数，在“进刀”选项卡中，“进刀类型”设为“插削”，“进刀位置”设为“距离”，“高度”设为 2，如图 6-16 所示。选择“转移/快速”选项卡，“安全设置选项”设为“自动平面”，“安全距离”设为 3，如图 6-17 所示。单击“确定”按钮完成非切削移动参数的设置，返回操作对话框。

步骤 10　设置进给率和速度

在“刀轨设置”中单击“进给率和速度”图标，弹出“进给率和速度”对话框，设置“主轴速度”为 3000，并根据主轴速度计算出切削进给率为 1250，如图 6-18 所示。单击“确定”按钮完成进给率和速度的设置，返回操作对话框。

步骤 11　生成半精加工刀路轨迹

在操作对话框中单击“生成”图标，计算生成刀路轨迹。产生的刀轨如图 6-19 所示，确认刀轨后单击“确定”按钮，接受刀轨并关闭操作对话框。

图 6-16　进刀参数设置

图 6-17　转移/快速参数设置

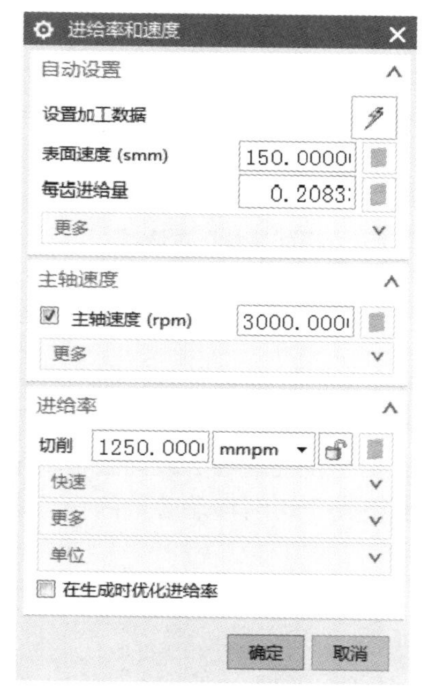

图 6-18　进给率和速度参数设置

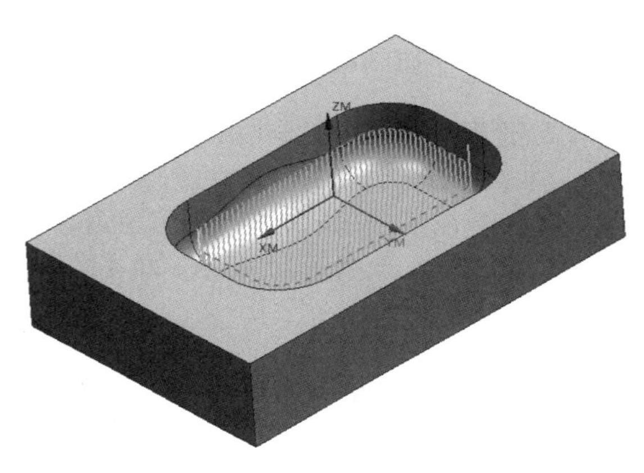

图 6-19　半精加工零件刀路轨迹

步骤 12　创建曲面铣精加工工序

在加工操作导航器中，选择操作程序“CONTOUR_AREA1”，单击鼠标右键，依次选择“复制”和“粘贴”命令，如图 6-20 所示；然后将操作程序名称改为“CONTOUR_AREA2”，如图 6-21 所示。

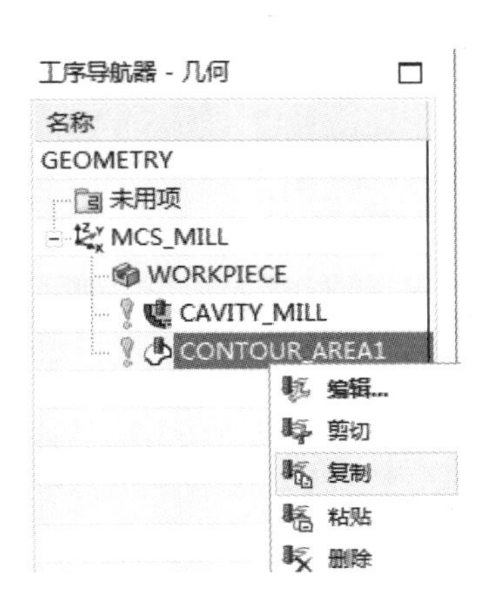

图 6-20 程序的复制与粘贴

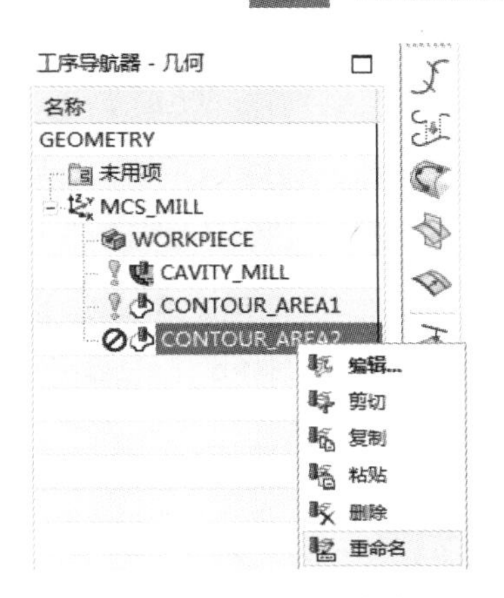

图 6-21 程序的重命名

步骤 13 修改区域铣削驱动方法、刀具及刀轨设置方法

工序“CONTOUR_AREA2”要求的是精加工零件的曲面，双击之前复制、粘贴的程序操作，进入编辑状态。在“驱动方法”-“区域铣削”中单击“编辑”图标，系统弹出“区域铣削驱动方法”对话框，进行参数设置。将“驱动设置”中的“非陡峭切削模式”设为“跟随周边”，“刀路方向”设为“向内”，“步距”设为“恒定”，“最大距离”设为 0.5，“步距已应用”选择“在部件上”。将“陡峭切削模式”设为“深度加工往复”，“深度切削层”设为“恒定”，“深度加工每刀切削深度”设为 0.5，其他参数参照默认设置，如图 6-22 所示。完成后单击“确定”按钮，返回操作对话框。将“工具”中的“刀具”选择为“B10（铣刀-5 参数）”，“刀轨设置”中的“方法”选择为“MILL_FINISH”，如图 6-23 所示。

图 6-22 “区域铣削驱动方法”对话框

图 6-23 刀具及方法参数设置

步骤 14　修改切削参数、进给率和速度

将“切削参数”对话框“余量”选项卡中的“部件余量”设为 0，如图 6-24 所示。设置“主轴速度”为 4000，切削进给率为 1400，如图 6-25 所示。

图 6-24　余量参数设置

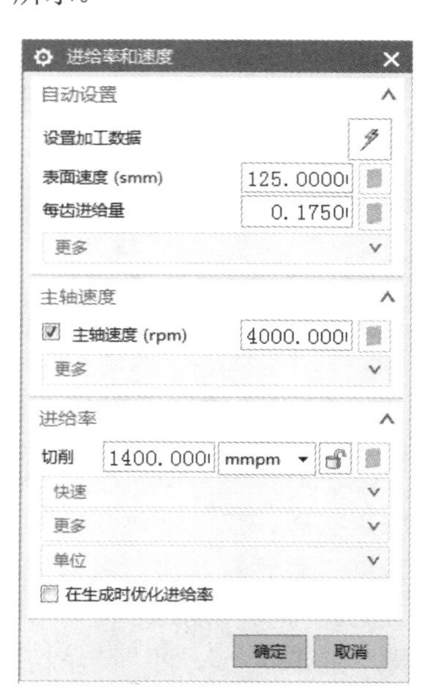

图 6-25　进给率和速度参数设置

步骤 15　生成精加工刀路轨迹

在操作对话框中单击“生成”图标，计算生成刀路轨迹。产生的刀轨如图 6-26 所示，确认刀轨后单击“确定”按钮，接受刀轨并关闭操作对话框。

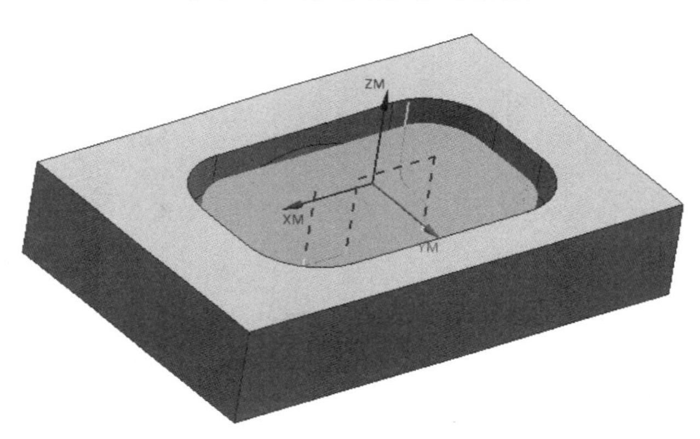

图 6-26　精加工刀路轨迹

步骤 16　模拟仿真加工、保存

按住 Ctrl 键的同时选中工序导航器中所做的 3 个操作，单击鼠标右键，执行“刀轨”→“确认”命令，进入实体模拟仿真加工。在弹出的“刀轨可视化”对话框中，选择“3D 动态”选项卡，如图 6-27 所示。单击“碰撞设置”按钮，在弹出的“碰撞设置”对话框中勾选“碰

撞时暂停”，然后单击“确定”按钮，如图 6-28 所示。单击“播放”按钮，模拟仿真加工开始，实体模拟仿真加工图如图 6-29 所示。仿真结束后单击工具栏上的“保存”图标，保存文件。

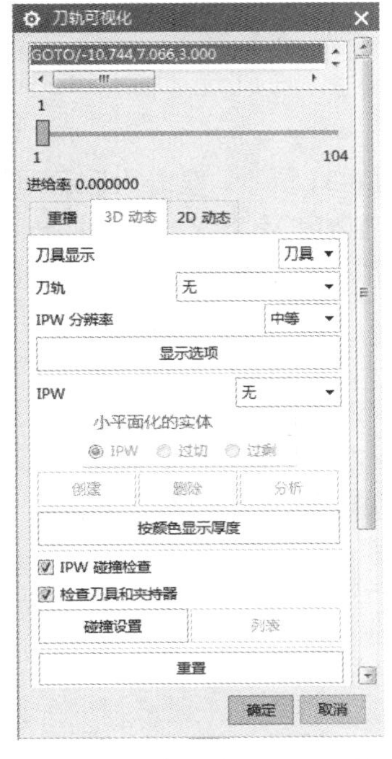

图 6-27 “刀轨可视化”对话框

图 6-28 “碰撞设置”对话框

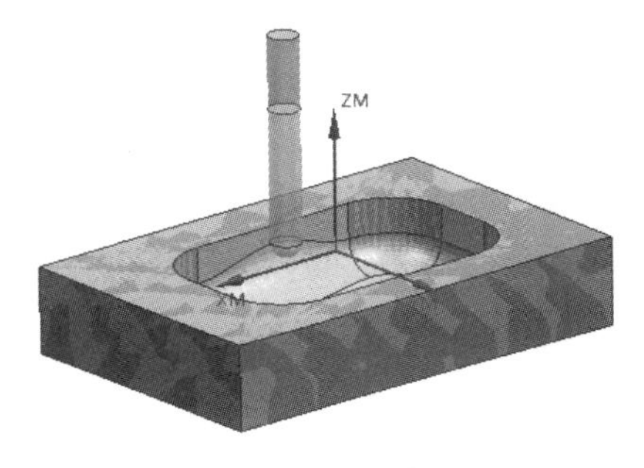

图 6-29 实体模拟仿真加工图

任务二　区域铣削驱动曲面铣操作创建示例 2

如图 6-30 所示零件，进行成型面的精加工，斜面精加工使用 D8R1 的球刀进行，汤勺主体采用 $\phi10$ 的球刀进行精加工。这一零件已经完成了初始设置并完成了粗加工。

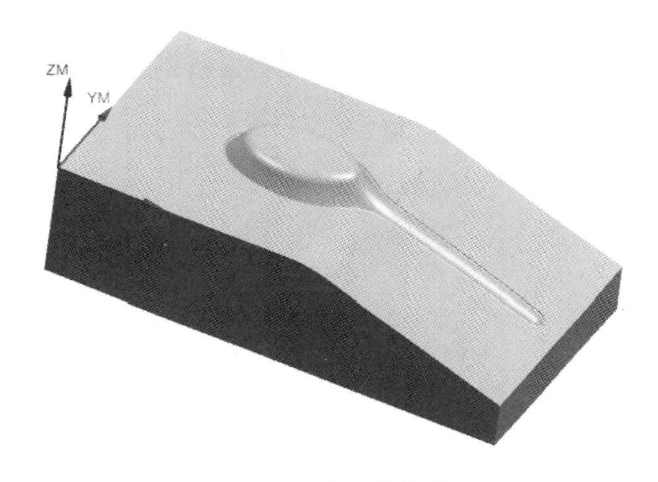

图 6-30 任务二零件图

步骤 1　打开模型文件

启动 UG NX 10.0，并打开本书配套课程资源二维码(在封底)中的任务零件文件 renwu\6-2.prt，进入 UG 的加工模块。

步骤 2　创建加工坐标系及安全平面

在工序导航器空白处单击鼠标右键，切换至“几何视图”，如图 6-31 所示。双击“坐标系”图标 MCS_MILL，弹出“Mill Orient”对话框，如图 6-32 所示。单击“指定 MCS”中的图标，进入“CSYS”对话框，设置“参考”为“WCS”，如图 6-33 所示。单击“确定”按钮，则设置好加工坐标系。

图 6-31　切换至“几何视图”

图 6-32　“Mill Orient”对话框

图 6-33　“CSYS”对话框

在“Mill Orient”对话框“安全设置”下的“安全设置选项”中选择“刨”，单击“指定平面”中的“平面对话框”图标，随即弹出“刨”对话框，如图 6-34 所示。选择“类型”为“自动判断”，“选择对象”为毛坯最顶部的平面，然后在“偏置”“距离”处输入 3，单击“确定”按钮，则设置好安全平面。最后单击“Mill Orient”对话框的“确定”按钮。

图 6-34　设置安全平面

步骤 3　创建几何体

双击“WORKPIECE”图标 WORKPIECE，弹出“铣削几何体”对话框，如图 6-35 所示。单击“指定部件”图标，然后单击被加工零件，如图 6-36 所示，单击“确定”按钮；单击“指定毛坯”图标，选择“几何体”，指定透明“长方体”为毛坯，单击“确定”按钮。

图 6-35　“铣削几何体”对话框

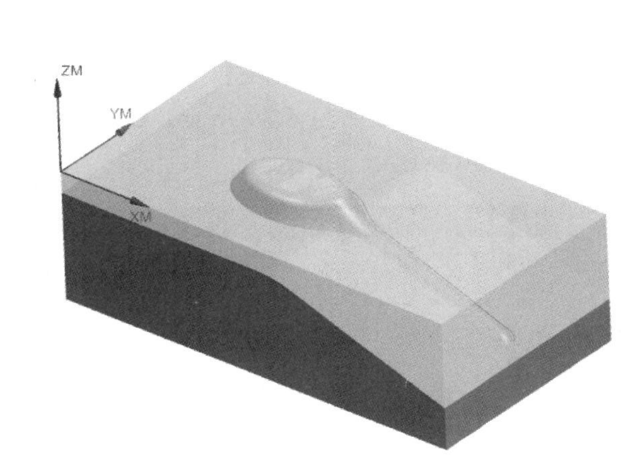

图 6-36　单击被加工零件

步骤 4　创建刀具

单击工具条上的“创建刀具”图标 创建刀具，弹出“创建刀具”对话框，如图 6-37 所示。设置“类型”为“mill_planar”，“刀具子类型”为“MILL”图标，“名称”为“D8R1”，单击“确定”按钮，进入“铣刀-5 参数”对话框，在“直径”处输入 8，在底圆角半径即“下半径”处输入 1，如图 6-38 所示。

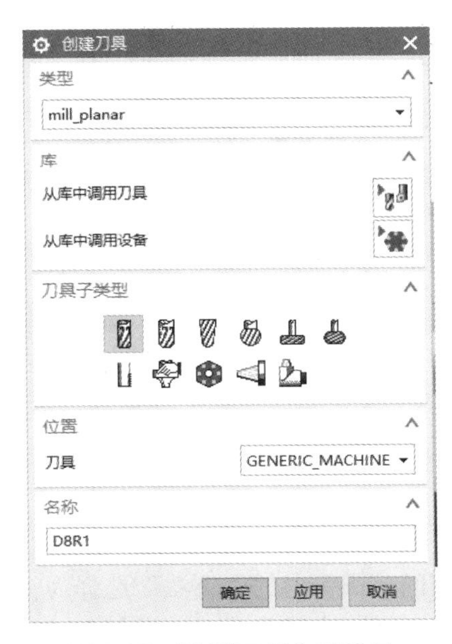

图 6-37　“创建刀具”对话框

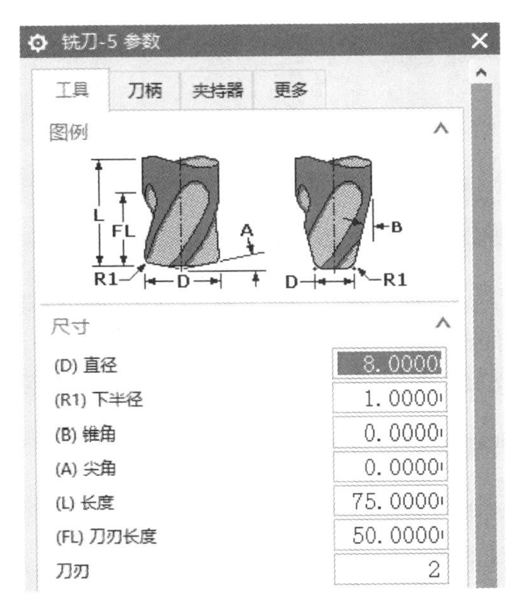

图 6-38　“铣刀-5 参数”对话框

以同样的方法创建 ϕ10 球刀，“名称”为“B10”，在“直径”处输入 10，在底圆角半径即“下半径”处输入 5。

步骤 5 创建零件平面部分精加工工序

单击工具条上的“创建工序”图标，系统打开“创建工序”对话框。“类型”设为“mill_contour”，“工序子类型”设为“区域轮廓铣”，“刀具”选择“D8R1（铣刀-5 参数）”，“几何体”选择“WORKPIECE”，“方法”选择“MILL_FINISH”，名称改为“CONTOUR_AREA1”，如图 6-39 所示，确认各选项后单击“确定”按钮，打开区域轮廓铣对话框，如图 6-40 所示。

图 6-39 “创建工序”对话框

图 6-40 区域轮廓铣对话框

步骤 6 指定切削区域

在操作对话框（这里指区域轮廓铣对话框）中单击“指定切削区域”图标，系统打开“切削区域”对话框，如图 6-41 所示。选择汤勺主体周围的平面，如图 6-42 所示。单击“确定”按钮，完成切削区域的选择，返回操作对话框。

步骤 7 设置驱动方法

“驱动方法”已选择为“区域铣削”，单击“编辑”图标，系统弹出“区域铣削驱动方法”对话框，如图 6-43 所示进行参数设置。将“陡峭空间范围”中的“方法”选择为“无”，将“驱动设置”中的“非陡峭切削模式”设为“往复”，“切削方向”设为“顺铣”，“步距”设为“恒定”，“最大距离”设为 1，“步距已应用”选择“在平面上”，“剖切角”选择“自动”，其他参数参照默认设置，完成后单击“确定”按钮，返回操作对话框。

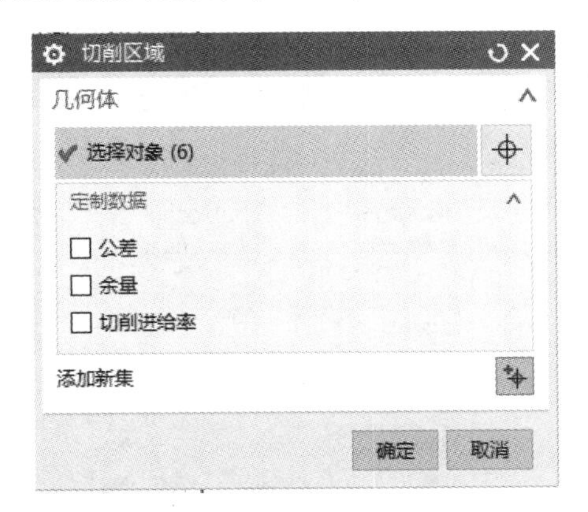

图 6-41 “切削区域”对话框

图 6-42 框选切削区域（汤勺主体周围的平面）

步骤 8 设置切削参数

在“刀轨设置”中单击“切削参数”图标，系统打开“切削参数”对话框。选择“余量”选项卡，输入“部件余量”为 0，其他余量参数不变，如图 6-44 所示。完成设置后单击“确定”按钮，返回操作对话框。

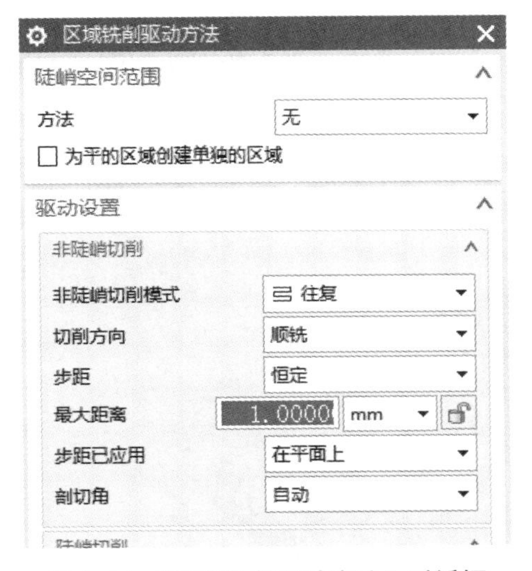

图 6-43 “区域铣削驱动方法”对话框

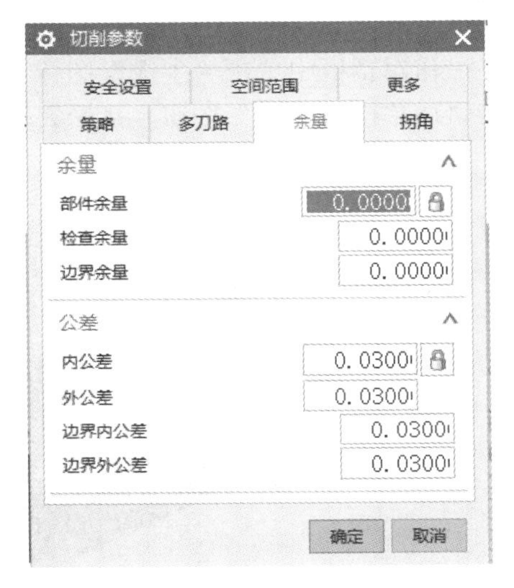

图 6-44 “切削参数”对话框

步骤 9 设置非切削移动参数

在“刀轨设置”中单击“非切削移动”图标，弹出“非切削移动”对话框。选择“转移/快速”选项卡，“安全设置选项”设为“自动平面”，“安全距离”设为 3，如图 6-45 所示。单击“确定”按钮完成非切削移动参数的设置，返回操作对话框。

步骤 10 设置进给率和速度

在“刀轨设置”中单击“进给率和速度”图标，弹出“进给率和速度”对话框，设置

“主轴速度”为 3000，并根据主轴速度计算出切削进给率为 1250，如图 6-46 所示。单击“确定”按钮完成进给率和速度的设置，返回操作对话框。

图 6-45 转移/快速参数设置

图 6-46 进给率和速度参数设置

步骤 11 生成半精加工刀路轨迹

在操作对话框中单击“生成”图标，计算生成刀路轨迹。产生的刀轨如图 6-47 所示，确认刀轨后单击“确定”按钮，接受刀轨并关闭操作对话框。

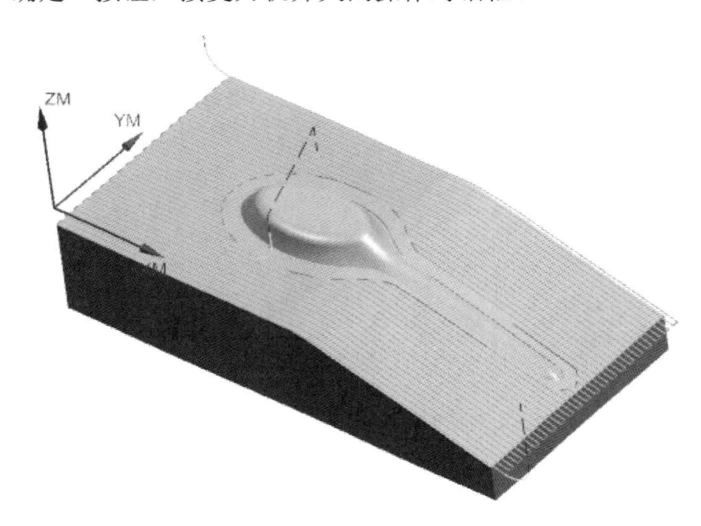

图 6-47 半精加工零件刀路轨迹

步骤 12 创建曲面铣精加工工序

在加工操作导航器中，选择操作程序“CONTOUR_AREA1”，单击鼠标右键，依次选择“复制”和“粘贴”命令，如图 6-48 所示；然后将操作程序名称改为“CONTOUR_AREA2”，如图 6-49 所示。

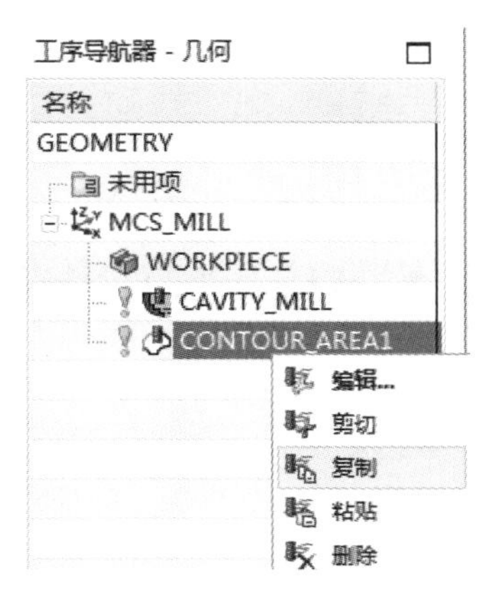

图 6-48 程序的复制与粘贴

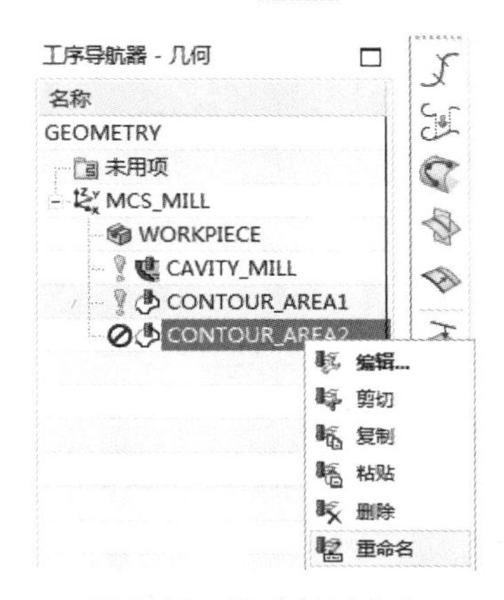

图 6-49 程序的重命名

步骤 13 修改区域铣削驱动方法、刀具及刀轨设置方法

工序“CONTOUR_AREA2”要求的是精加工零件的曲面，双击之前复制、粘贴的程序操作，进入编辑状态。在“驱动方法”-“区域铣削”中单击“编辑”图标，系统弹出“区域铣削驱动方法”对话框，进行参数设置。将“驱动设置”中的“非陡峭切削模式”设为“跟随周边”，“刀路方向”设为“向内”，“步距”设为“恒定”，“最大距离”设为 0.2，“步距已应用”选择“在部件上”。将“陡峭切削模式”设为“深度加工往复”，“深度切削层”设为“恒定”，“深度加工每刀切削深度”设为 0.5，其他参数参照默认设置，如图 6-50 所示。完成后单击“确定”按钮，返回操作对话框。将“工具”中的“刀具”选择为“B10（铣刀-5 参数）”，“刀轨设置”中的“方法”选择为“MILL_FINISH”，如图 6-51 所示。

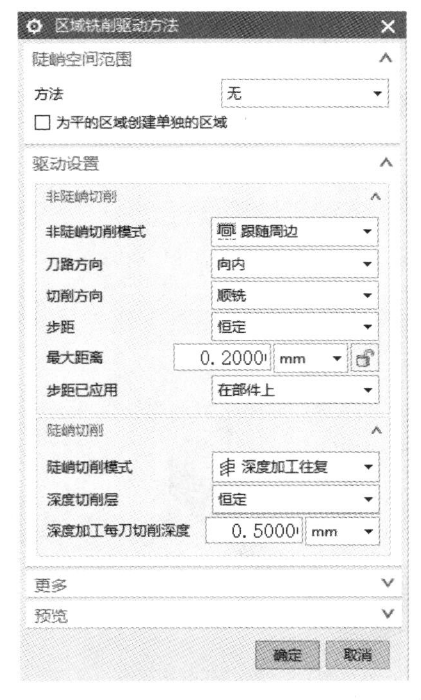

图 6-50 “区域铣削驱动方法”对话框

图 6-51 刀具及方法参数设置

步骤 14　修改切削参数、进给率和速度

将"切削参数"对话框"余量"选项卡中的"部件余量"设为 0，如图 6-52 所示。设置"主轴速度"为 4000，切削进给率为 1400，如图 6-53 所示。

图 6-52　余量参数设置

图 6-53　进给率和速度参数设置

步骤 15　生成精加工刀路轨迹

在操作对话框中单击"生成"图标，计算生成刀路轨迹。产生的刀轨如图 6-54 所示，确认刀轨后单击"确定"按钮，接受刀轨并关闭操作对话框。

图 6-54　精加工刀路轨迹

步骤 16 模拟仿真加工、保存

按住 Ctrl 键的同时选中工序导航器中所做的 3 个操作，单击鼠标右键，执行“刀轨”→“确认”命令，进入实体模拟仿真加工。在弹出的“刀轨可视化”对话框中，选择“2D 动态”选项卡，如图 6-55 所示。单击“碰撞设置”按钮，在弹出的“碰撞设置”对话框中勾选“碰撞时暂停”，然后单击“确定”按钮，如图 6-56 所示。单击“播放”按钮，模拟仿真加工开始，实体模拟仿真加工图如图 6-57 所示。仿真结束后单击工具栏上的“保存”图标，保存文件。

图 6-55 “刀轨可视化”对话框

图 6-56 “碰撞设置”对话框

图 6-57 实体模拟仿真加工图

任务三 区域铣削驱动曲面铣操作创建示例 3

如图 6-58 所示零件，进行成型曲面的半精加工与精加工，半精加工使用 D12R1 的圆角刀进行半精加工，精加工使用 $\phi 8$ 的球刀。这一零件已经完成了初始设置并完成了粗加工。

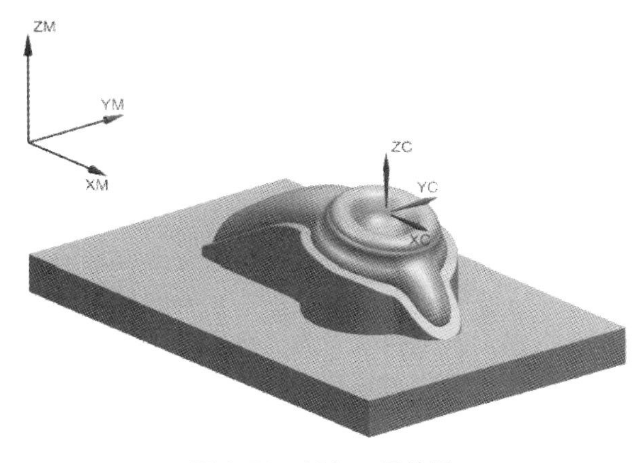

图 6-58 任务三零件图

步骤 1　打开模型文件

启动 UG NX 10.0，并打开本书配套课程资源二维码(在封底)中的任务零件文件 renwu\6-3.prt，进入 UG 的加工模块。

步骤 2 创建加工坐标系及安全平面

在工序导航器空白处单击鼠标右键，切换至“几何视图”，如图 6-59 所示。双击“坐标系”图标 MCS_MILL，弹出“MCS 铣削”对话框，如图 6-60 所示。

在“MCS 铣削”对话框中“指定 MCS”处选择“对象的 CSYS”，单击毛坯最顶部平面，其他选择默认，单击“确定”按钮，设定加工坐标系为顶面中心位置。

图 6-59　切换至“几何视图”

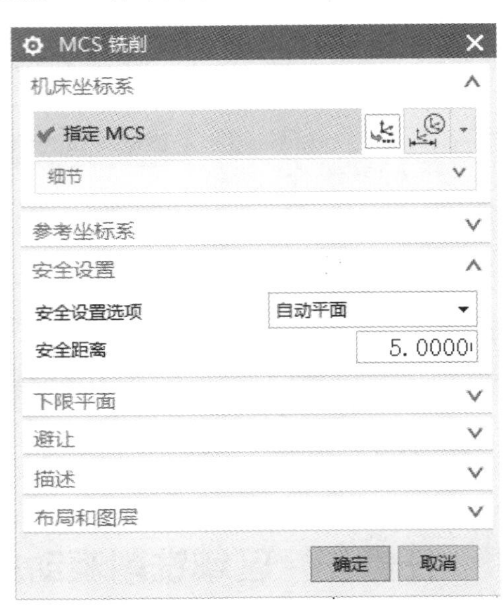

图 6-60　“MCS 铣削”对话框

步骤 3　创建几何体

双击“WORKPIECE”图标 WORKPIECE，弹出“铣削几何体”对话框，如图 6-61 所示。单击“指定部件”图标，然后框选被加工零件，如图 6-62 所示，单击“确定”按钮；单击“指定毛坯”图标，选择“几何体”，选择已建的毛坯长方体，如图 6-63 所示，单击“确定”按钮。

步骤 4　创建刀具

单击工具条上的“创建刀具”图标，弹出“创建刀具”对话框，如图 6-64 所示。设置“类型”为“mill_contour”，“刀具子类型”为“MILL”图标，“名称”为“D12R1”，单击“确定”按钮，进入“铣刀-5 参数”对话框，在“直径”处输入 12，在底圆角半径即“下半径”处输入 1，如图 6-65 所示。

以同样的方法创建 $\phi 8$ 球刀，“名称”为“B8”，在“直径”处输入 8。

图 6-61 “铣削几何体”对话框

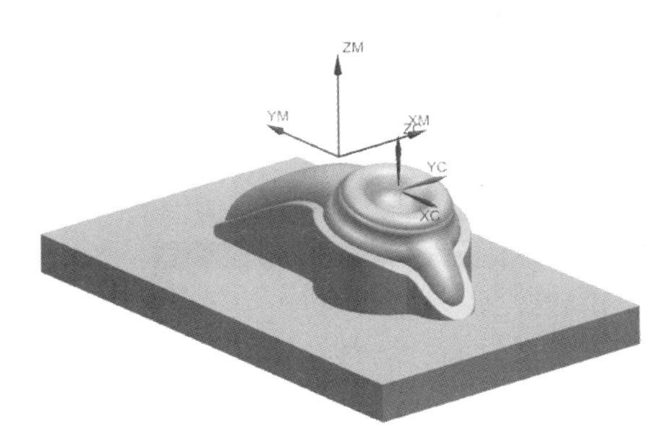

图 6-62 框选被加工零件

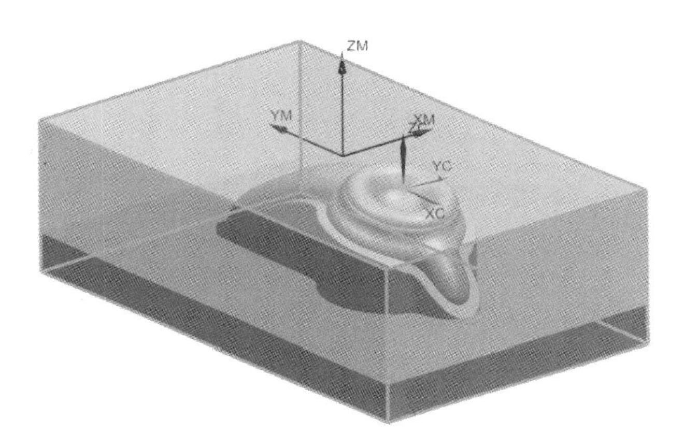

图 6-63 选择毛坯长方体

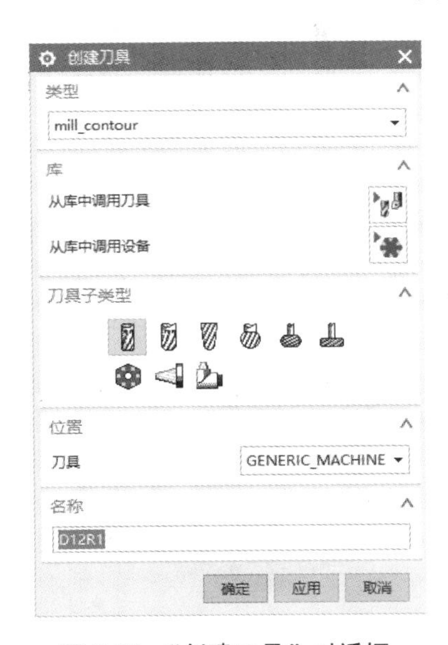

图 6-64 “创建刀具”对话框

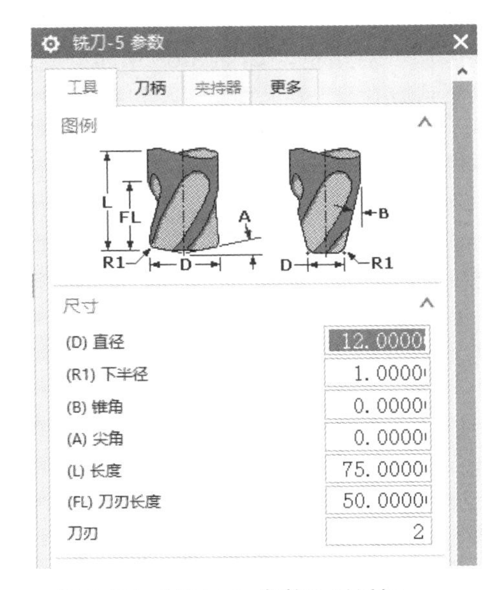

图 6-65 “铣刀-5 参数”对话框

步骤 5　创建曲面半精加工工序

单击工具条上的“创建工序”图标 创建工序，系统打开“创建工序”对话框。“类型”设为“mill_contour”，“工序子类型”设为“区域轮廓铣”，“刀具”选择“D12R1（铣刀-5 参数）”，“几何体”选择“WORKPIECE”，“方法”选择“MILL_SEMI_FINISH”，名称改为“CONTOUR_AREA1”，如图 6-66 所示，确认各选项后单击“确定”按钮，打开区域轮廓铣对话框，如图 6-67 所示。

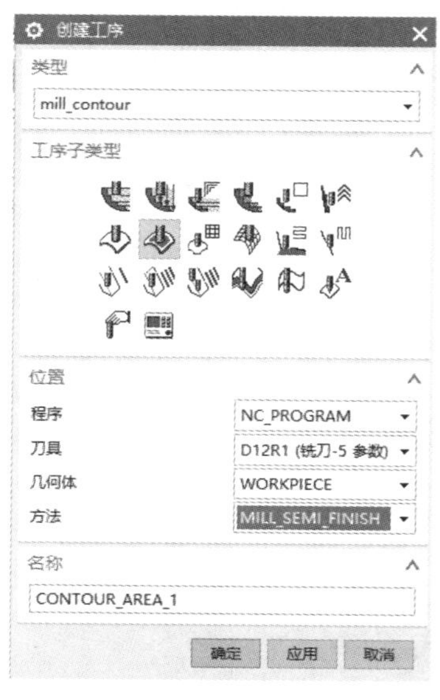

图 6-66　“创建工序”对话框

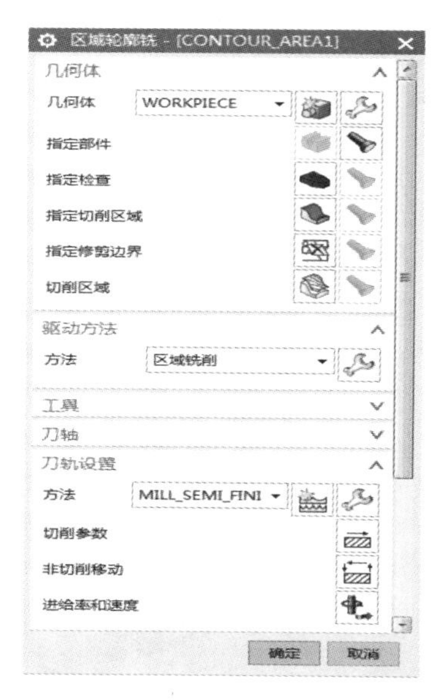

图 6-67　区域轮廓铣对话框

步骤 6　指定切削区域

在操作对话框（这里指区域轮廓铣对话框）中单击“指定切削区域”图标，系统打开“切削区域”对话框，如图 6-68 所示。选取所有的成型曲面，如图 6-69 所示。单击“确定”按钮，完成切削区域的选择，返回操作对话框。

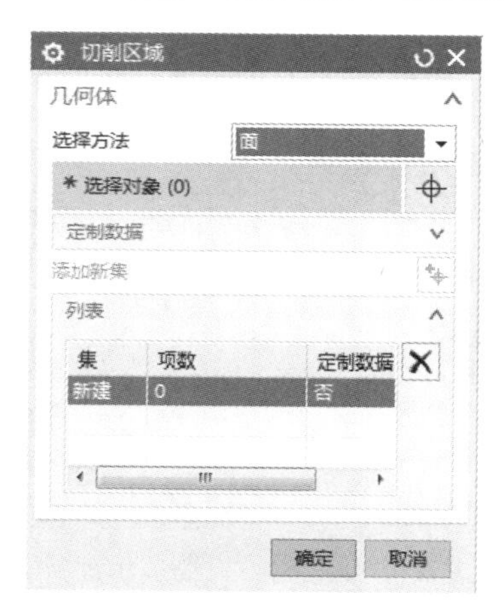

图 6-68　“切削区域”对话框

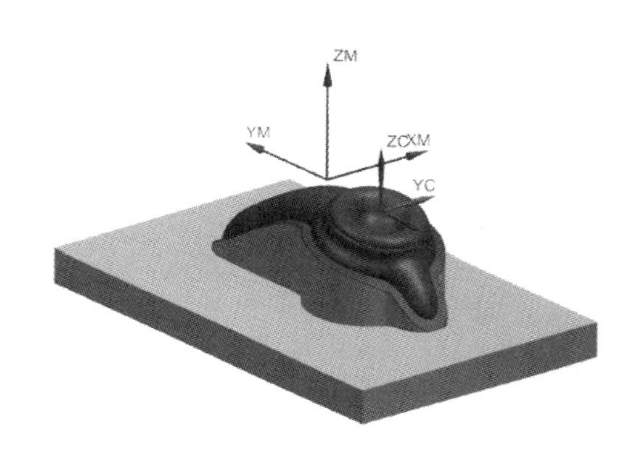

图 6-69　框选切削区域

步骤 7 设置驱动方法

“驱动方法”已选择为“区域铣削”，单击“编辑”图标，系统弹出“区域铣削驱动方法”对话框，如图 6-70 所示，进行参数设置。将“陡峭空间范围”中的“方法”选择为“无”，将“驱动设置”中的“非陡峭切削模式” 设为“跟随周边”，“切削方向”设为“顺铣”，“步距”设为“恒定”，“最大距离”设为 1.5，“步距已应用”选择“在平面上”，其他参数参照默认设置，完成后单击“确定”按钮，返回操作对话框。

步骤 8 设置切削参数

在“刀轨设置”中单击“切削参数”图标，系统打开“切削参数”对话框。选择“余量”选项卡，输入“部件余量”为 0.2，其他余量参数不变，如图 6-71 所示。完成设置后单击“确定”按钮，返回操作对话框。

图 6-70 “区域铣削驱动方法”对话框

图 6-71 “切削参数”对话框

步骤 9 设置非切削移动参数

在“刀轨设置”中单击“非切削移动”图标，弹出“非切削移动”对话框。选择“转移/快速”选项卡，“安全设置选项”设为“自动平面”，“安全距离”设为 3，如图 6-72 所示。单击“确定”按钮完成非切削移动参数的设置，返回操作对话框。

步骤 10 设置进给率和速度

在“刀轨设置”中单击“进给率和速度”图标，弹出“进给率和速度”对话框，设置“主轴速度”为 3000，并根据主轴速度计算出切削进给率为 1250，如图 6-73 所示。单击“确定”按钮完成进给率和速度的设置，返回操作对话框。

图 6-72　转移/快速参数设置

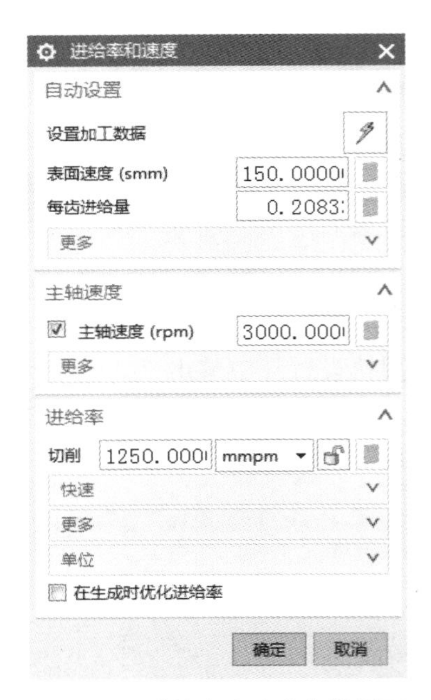

图 6-73　进给率和速度参数设置

步骤 11　生成半精加工刀路轨迹

在操作对话框中单击“生成”图标，计算生成刀路轨迹。产生的刀轨如图 6-74 所示，确认刀轨后单击“确定”按钮，接受刀轨并关闭操作对话框。

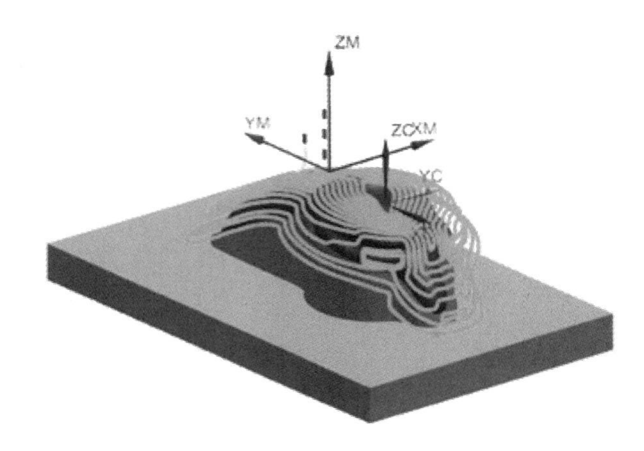

图 6-74　半精加工零件刀路轨迹

步骤 12　创建曲面铣精加工工序

在工序导航器中，选择操作程序“CONTOUR_AREA1”，单击鼠标右键，依次选择“复制”和“粘贴”命令，如图 6-75 所示；然后将操作程序名称改为“CONTOUR_AREA2”，如图 6-76 所示。

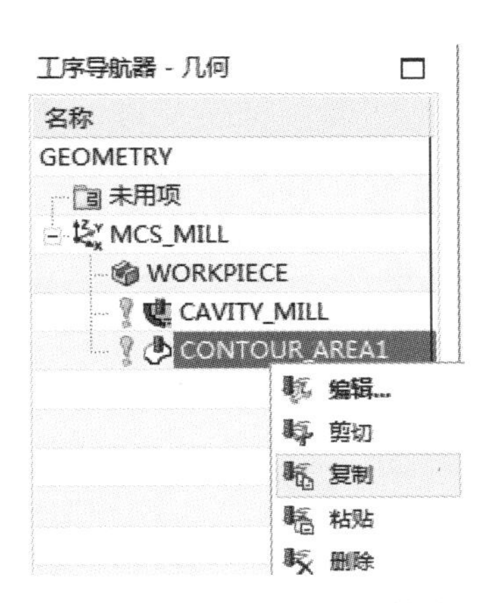

图 6-75 程序的复制与粘贴

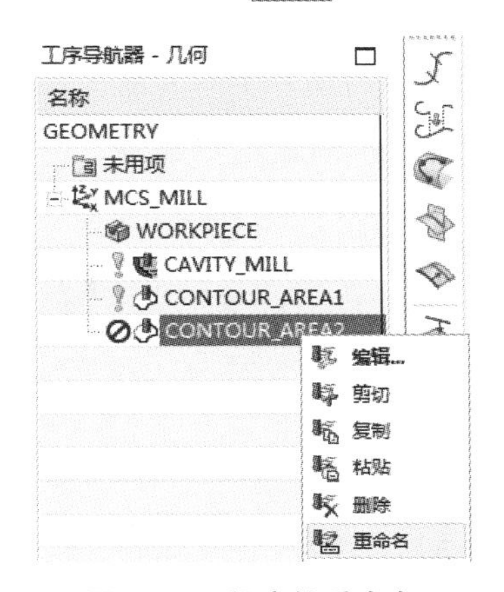

图 6-76 程序的重命名

步骤 13 修改区域铣削驱动方法、刀具及刀轨设置方法

工序“CONTOUR_AREA2”要求的是精加工零件的曲面，双击之前复制、粘贴的程序操作，进入编辑状态。在“驱动方法”-“区域铣削”中单击“编辑”图标，系统弹出“区域铣削驱动方法”对话框，进行参数设置。将“驱动设置”中的“非陡峭切削模式”设为“跟随周边”，“刀路方向”设为“向内”，“步距”设为“恒定”，“最大距离”设为 0.2，“步距已应用”选择“在部件上”。将“陡峭切削模式”设为“深度加工单向”，“深度切削层”设为“恒定”，“深度加工每刀切削深度”设为 0.5，其他参数参照默认设置，如图 6-77 所示。完成后单击“确定”按钮，返回操作对话框。将“工具”中的“刀具”选择为“B8（铣刀-5 参数）”，“刀轨设置”中的“方法”选择为“MILL_FINISH”，如图 6-78 所示。

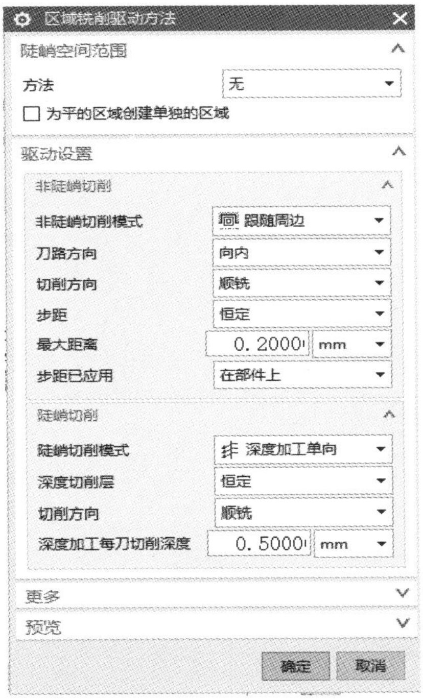

图 6-77 “区域铣削驱动方法”对话框

图 6-78 刀具及方法参数设置

步骤 14　修改切削参数、进给率和速度

将“切削参数”对话框“余量”选项卡中的“部件余量”设为 0，如图 6-79 所示。设置“主轴速度”为 4000，切削进给率为 1400，如图 6-80 所示。

图 6-79　余量参数设置

图 6-80　进给率和速度参数设置

步骤 15　生成精加工刀路轨迹

在操作对话框中单击“生成”图标，计算生成刀路轨迹。产生的刀轨如图 6-81 所示，确认刀轨后单击“确定”按钮，接受刀轨并关闭操作对话框。

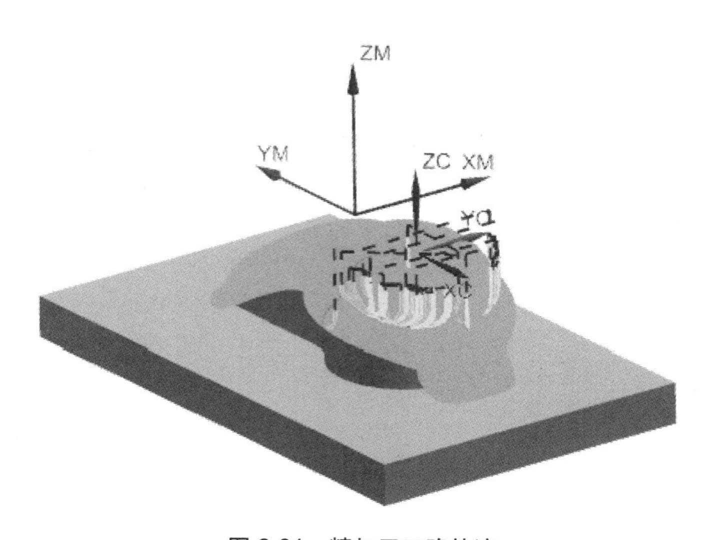

图 6-81　精加工刀路轨迹

步骤 16 模拟仿真加工、保存

按住 Ctrl 键的同时选中工序导航器中所做的 4 个操作，单击鼠标右键，执行“刀轨”→“确认”命令，进入实体模拟仿真加工。在弹出的“刀轨可视化”对话框中，选择“2D 动态”选项卡，如图 6-82 所示。单击“碰撞设置”按钮，在弹出的“碰撞设置”对话框中勾选“碰撞时暂停”，然后单击“确定”按钮，如图 6-83 所示。单击“播放”按钮，模拟仿真加工开始，实体模拟仿真加工图如图 6-84 所示。仿真结束后单击工具栏上的“保存”图标，保存文件。

图 6-82 “刀轨可视化”对话框

图 6-83 “碰撞设置”对话框

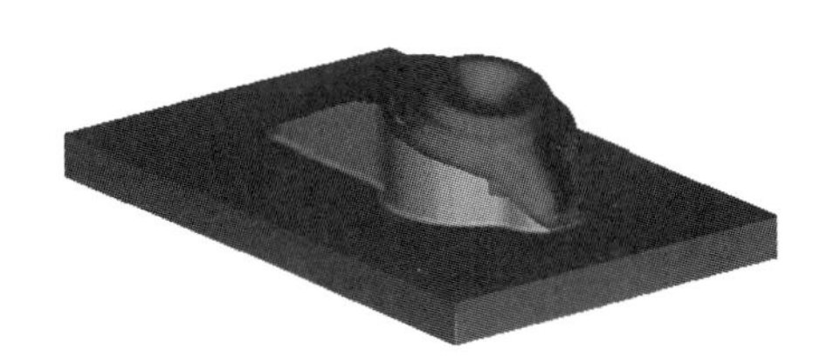

图 6-84 模拟仿真加工图

练 习 题

完成本书配套课程资源二维码(在封底)中零件 lianxi\6-1.prt 的曲面铣操作创建，如图 6-85 所示。

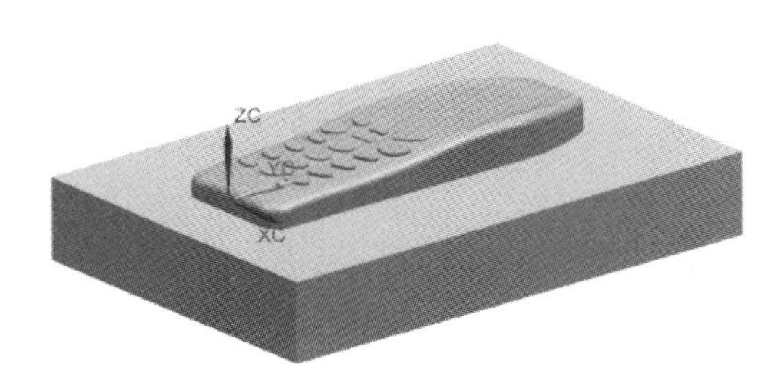

图 6-85 练习题

项目7 曲面驱动轮廓铣

任务说明

本项目主要讲述固定轮廓铣中的曲面驱动加工方法，它是按照曲面的参数线方向走刀的曲面铣操作。曲面驱动铣削是特定曲面半精加工和精加工方法中的一种，通过捕捉相应加工曲面来控制铣削区域，并结合合理的切削方向、材料方向、切削模式和步距的设定完成零件的半精加工和精加工，以达到零件的加工要求。

本项目通过两个任务的练习，重点讲解了曲面驱动方式中驱动曲面的选择与驱动参数的设置，尤其是驱动几何体、切削方向、材料方向、切削模式和步距的设定等相关参数设置。

学习目标

理解 UG 曲面驱动加工方法及特点；掌握曲面驱动工序创建步骤；能根据零件特点选用曲面驱动加工方法，恰当设置曲面驱动相关加工参数。

任务一　曲面驱动轮廓铣操作创建示例 1

如图 7-1 所示零件，已经完成了初始设置并完成了粗加工，要求完成三个凹槽的半精加工与精加工，使用曲面驱动轮廓铣加工半圆形凹槽。半精加工使用 D6R0.5 的圆角刀，精加工使用 ϕ6 的球刀。

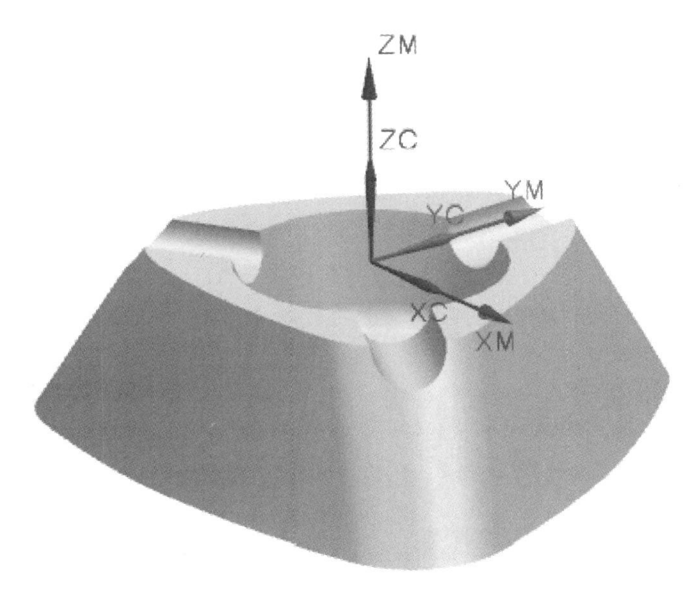

图 7-1　任务一零件图

步骤 1　打开模型文件

启动 UG NX 10.0，并打开本书配套课程资源二维码(在封底)中的任务零件文件 renwu\7-1.prt，进入 UG 的加工模块。

步骤 2　创建加工坐标系及安全平面

在工序导航器空白处单击鼠标右键，切换至“几何视图”，如图 7-2 所示。双击“坐标系”图标 MCS_MILL，弹出“Mill Orient”对话框，如图 7-3 所示。单击“指定 MCS”中的图标，进入“CSYS”对话框，设置“参考”为“WCS”，如图 7-4 所示。单击“确定”按钮，则设置好加工坐标系。

在“Mill Orient”对话框“安全设置”下的“安全设置选项”中选择“刨”，单击“指定平面”中的“平面对话框”图标，随即弹出“刨”对话框，如图 7-5 所示。选择“类型”为“自动判断”，“选择对象”为零件最顶部的平面，然后在“偏置”“距离”处输入 3，单击“确定”按钮，则设置好安全平面。最后单击“Mill Orient”对话框的“确定”按钮。

图 7-2　切换至“几何视图”

图 7-3　“Mill Orient”对话框

图 7-4　“CSYS”对话框

图 7-5　设置安全平面

步骤 3　创建几何体

双击“WORKPIECE”图标 WORKPIECE，弹出“铣削几何体”对话框，如图 7-6 所示。单击“指定部件”图标，然后选择被加工零件，如图 7-7 所示，单击“确定”按钮；单击“指定毛坯”图标，弹出“毛坯几何体”对话框，按“Ctrl+Shift+B”快捷键，此时显示被反隐藏的毛坯，选择此毛坯，单击“确定”按钮，如图 7-8 和图 7-9 所示。选择毛坯后再次按“Ctrl+Shift+B”快捷键，返回当前视图。

图 7-6 “铣削几何体”对话框

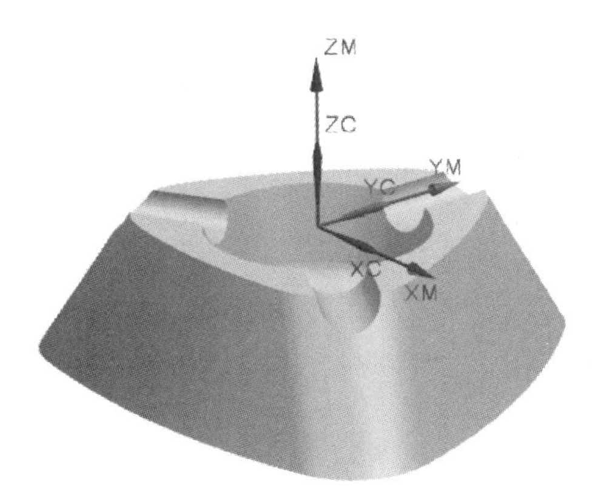

图 7-7 选择被加工零件

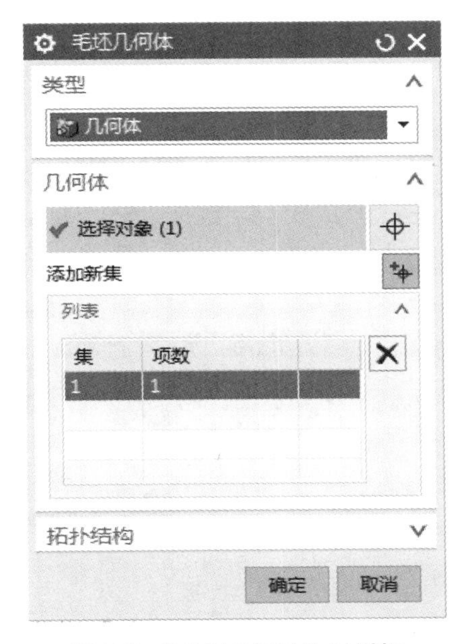

图 7-8 “毛坯几何体”对话框

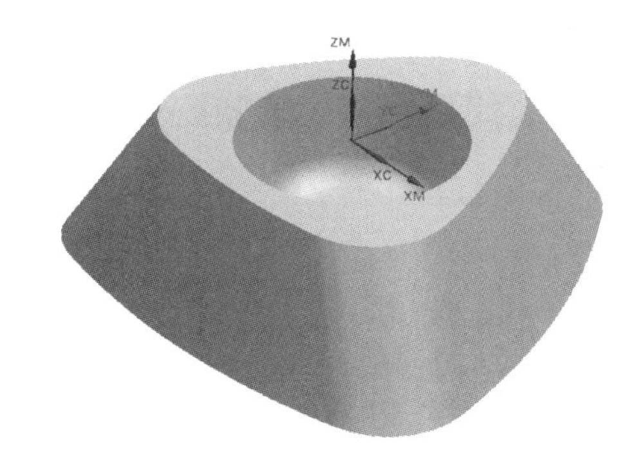

图 7-9 选择毛坯

步骤 4 创建刀具

单击工具条上的“创建刀具”图标，弹出“创建刀具”对话框，如图 7-10 所示。设置“类型”为“mill_contour”，“刀具子类型”为“MILL”图标，“名称”为“D6R0.5”，单击“确定”按钮，进入“铣刀-5 参数”对话框，在“直径”处输入 6，在底圆角半径即“下半径”处输入 0.5，如图 7-11 所示。

以同样的方法创建 $\phi 6$ 球刀，“名称”为“B6”，在“直径”处输入 6，在底圆角半径即“下半径”处输入 3。

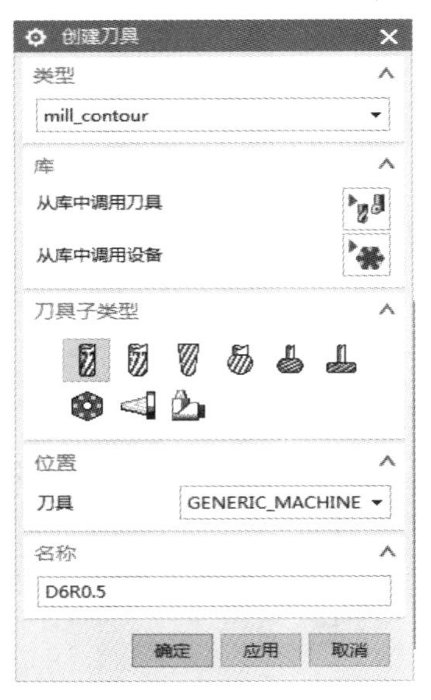

图 7-10 “创建刀具”对话框

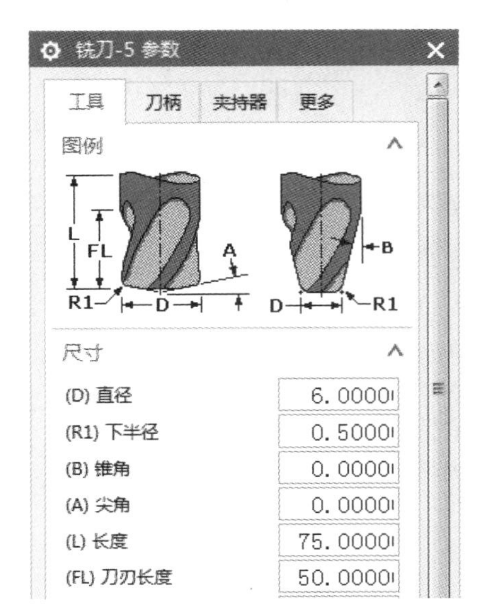

图 7-11 “铣刀-5 参数”对话框

步骤 5 创建曲面铣半精加工工序

单击工具条上的“创建工序”图标（创建工序），系统打开“创建工序”对话框。“类型”设为“mill_contour”，“工序子类型”设为“曲面区域轮廓铣”，“刀具”选择“D6R0.5（铣刀-5 参数）”，“几何体”选择“WORKPIECE”，“方法”选择“MILL_SEMI_FINISH”，名称改为“CONTOUR_SURFACE_AREA1”，如图 7-12 所示，确认各选项后单击“确定”按钮，打开曲面区域轮廓铣对话框，如图 7-13 所示。

图 7-12 “创建工序”对话框

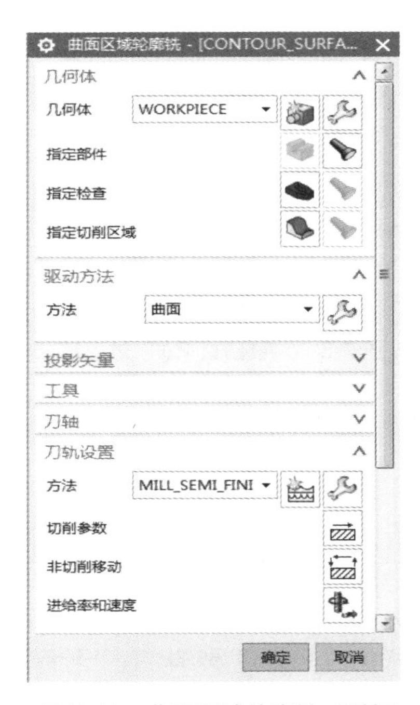

图 7-13 曲面区域轮廓铣对话框

步骤 6　指定切削区域

在操作对话框（这里指曲面区域轮廓铣对话框）中单击“指定切削区域”图标，系统打开“切削区域”对话框，如图 7-14 所示。选取三个凹槽曲面，如图 7-15 所示。单击“确定”按钮，完成切削区域的选择，返回操作对话框。

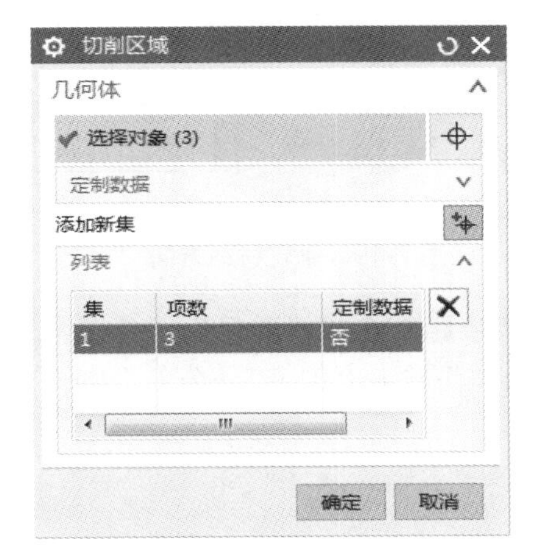

图 7-14　“切削区域”对话框

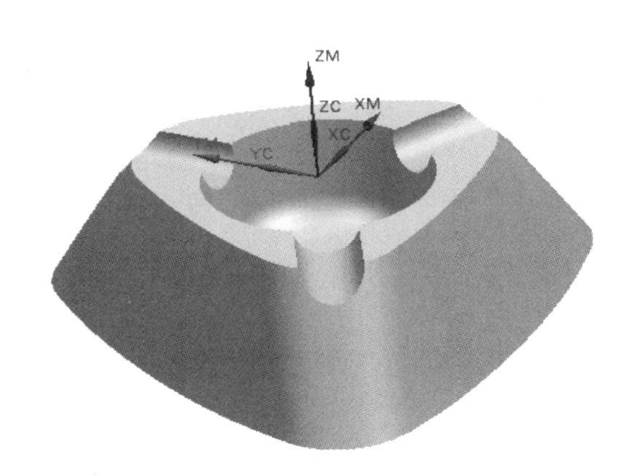

图 7-15　选取切削区域

步骤 7　设置驱动方法

“驱动方法”已选择为“曲面”，单击“编辑”图标，系统弹出“曲面区域驱动方法”对话框，如图 7-16 所示。在“指定驱动几何体”中单击图标，在图形上选择其中的一个凹槽曲面，如图 7-17 所示。单击“确定”按钮，返回“曲面区域驱动方法”对话框。单击“切削方向”图标，在图形上显示多个箭头，用鼠标选择图 7-18 所示的箭头。单击“材料反向”图标，确保材料方向朝外，如图 7-19 所示，如果材料方向已朝外，则不要单击此图标。

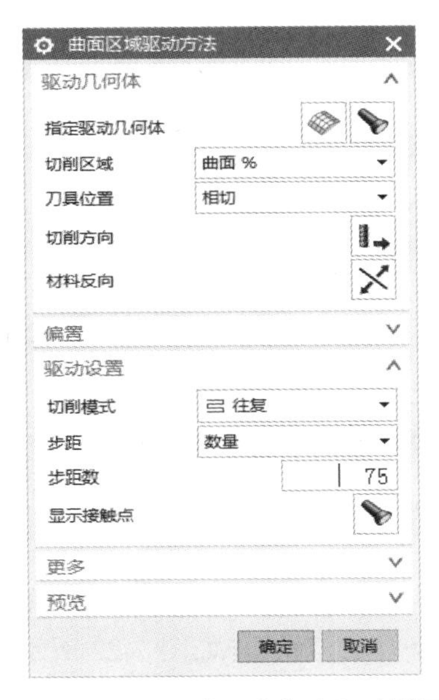

图 7-16　“曲面区域驱动方法”对话框

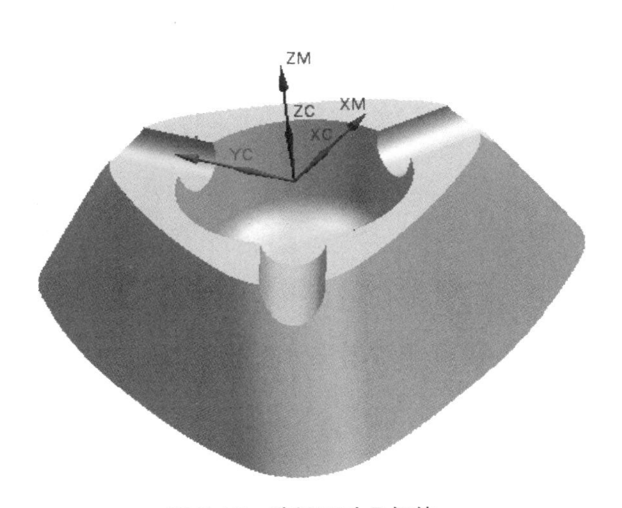

图 7-17　选择驱动几何体

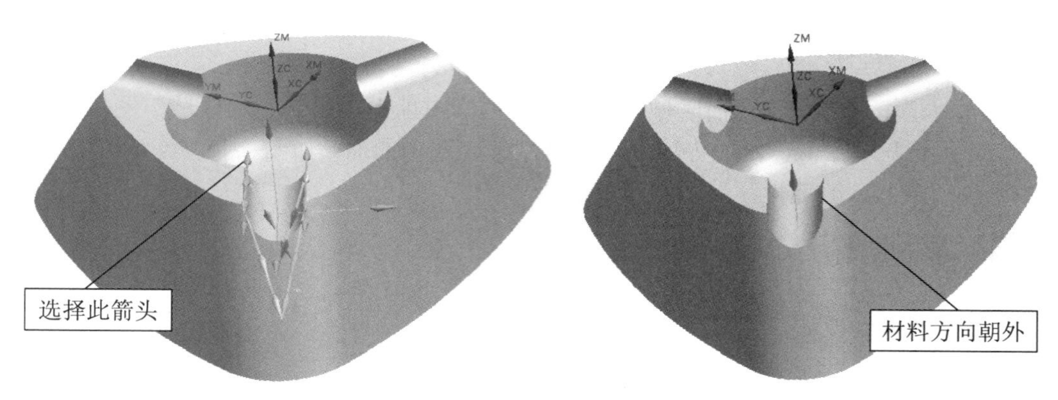

图 7-18　选择切削方向　　　　图 7-19　确定材料方向

将“驱动设置”中的“切削模式”选择“往复”，“步距”选择“数量”，“步距数”输入75。将“更多”中的“切削步长”选择“公差”，“内公差”输入 0.01，“外公差”输入 0.01，如图 7-20 所示。单击“确定”按钮，返回操作对话框。

步骤 8　设置切削参数

在“刀轨设置”中单击“切削参数”图标，系统打开“切削参数”对话框。选择“余量”选项卡，输入“部件余量”为 0.2，其他余量参数不变，如图 7-21 所示。完成设置后单击“确定”按钮，返回操作对话框。

图 7-20　驱动设置

图 7-21　“切削参数”对话框

步骤 9　设置非切削移动参数

在“刀轨设置”中单击“非切削移动”图标，弹出“非切削移动”对话框。首先设置进刀参数，在“进刀”选项卡中，“进刀类型”设为“圆弧-平行于刀轴”，如图 7-22 所示。选择“转移/快速”选项卡，“安全设置选项”设为“使用继承的”，如图 7-23 所示。单击“确定”按钮完成非切削移动参数的设置，返回操作对话框。

图 7-22　进刀参数设置

图 7-23　转移/快速参数设置

步骤 10　设置进给率和速度

在“刀轨设置”中单击“进给率和速度”图标，弹出“进给率和速度”对话框，设置“主轴速度”为 3000，切削进给率为 1250，如图 7-24 所示。单击“确定”按钮完成进给率和速度的设置，返回操作对话框。

步骤 11　生成半精加工刀路轨迹

在操作对话框中单击“生成”图标，计算生成刀路轨迹。产生的刀轨如图 7-25 所示，确认刀轨后单击“确定”按钮，接受刀轨并关闭操作对话框。

图 7-24　进给率和速度参数设置

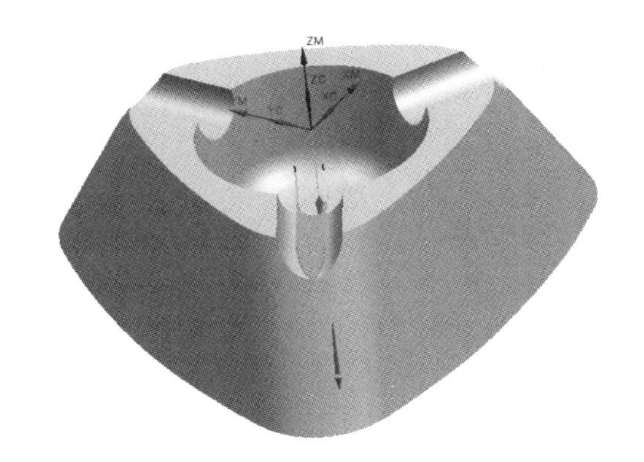

图 7-25　半精加工零件刀路轨迹

步骤 12　创建曲面铣精加工工序

在工序导航器中，选择操作程序“CONTOUR_SURFACE_AREA1”，单击鼠标右键，依次选择“复制”和“粘贴”命令，如图 7-26 所示；然后将操作程序名称改为“CONTOUR_SURFACE_AREA2”，如图 7-27 所示。

图 7-26　程序的复制与粘贴

图 7-27　程序的重命名

步骤 13　修改曲面区域驱动方法、刀具及刀轨设置方法

工序“CONTOUR_SURFACE_AREA2”要求的是精加工凹槽曲面，双击之前复制、粘贴的程序操作，进入编辑状态。将“驱动方法”下的“方法”选择为“曲面”，并单击“编辑”图标，系统弹出“曲面区域驱动方法”对话框，进行参数设置。将“驱动设置”中的“步距”设为“残余高度”，“最大残余高度”设为 0.02，其他参数参照默认设置，如图 7-28 所示。完成后单击“确定”按钮，返回操作对话框。将“工具”中的“刀具”选择为“B6（铣刀-5 参数）”，“刀轨设置”中的“方法”选择为“MILL_FINISH”，如图 7-29 所示。

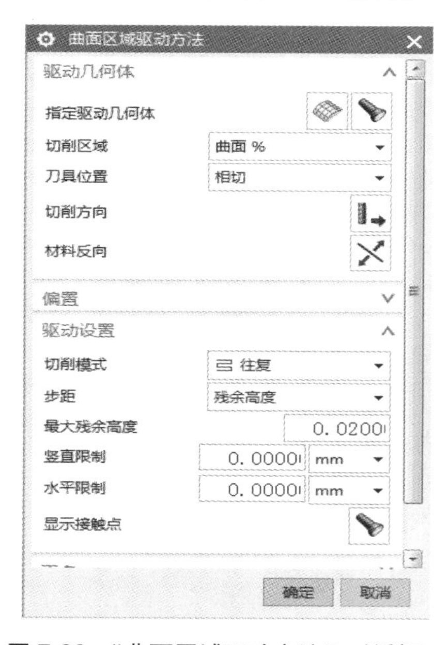

图 7-28　“曲面区域驱动方法”对话框

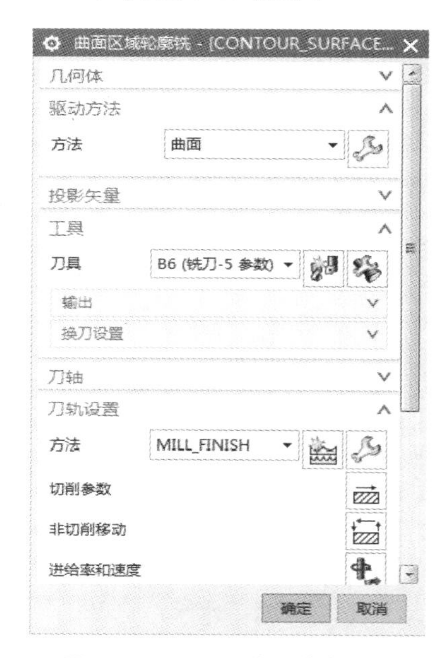

图 7-29　刀具及方法参数设置

步骤 14　修改切削参数、进给率和速度参数

将“切削参数”对话框“余量”选项卡中的“部件余量”设为 0，“内公差”输入 0.01，“外公差”输入 0.01，如图 7-30 所示。设置“主轴速度”为 4000，切削进给率为 1400，如图 7-31 所示。

图 7-30　余量参数设置

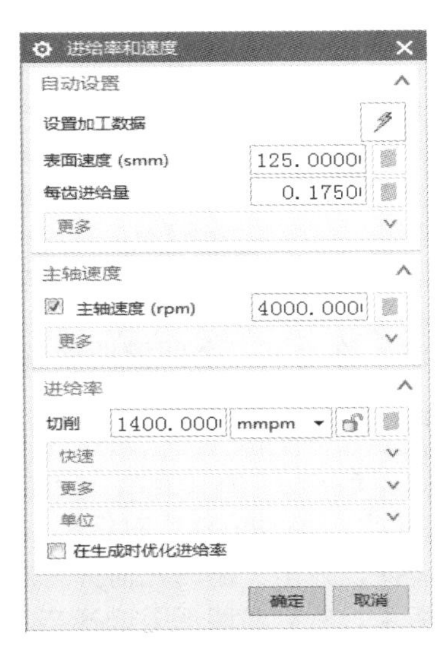

图 7-31　进给率和速度参数设置

步骤 15　生成精加工刀路轨迹

在操作对话框中单击“生成”图标，计算生成刀路轨迹。产生的刀轨如图 7-32 所示，确认刀轨后单击“确定”按钮，接受刀轨并关闭操作对话框。

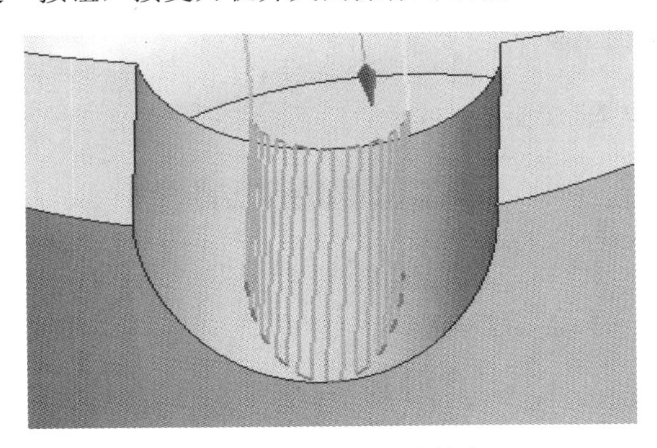

图 7-32　精加工刀路轨迹

步骤 16　创建第二个凹槽曲面的半精加工、精加工工序

在工序导航器中，按住 Ctrl 键的同时选择操作程序“CONTOUR_SURFACE_AREA1”“CONTOUR_SURFACE_AREA2”，单击鼠标右键，依次选择“复制”和“粘贴”命令；然后将操作程序名称改为“CONTOUR_SURFACE_AREA3”“CONTOUR_SURFACE_AREA4”，如图 7-33 所示。

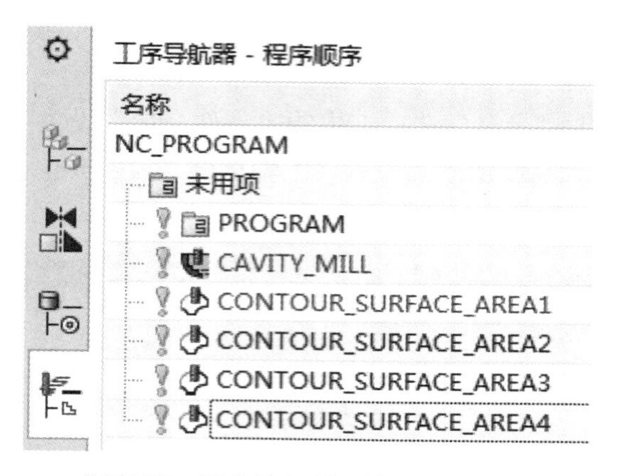

图 7-33　程序的复制、粘贴与重命名

步骤 17　修改第二个凹槽曲面的加工参数

双击“CONTOUR_SURFACE_AREA3”工序，进入编辑状态，此工序为第二个凹槽曲面的半精加工工序。将“驱动方法”下的“方法”选择为“曲面”，并单击“编辑”图标，系统弹出“曲面区域驱动方法”对话框，进行参数设置，如图 7-34 所示。在“指定驱动几何体”中单击图标，弹出“驱动几何体”对话框，单击“移除”图标，移除之前选择的曲面，如图 7-35 所示。然后在图形上选择第二个凹槽曲面，如图 7-36 所示。单击“确定”按钮，返回“曲面区域驱动方法”对话框。单击“切削方向”图标，在图形上显示多个箭头，用鼠标选择图 7-37 所示的箭头，其他参数保持不变，单击“确定”按钮，返回“曲面区域驱动方法”对话框。

在操作对话框中单击“生成”图标，计算生成刀路轨迹。产生的刀轨如图 7-38 所示，确认刀轨后单击“确定”按钮，接受刀轨并关闭操作对话框。

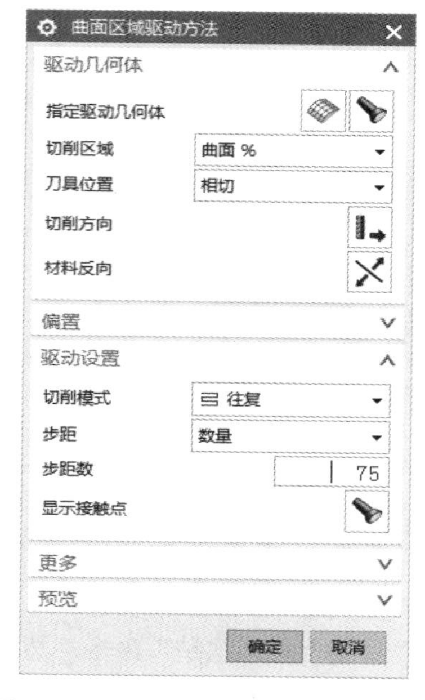

图 7-34　“曲面区域驱动方法”对话框

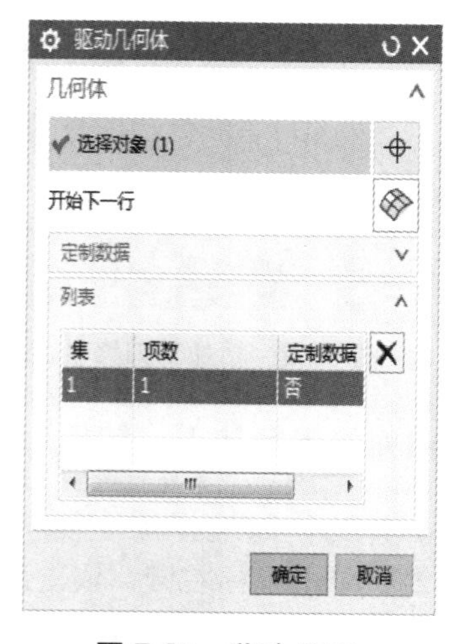

图 7-35　移除曲面

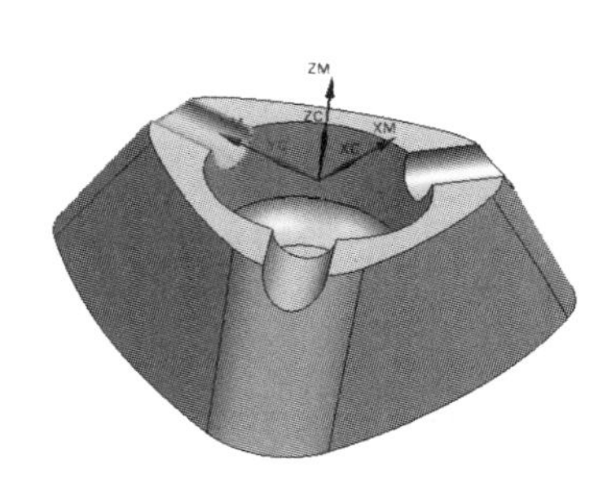

图 7-36　选择驱动几何体

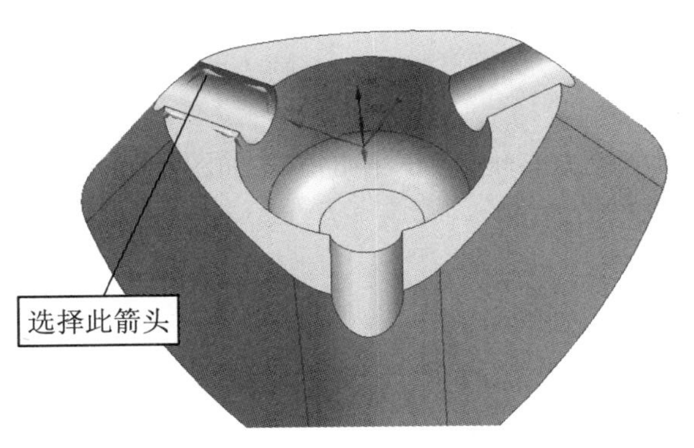

图 7-37　选择切削方向

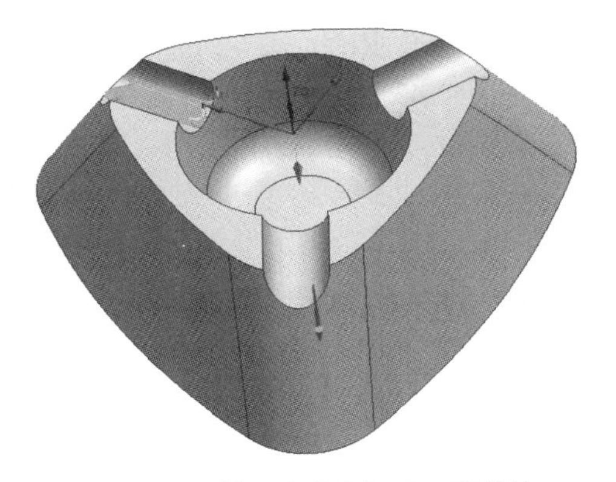

图 7-38　第二个曲面加工刀路轨迹

双击“CONTOUR_SURFACE_AREA4”工序，进入编辑状态，此工序为第二个凹槽曲面的精加工工序。以上一段所述同样的方法修改加工参数，即只需修改“驱动几何体”中的曲面及切削方向参数设置，其他加工参数保持不变。

步骤 18　创建第三个凹槽曲面的半精加工、精加工工序

在工序导航器中，按住 Ctrl 键的同时选择操作程序“CONTOUR_SURFACE_AREA3”“CONTOUR_SURFACE_AREA4”，单击鼠标右键，依次选择“复制”和“粘贴”命令；然后并将操作程序名称改为“CONTOUR_SURFACE_AREA5”“CONTOUR_SURFACE_AREA6”，如图 7-39 所示。

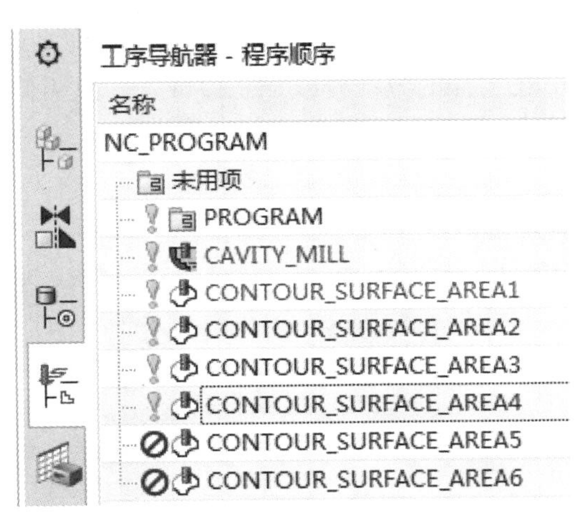

图 7-39　程序的复制、粘贴与重命名

步骤 19　修改第三个凹槽曲面的加工参数

双击“CONTOUR_SURFACE_AREA5”工序，进入编辑状态，此工序为第三个凹槽曲面的半精加工工序。将“驱动方法”下的“方法”选择为“曲面”，并单击“编辑”图标，系统弹出“曲面区域驱动方法”对话框，进行参数设置，如图 7-40 所示。在“指定驱动几何体”中单击图标，弹出“驱动几何体”对话框，单击“移除”图标，移除之前选择的曲面，如图 7-41 所示。然后在图形上选择第三个凹槽曲面，如图 7-42 所示。单击“确定”按钮，返回“曲面区域驱动方法”对话框。单击“切削方向”图标，在图形上显示多个箭头，用鼠标选择图 7-43 所示的箭头，其他参数保持不变，单击“确定”按钮，返回“曲面区域驱动方法”对话框。

在操作对话框中单击“生成”图标，计算生成刀路轨迹。产生的刀轨如图 7-44 所示，确认刀轨后单击“确定”按钮，接受刀轨并关闭操作对话框。

图 7-40 “曲面区域驱动方法”对话框

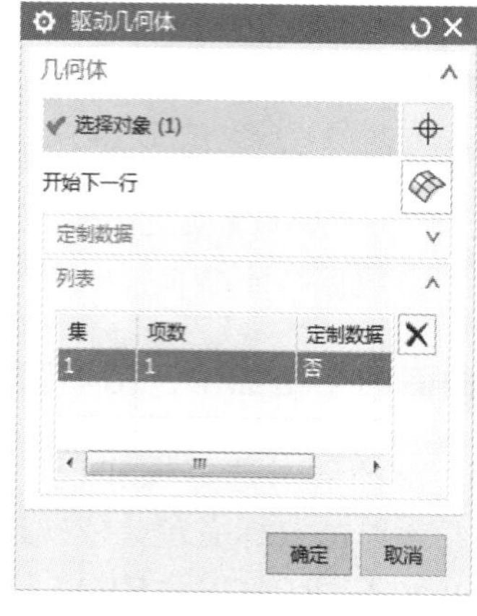

图 7-41 移除曲面

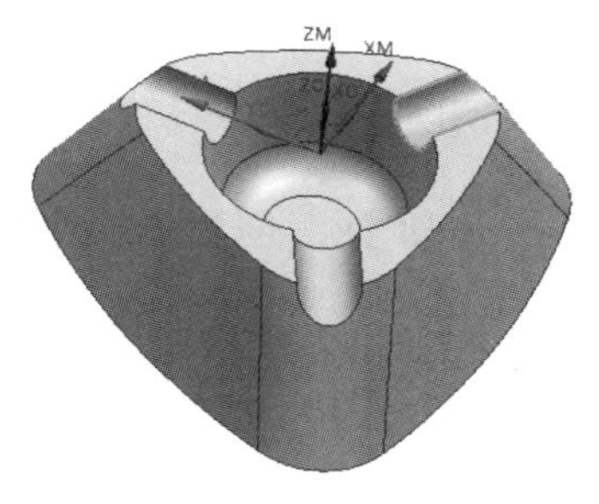

图 7-42 选择驱动几何体

双击“CONTOUR_SURFACE_AREA6”工序，进入编辑状态，此工序为第三个凹槽曲面的精加工工序。以上一段所述同样的方法修改加工参数，即只需修改“驱动几何体”中的曲面及切削方向参数设置，其他加工参数保持不变。

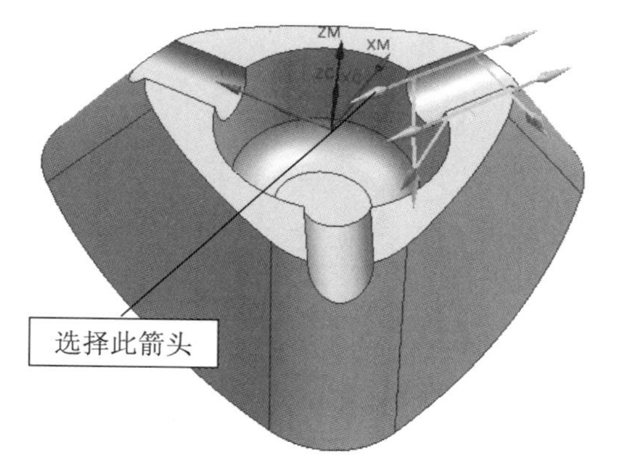

图 7-43 选择切削方向

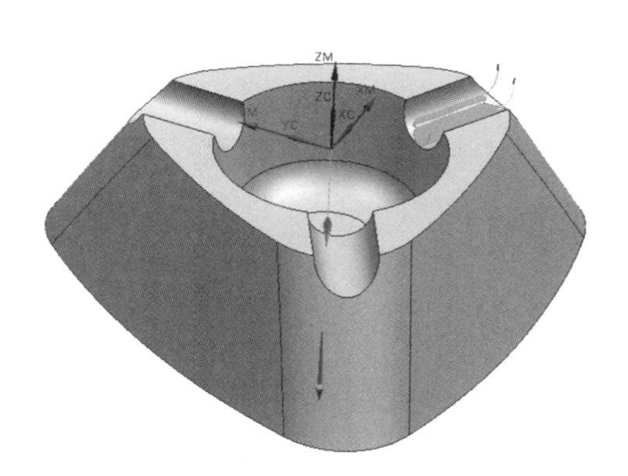

图 7-44 第三个曲面加工刀路轨迹

步骤 20 模拟仿真加工、保存

按住 Ctrl 键的同时选中工序导航器中所做的 7 个操作，单击鼠标右键，执行“刀轨”→“确认”命令，进入实体模拟仿真加工。在弹出的“刀轨可视化”对话框中，选择“3D 动态”

选项卡，如图 7-45 所示。单击“碰撞设置”按钮，在弹出的“碰撞设置”对话框中勾选“碰撞时暂停”，然后单击“确定”按钮，如图 7-46 所示。单击“播放”，模拟仿真加工开始，实体模拟仿真加工图如图 7-47 所示。仿真结束后单击工具栏上的“保存”图标，保存文件。

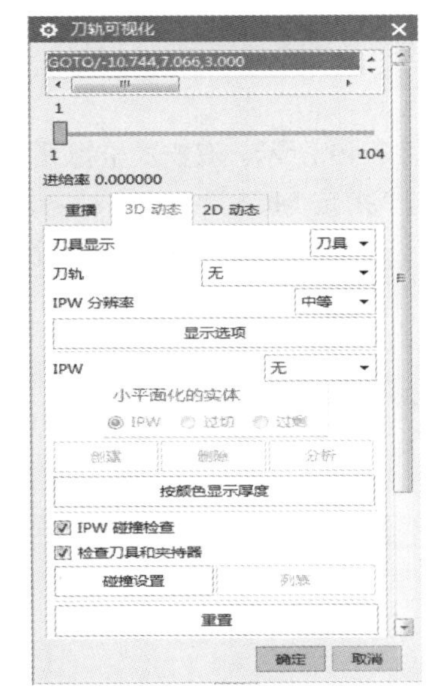

图 7-45　“刀轨可视化”对话框

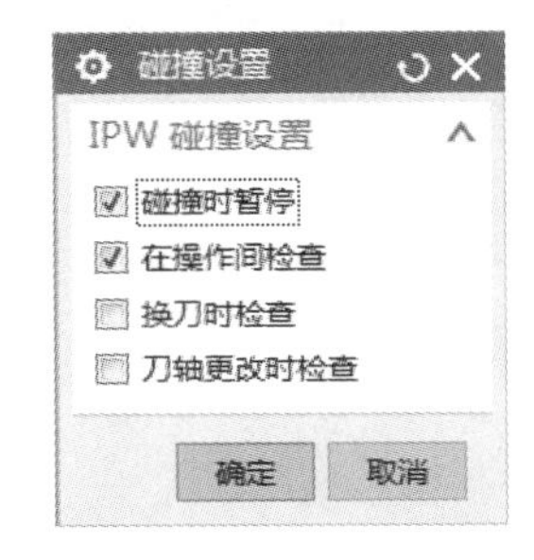

图 7-46　“碰撞设置”对话框

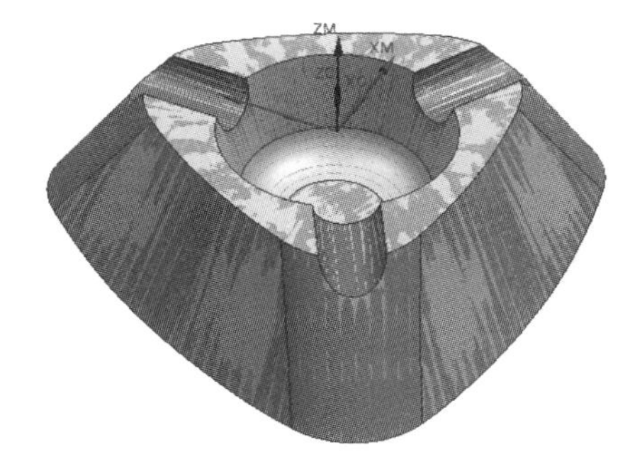

图 7-47　最终模拟仿真加工图

任务二　曲面驱动轮廓铣操作创建示例 2

如图 7-48 所示零件，已经完成了初始设置并使用型腔铣完成了粗加工，要求使用曲面驱动轮廓铣完成零件的半精加工与精加工。半精加工使用 D12R1 的圆鼻刀，精加工使用 $\phi6$ 的球刀。

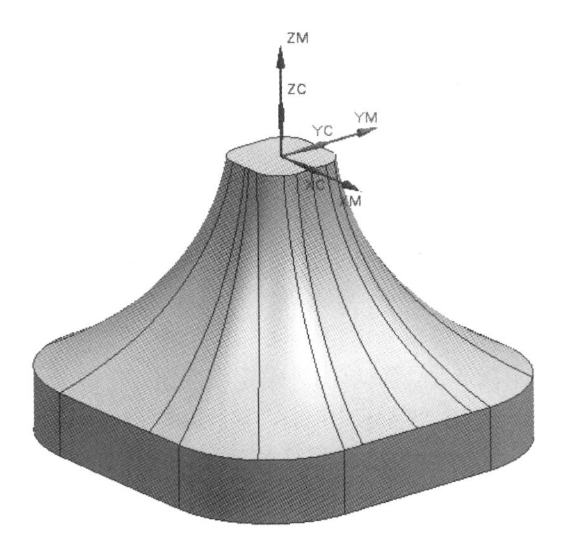

图 7-48　任务二零件图

步骤 1　打开模型文件

启动 UG NX 10.0，并打开本书配套课程资源二维码(在封底)中的任务零件文件 renwu\7-2.prt，进入 UG 的加工模块。

步骤 2　创建加工坐标系及安全平面

在工序导航器空白处单击鼠标右键，切换至“几何视图”，如图 7-49 所示。双击“坐标系”图标 MCS_MILL，弹出“Mill Orient”对话框，如图 7-50 所示。单击“指定 MCS”中的图标，进入“CSYS”对话框，设置“参考”为“WCS”，如图 7-51 所示。单击“确定”按钮，则设置好加工坐标系。

图 7-49　切换至“几何视图”

图 7-50　“Mill Orient”对话框

图 7-51　“CSYS”对话框

在“Mill Orient”对话框“安全设置”下的“安全设置选项”中选择“刨”，单击“指定平面”中的“平面对话框”图标，随即弹出“刨”对话框，如图 7-52 所示。选择“类型”为“自动判断”，“选择对象”为零件最顶部的平面，然后在“偏置”“距离”处输入 3，单击“确定”按钮，则设置好安全平面。最后单击“Mill Orient”对话框的“确定”按钮。

图 7-52　设置安全平面

步骤 3　创建几何体

双击“WORKPIECE”图标 WORKPIECE，弹出“铣削几何体”对话框，如图 7-53 所示。单击“指定部件”图标，然后选择被加工零件，如图 7-54 所示，单击“确定”按钮；单击“指定毛坯”图标，弹出“毛坯几何体”对话框，按“Ctrl+Shift+B”快捷键，此时显示被反隐藏的毛坯，选择此毛坯，单击“确定”按钮，如图 7-55 和图 7-56 所示。选择毛坯后再次按“Ctrl+Shift+B”快捷键，返回当前视图。

图 7-53 “铣削几何体”对话框

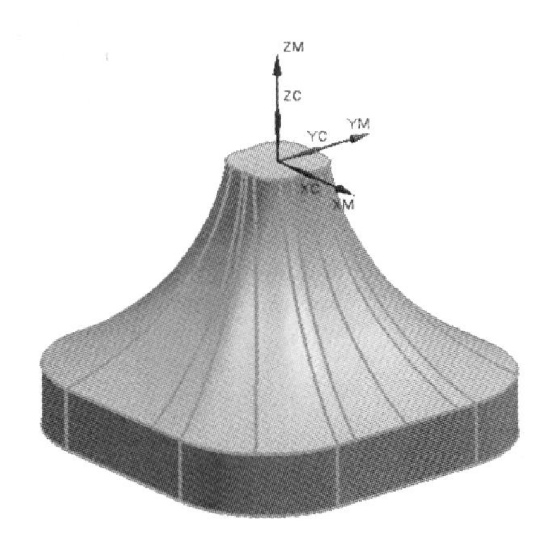

图 7-54 选择被加工零件

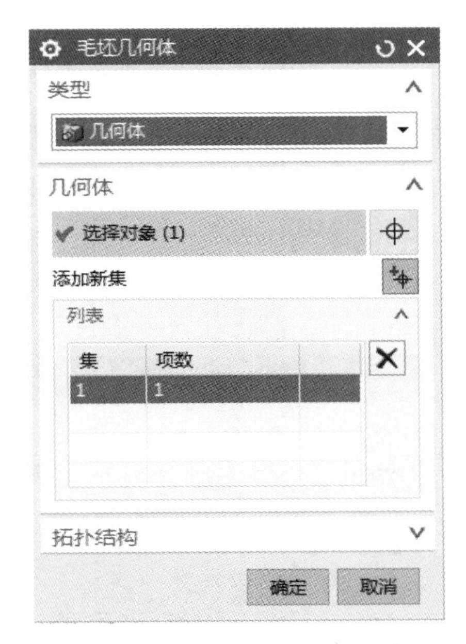

图 7-55 “毛坯几何体”对话框

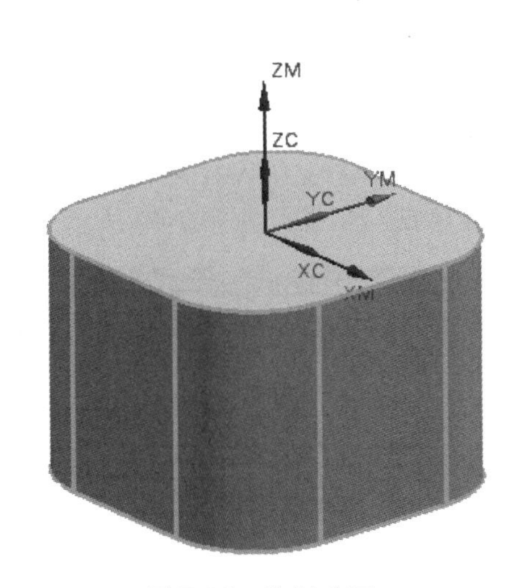

图 7-56 选择毛坯

步骤 4 创建刀具

单击工具条上的“创建刀具”图标，弹出“创建刀具”对话框，如图 7-57 所示。设置“类型”为“mill_contour”，“刀具子类型”为“MILL”图标，“名称”为“D12R1”，单击“确定”按钮，进入“铣刀-5 参数”对话框，在“直径”处输入 12，在底圆角半径即“下半径”处输入 1，如图 7-58 所示。

以同样的方法创建 ϕ6 球刀，“名称”为“B6”，在“直径”处输入 6，在底圆角半径即“下半径”处输入 3。

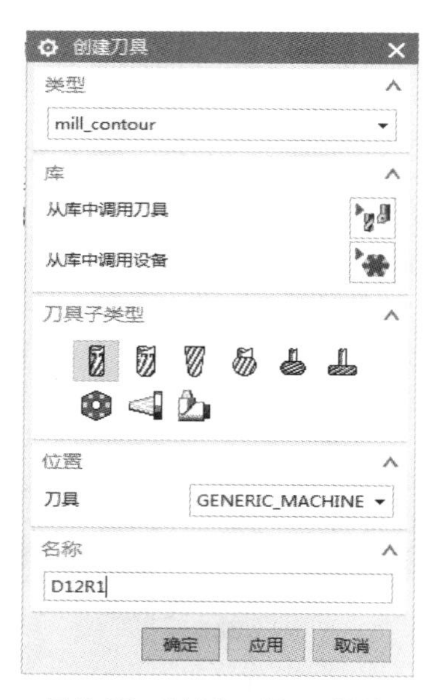

图 7-57 “创建刀具”对话框

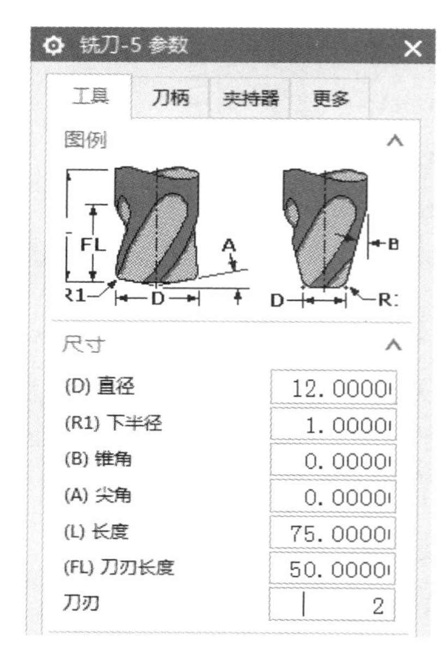

图 7-58 “铣刀-5 参数”对话框

步骤 5　创建曲面铣半精加工工序

单击工具条上的“创建工序”图标 创建工序，系统打开“创建工序”对话框。“类型”设为“mill_contour”，“工序子类型”设为“曲面区域轮廓铣”，“刀具”选择“D12R1（铣刀-5 参数）”，“几何体”选择“WORKPIECE”，“方法”选择“MILL_SEMI_FINISH”，名称改为“CONTOUR_SURFACE_AREA1”，如图 7-59 所示，确认各选项后单击“确定”按钮，打开曲面区域轮廓铣对话框，如图 7-60 所示。

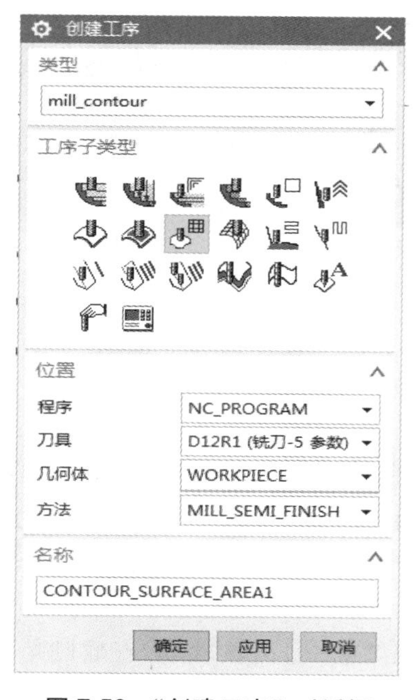

图 7-59 “创建工序”对话框

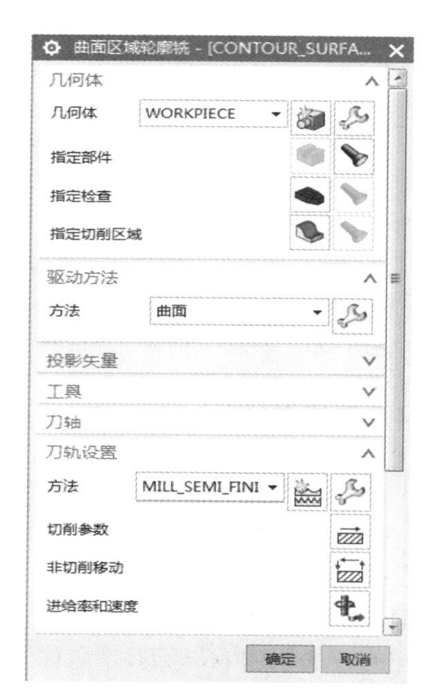

图 7-60 曲面区域轮廓铣对话框

步骤 6 指定切削区域

在操作对话框（这里指曲面区域轮廓铣对话框）中单击“指定切削区域”图标，系统打开“切削区域”对话框，如图 7-61 所示。框选图 7-62 所示的 19 个曲面，单击“确定”按钮，完成切削区域的选择，返回操作对话框。

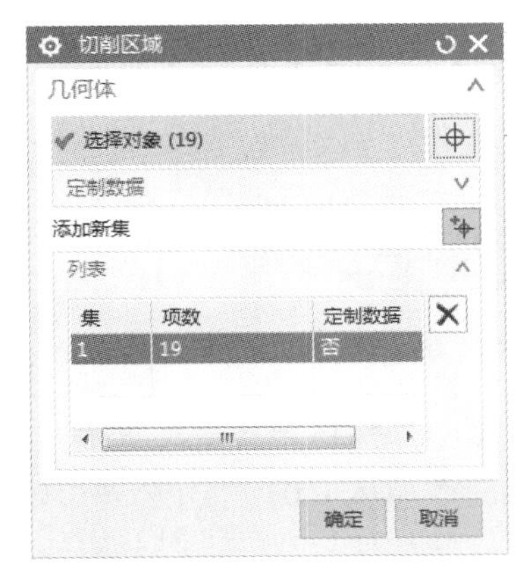

图 7-61 “切削区域”对话框

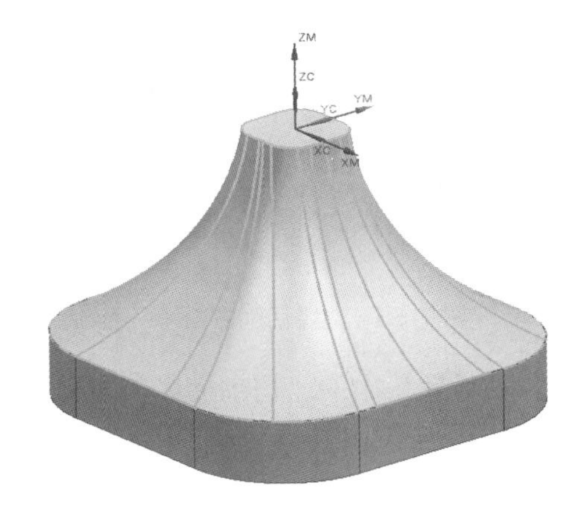

图 7-62 选取切削区域

步骤 7 设置驱动方法

“驱动方法”已选择为“曲面”，单击“编辑”图标，系统弹出“曲面区域驱动方法”对话框，如图 7-63 所示。在“指定驱动几何体”中单击图标，在图形上依次选择图 7-64 所示的 18 个曲面，选取时注意方向和顺序，单击“确定”按钮，返回“曲面区域驱动方法”对话框。单击“切削方向”图标，在图形上显示多个箭头，用鼠标选择图 7-65 所示的箭头。单击“材料反向”图标，确保材料方向朝外，如图 7-66 所示。如果材料方向已朝外，则不要单击此图标。

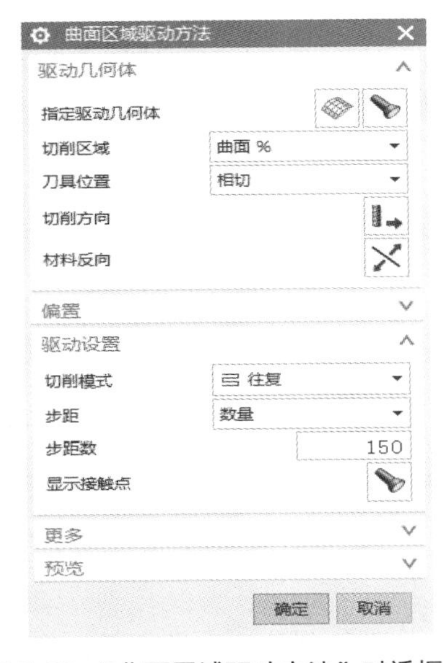

图 7-63 “曲面区域驱动方法”对话框

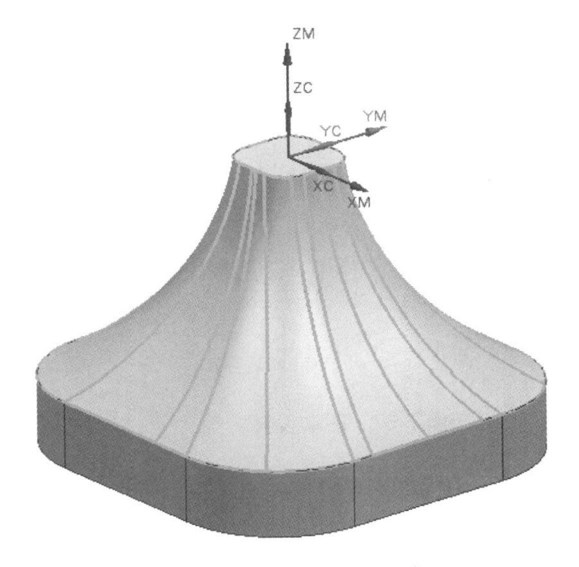

图 7-64 选择驱动几何体

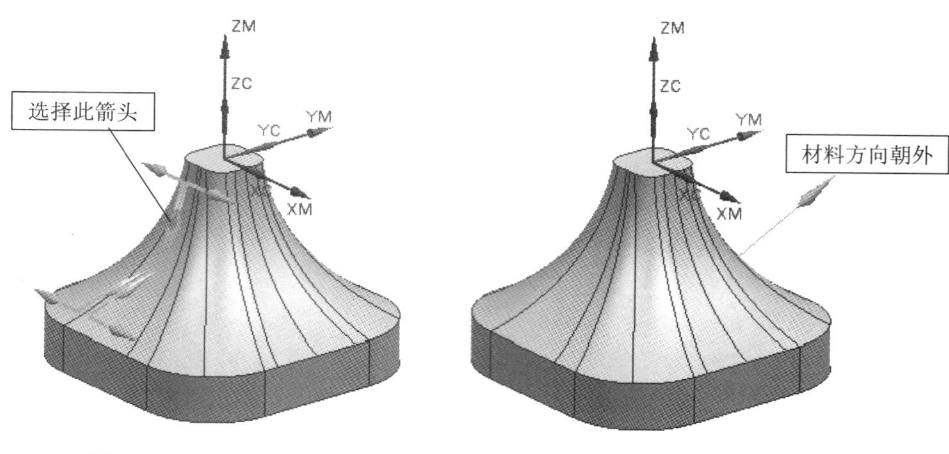

图 7-65　选择切削方向　　　　图 7-66　确定材料方向

将“驱动设置”中的“切削模式”选择“往复”，“步距”选择“数量”，“步距数”输入 150。将“更多”中的“切削步长”选择“公差”，“内公差”输入 0.01，“外公差”输入 0.01，如图 7-67 所示。单击“确定”按钮，返回操作对话框。

步骤 8　设置切削参数

在“刀轨设置”中单击“切削参数”图标，系统打开“切削参数”对话框。选择“余量”选项卡，输入“部件余量”为 0.1，其他余量参数不变，如图 7-68 所示。完成设置后单击“确定”按钮，返回操作对话框。

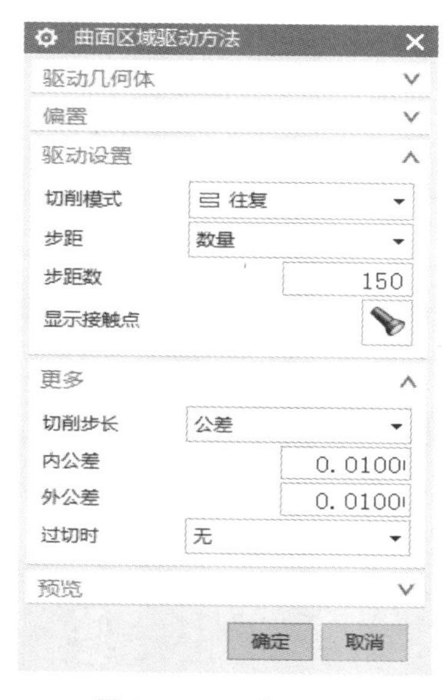

图 7-67　驱动设置

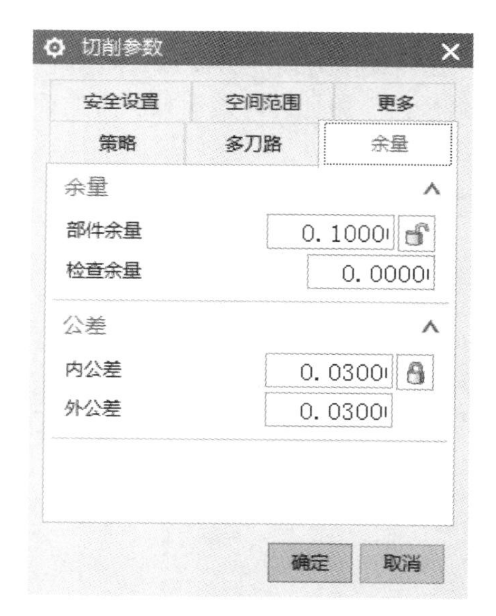

图 7-68　“切削参数”对话框

步骤 9　设置非切削移动参数

在“刀轨设置”中单击“非切削移动”图标，弹出“非切削移动”对话框。首先设置进刀参数，在“进刀”选项卡中，“进刀类型”设为“圆弧-平行于刀轴”，如图 7-69 所示。选择“转移/快速”选项卡，“安全设置选项”设为“使用继承的”，如图 7-70 所示。单击“确定”按钮完成非切削移动参数的设置，返回操作对话框。

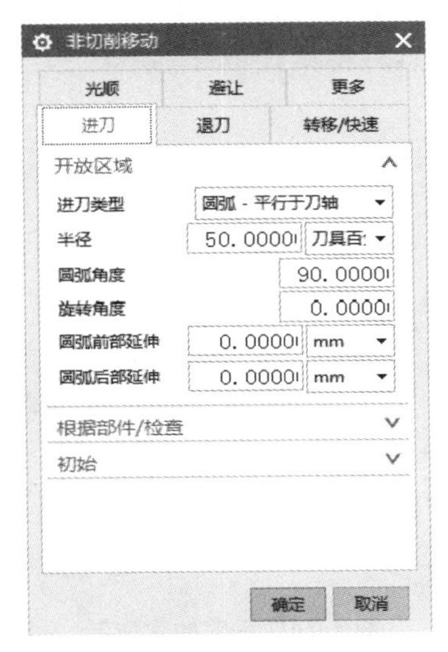

图 7-69 进刀参数设置

图 7-70 转移/快速参数设置

步骤 10 设置进给率和速度

在“刀轨设置”中单击“进给率和速度”图标，弹出“进给率和速度”对话框，设置“主轴速度”为 3000，切削进给率为 1250，如图 7-71 所示。单击“确定”按钮完成进给率和速度的设置，返回操作对话框。

步骤 11 生成半精加工刀路轨迹

在操作对话框中单击“生成”图标，计算生成刀路轨迹。产生的刀轨如图 7-72 所示，确认刀轨后单击“确定”按钮，接受刀轨并关闭操作对话框。

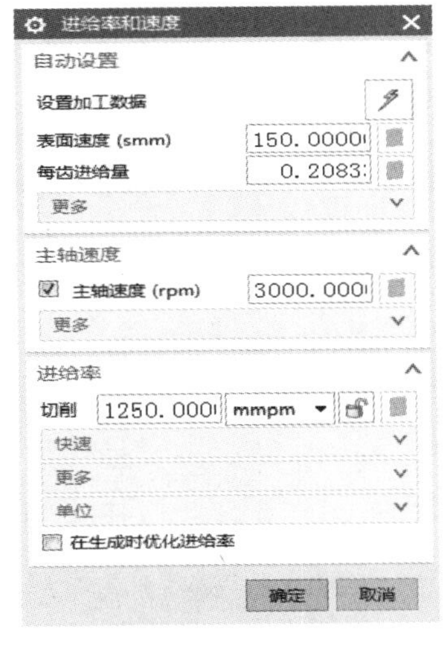

图 7-71 进给率和速度参数设置

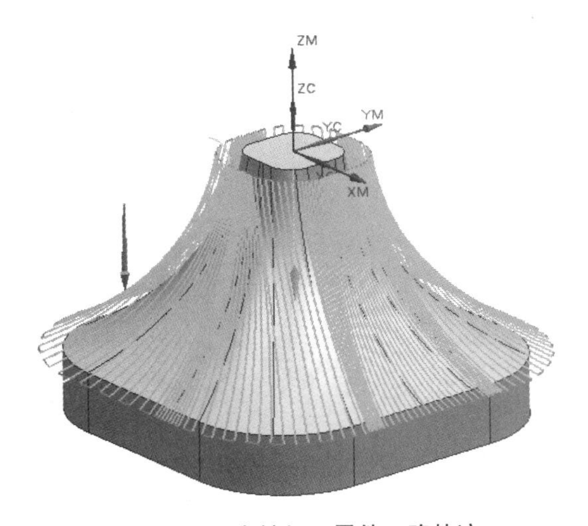

图 7-72 半精加工零件刀路轨迹

步骤 12　创建曲面铣精加工工序

在工序导航器中，选择操作程序“CONTOUR_SURFACE_AREA1”，单击鼠标右键，依次选择“复制”和“粘贴”命令，如图 7-73 所示；然后将操作程序名称改为“CONTOUR_SURFACE_AREA2”，如图 7-74 所示。

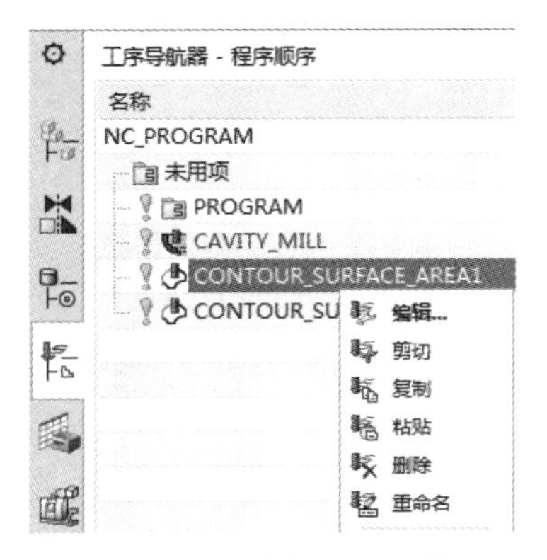

图 7-73　程序的复制与粘贴

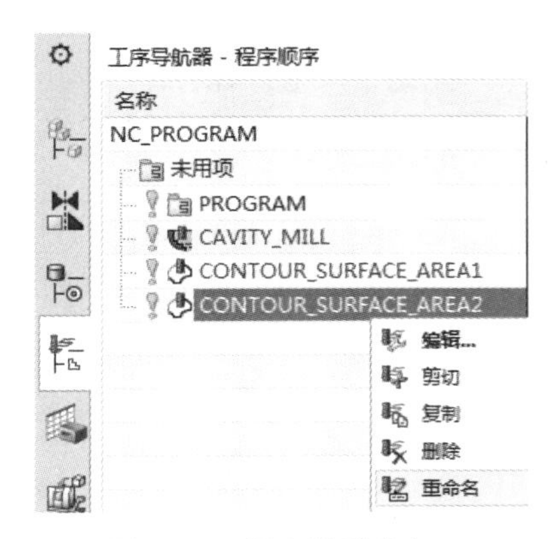

图 7-74　程序的重命名

步骤 13　修改曲面区域驱动方法、刀具及刀轨设置方法

工序“CONTOUR_SURFACE_AREA2”要求的是精加工曲面，双击之前复制、粘贴的程序操作，进入编辑状态。将“驱动方法”下的“方法”选择为“曲面”，并单击“编辑”图标，系统弹出“曲面区域驱动方法”对话框，进行参数设置。将“驱动设置”中的“步距”设为“残余高度”，“最大残余高度”设为 0.02，其他参数参照默认设置，如图 7-75 所示。完成后单击“确定”按钮，返回操作对话框。将“工具”中的“刀具”选择为“B6（铣刀-5 参数）”，“刀轨设置”中的“方法”选择为“MILL_FINISH”，如图 7-76 所示。

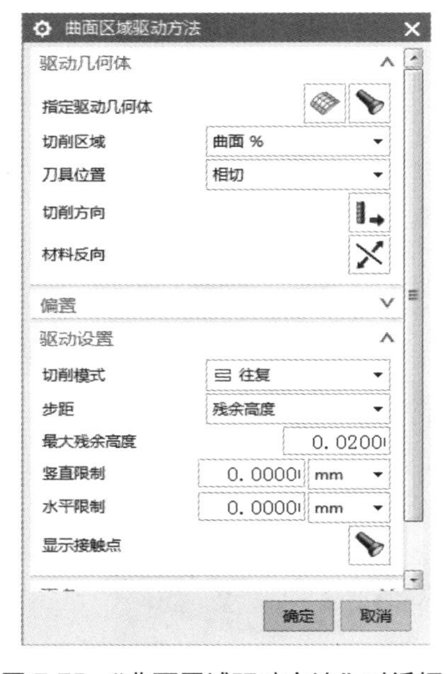

图 7-75　“曲面区域驱动方法”对话框

图 7-76　刀具及方法参数设置

步骤 14　修改切削参数、进给率和速度

将“切削参数”对话框“余量”选项卡中的“部件余量”设为 0，“内公差”输入 0.01，“外公差”输入 0.01，如图 7-77 所示。设置“主轴速度”为 4000，切削进给率为 1400，如图 7-78 所示。

图 7-77　余量参数设置

图 7-78　进给率和速度参数设置

步骤 15　生成精加工刀路轨迹

在操作对话框中单击“生成”图标，计算生成刀路轨迹。产生的刀轨如图 7-79 所示，确认刀轨后单击“确定”按钮，接受刀轨并关闭操作对话框。

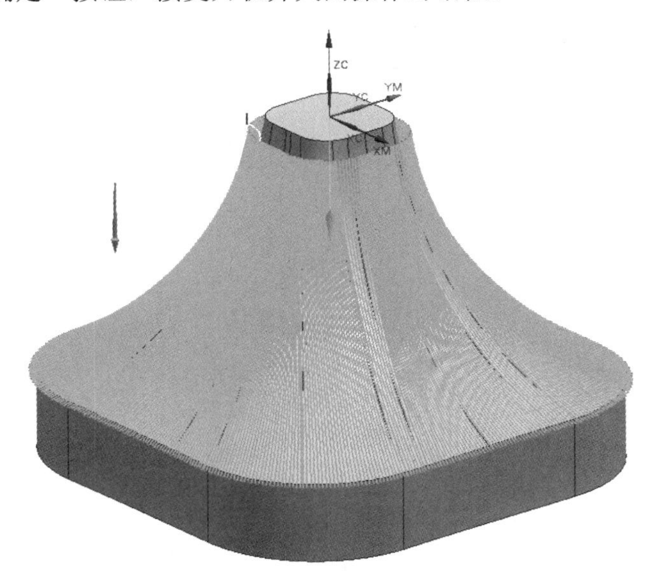

图 7-79　精加工刀路轨迹

步骤 16　模拟仿真加工、保存

按住 Ctrl 键的同时选中工序导航器中所做的 3 个操作，单击鼠标右键，执行“刀轨”→“确认”命令，进入实体模拟仿真加工。在弹出的“刀轨可视化”对话框中，选择“3D 动态”选项卡，如图 7-80 所示。单击“碰撞设置”按钮，在弹出的“碰撞设置”对话框中勾选“碰撞时暂停”，然后单击“确定”按钮，如图 7-81 所示。单击“播放”按钮，模拟仿真加工开始，实体模拟仿真加工图如图 7-82 所示。仿真结束后单击工具栏上的“保存”图标，保存文件。

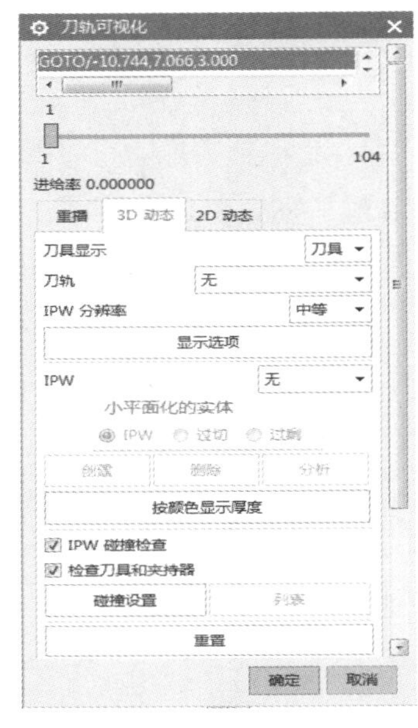

图 7-80 “刀轨可视化”对话框

图 7-81 “碰撞设置”对话框

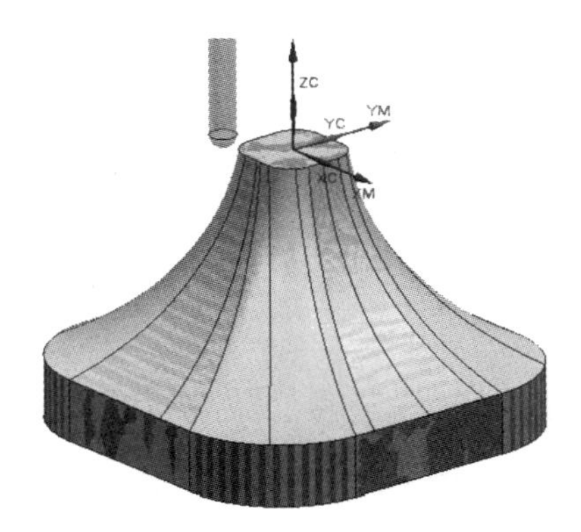

图 7-82　最终模拟仿真加工图

练　习　题

完成本书配套课程资源二维码(在封底)中零件 lianxi\7-1.prt 的曲面铣操作创建，如图 7-83 所示。

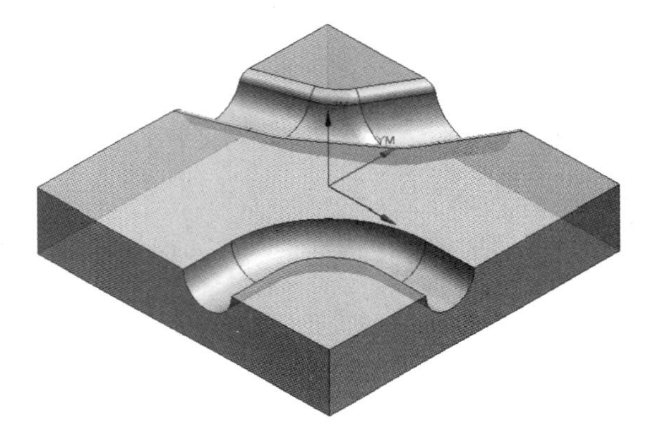

图 7-83　练习题

项目8 清根驱动与文本驱动曲面铣

任务说明

本项目主要讲述UG固定轮廓铣中的清根驱动与文本驱动这两种曲面加工方法。清根驱动是沿着零件曲面的凹角和凹谷生成驱动路径，主要针对先前加工直径较大的刀具无法进入的部位进行清根加工。文本驱动是直接使用文本为驱动几何体，生成刀位点并投影到部件曲面产生刀轨，常用于雕刻加工。

本项目通过两个任务的练习，重点讲解了清根驱动与文本驱动这两种加工方法的工序创建与驱动设置，尤其是清根驱动类型与驱动设置、文本驱动方式与文本深度等相关参数的设置。

学习目标

理解清根驱动与文本驱动加工方法及特点；掌握这两种驱动方法的工序创建与操作的具体步骤，尤其是清根驱动类型与驱动设置、文本驱动方式与文本深度设置；能正确选用清根驱动与文本驱动加工方法，恰当选择、合理设置驱动参数。

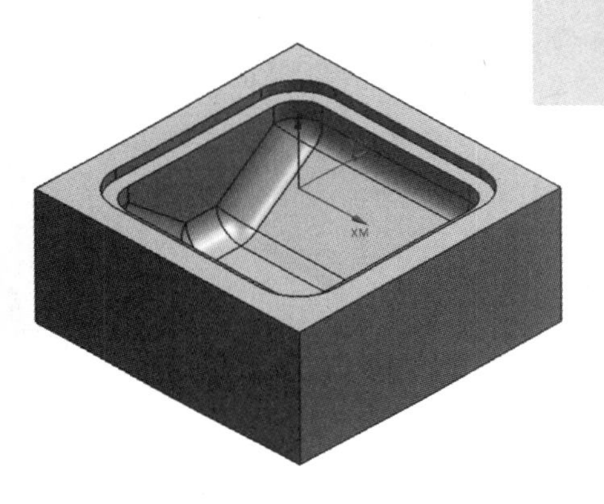

任务一　清根驱动与文本驱动曲面铣操作创建示例 1

如图 8-1 所示零件，已经完成了初始设置并完成了其他部位的粗、精加工，要求使用清根驱动轮廓铣完成零件侧面与底面所形成的凹角曲面的精加工，使用文本驱动轮廓铣完成零件表面的文字注释雕刻加工，刀具分别使用 ϕ4、ϕ2 的球刀。

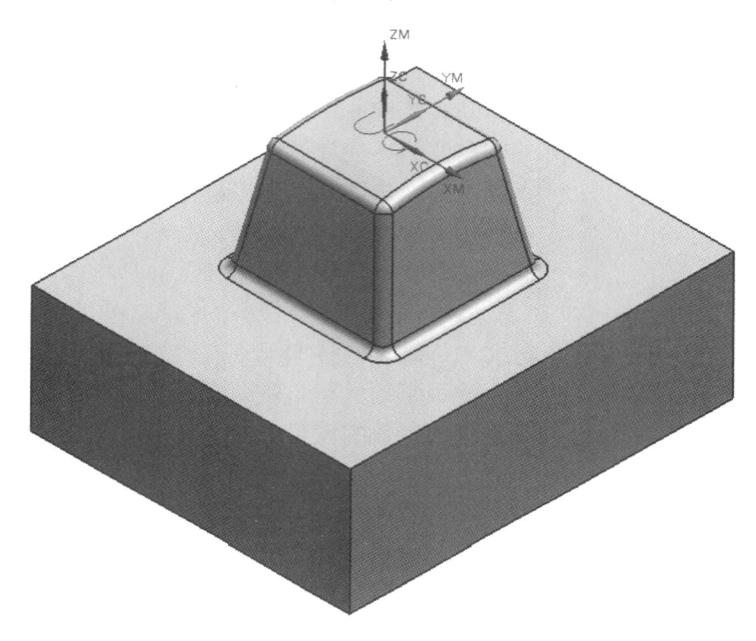

图 8-1　任务一零件图

步骤 1　打开模型文件

启动 UG NX 10.0，并打开本书配套课程资源二维码(在封底)中的任务零件文件 renwu\8-1.prt，进入 UG 的加工模块。

步骤 2　创建加工坐标系及安全平面

在工序导航器空白处单击鼠标右键，切换至“几何视图”，如图 8-2 所示。双击“坐标系”图标 MCS_MILL，弹出“Mill Orient”对话框，如图 8-3 所示。单击“指定 MCS”中的图标，进入“CSYS”对话框，设置“参考”为“WCS”，如图 8-4 所示。单击“确定”按钮，则设置好加工坐标系。

在“Mill Orient”对话框“安全设置”下的“安全设置选项”中选择“刨”，单击“指定平面”中的“平面对话框”图标，随即弹出“刨”对话框，如图 8-5 所示。选择“类型”为“按某一距离”，“选择对象”为零件底部的平面，如图 8-6 所示，然后在“偏置”“距离”处输入 40，单击“确定”按钮，则设置好安全平面。最后单击“Mill Orient”对话框的“确定”按钮。

图 8-2 切换至“几何视图”

图 8-3 “Mill Orient”对话框

图 8-4 “CSYS”对话框

图 8-5 “刨”对话框

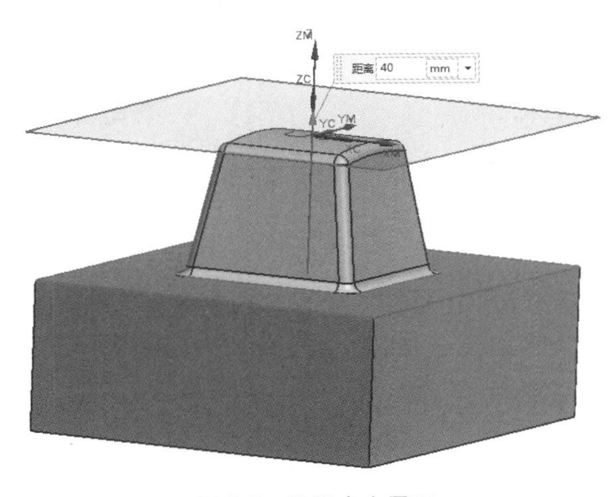

图 8-6 设置安全平面

步骤 3　创建几何体

双击“WORKPIECE”图标WORKPIECE，弹出“铣削几何体”对话框，如图 8-7 所示。单击“指定部件”图标，然后选择被加工零件，如图 8-8 所示，单击“确定”按钮；单击“指定毛坯”图标，弹出“毛坯几何体”对话框，“类型”选择“包容块”，如图 8-9 和图 8-10 所示，单击“确定”按钮，完成几何体创建。

图 8-7 “铣削几何体”对话框

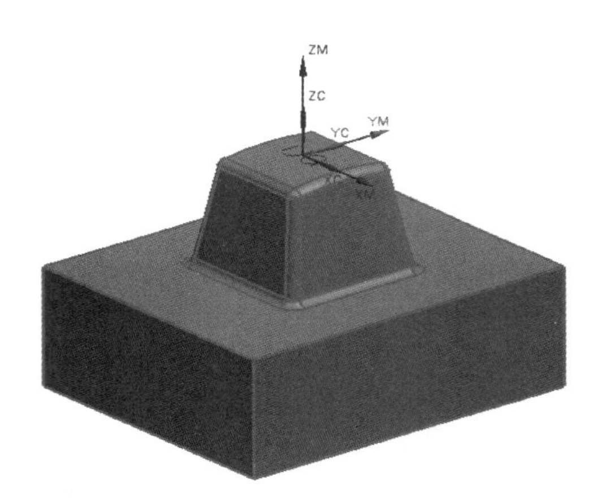

图 8-8　选择被加工零件

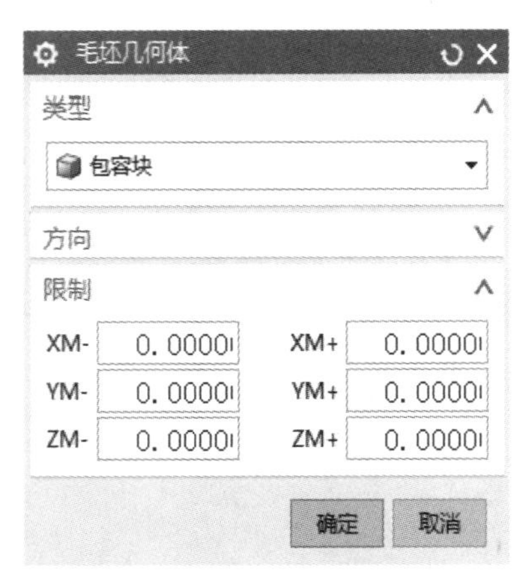

图 8-9 “毛坯几何体”对话框

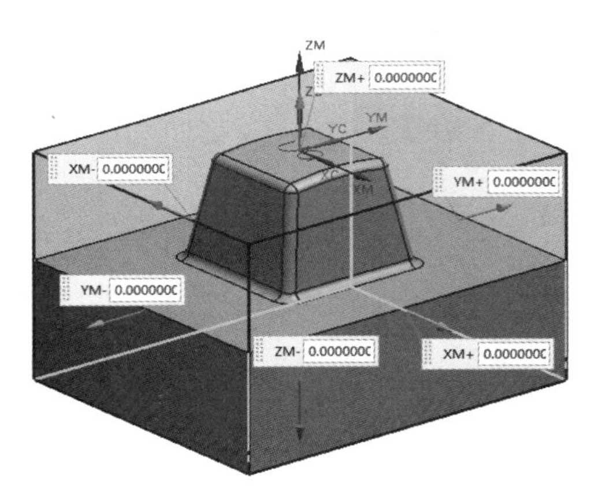

图 8-10　选择毛坯

步骤 4　创建刀具

单击工具条上的“创建刀具”图标，弹出“创建刀具”对话框，如图 8-11 所示。设置“类型”为“mill_contour”，“刀具子类型”为“MILL”图标，“名称”为“B4”，单击“确定”按钮，进入“铣刀-5 参数”对话框，在“直径”处输入4，在底圆角半径即“下半径”处输入 2，如图 8-12 所示。

以同样的方法创建 $\phi 2$ 球刀，“名称”为“B2”，在“直径”处输入 2，在底圆角半径即“下半径”处输入 1。

步骤 5 创建清根驱动轮廓铣精加工工序

单击工具条上的“创建工序”图标，系统打开“创建工序”对话框。“类型”设为“mill_contour”，“工序子类型”设为“固定轮廓铣”，“刀具”选择“B4（铣刀-5 参数）”，“几何体”选择“WORKPIECE”，“方法”选择“MILL_ FINISH”，名称改为“FIXED_CONTOUR1”，如图 8-13 所示，确认各选项后单击“确定”按钮，打开固定轮廓铣对话框，如图 8-14 所示。

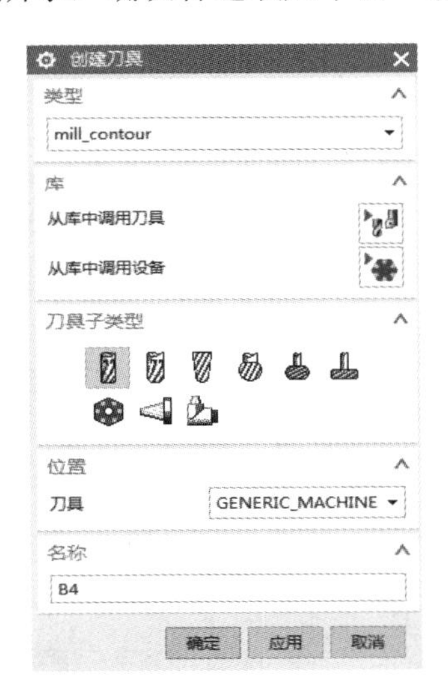

图 8-11 “创建刀具”对话框

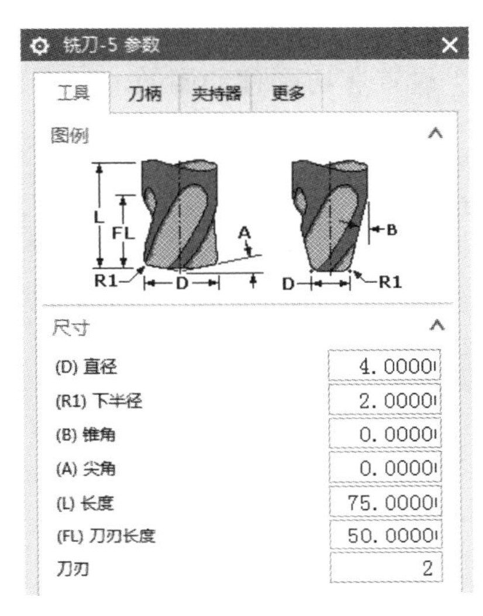

图 8-12 “铣刀-5 参数”对话框

图 8-13 “创建工序”对话框

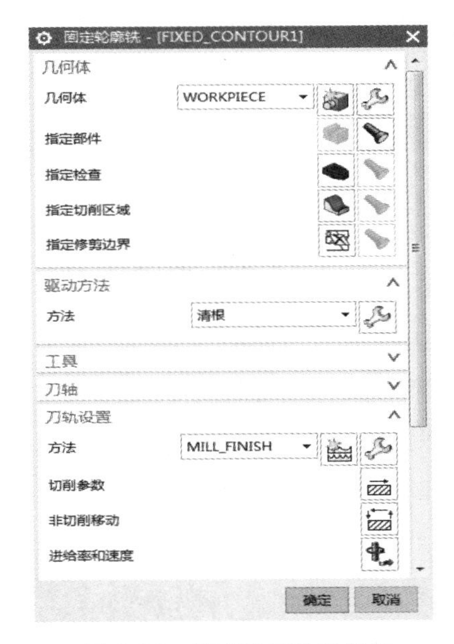

图 8-14 固定轮廓铣对话框

步骤 6 设置驱动方法

将“驱动方法”中的“方法”选择为“清根”，单击“编辑”图标，系统弹出“清根驱动方法”对话框，如图 8-15 所示。将“驱动几何体”中的“最小切削长度”设为 0，“连接距离”设为 0，将“驱动设置”中的“清根类型”设为“参考刀具偏置”。将“非陡峭切削”中的“非陡峭切削模式”选择“单向”，“切削方向”选择“顺铣”，“步距”设为 0.2，“顺序”选择“由外向内交替”。将“参考刀具”设为“B8（铣刀-5 参数）”，“重叠距离”设为 0.1，单击“确定”按钮，返回操作对话框。

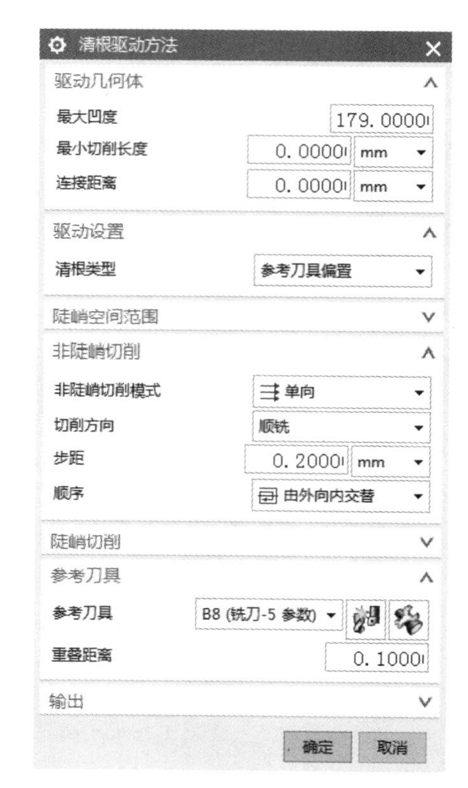

图 8-15　“清根驱动方法”对话框

步骤 7　设置非切削移动参数

在“刀轨设置”中单击“非切削移动”图标，弹出“非切削移动”对话框。首先设置进刀参数，在“进刀”选项卡中，“进刀类型”设为“插削”，“高度”设为 2，如图 8-16 所示。选择“转移/快速”选项卡，“安全设置选项”设为“使用继承的”，如图 8-17 所示。单击“确定”按钮完成非切削移动参数的设置，返回操作对话框。

步骤 8　设置进给率和速度

在“刀轨设置”中单击“进给率和速度”图标，弹出“进给率和速度”对话框，设置“主轴速度”为 4000，切削进给率为 600，如图 8-18 所示。单击“确定”按钮完成进给率和速度的设置，返回操作对话框。

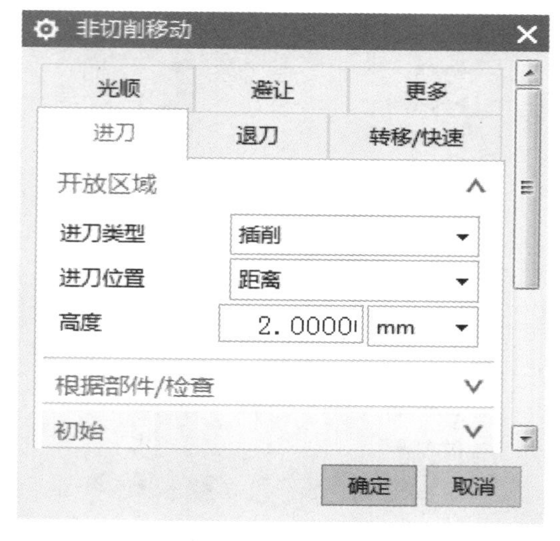

图 8-16　“进刀”选项卡

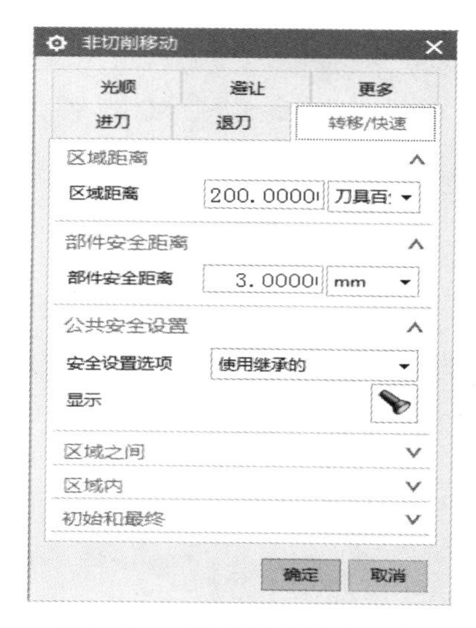

图 8-17　“转移/快速”选项卡

步骤 9　生成清根刀路轨迹

在操作对话框中单击“生成”图标，计算生成刀路轨迹。产生的刀轨如图 8-19 所示，确认刀轨后单击“确定”按钮，接受刀轨并关闭操作对话框。

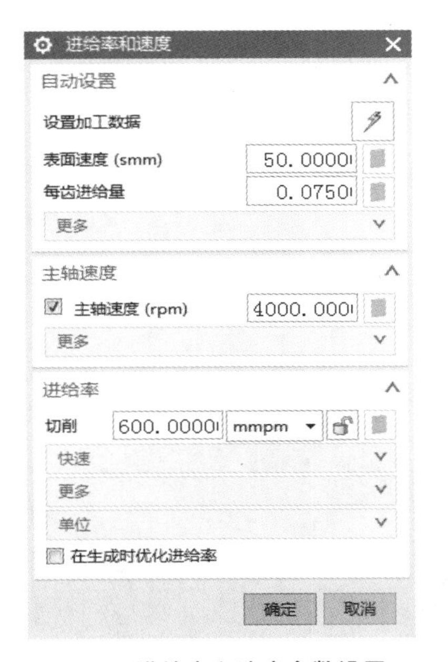

图 8-18　进给率和速度参数设置

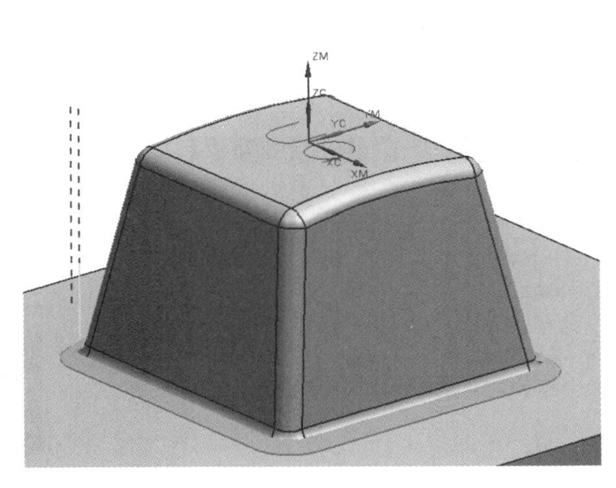

图 8-19　清根刀路轨迹

步骤 10　创建文本驱动轮廓铣精加工工序

单击工具条上的“创建工序”图标，系统打开“创建工序”对话框。“类型”设为“mill_contour”，“工序子类型”设为“固定轮廓铣”，“刀具”选择“B2（铣刀-5 参数）”，“几何体”选择“WORKPIECE”，“方法”选择“MILL_ FINISH”，名称改为“CONTOUR_TEXT”，如图 8-20 所示，确认各选项后单击“确定”按钮，打开固定轮廓铣对话框，将“驱动方法”中的“方法”选择为“文本”，如图 8-21 所示。

图 8-20　“创建工序”对话框

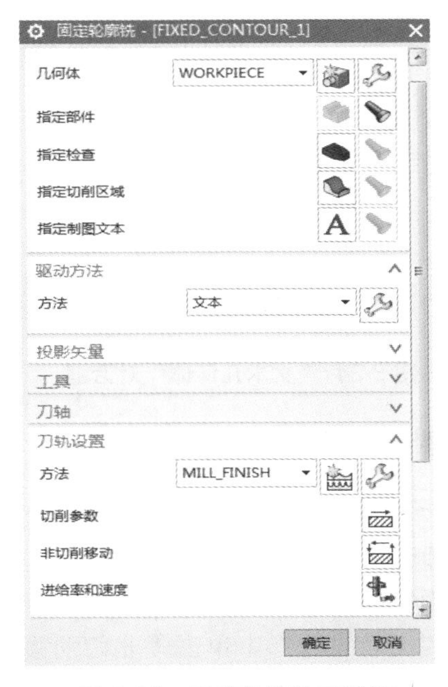

图 8-21　固定轮廓铣对话框

步骤 11　指定切削区域

在操作对话框（这里指固定轮廓铣对话框）中单击“指定切削区域”图标，系统打开“切削区域”对话框，如图 8-22 所示。选取零件顶部曲面，如图 8-23 所示。单击“确定”按钮，完成切削区域的选择，返回操作对话框。

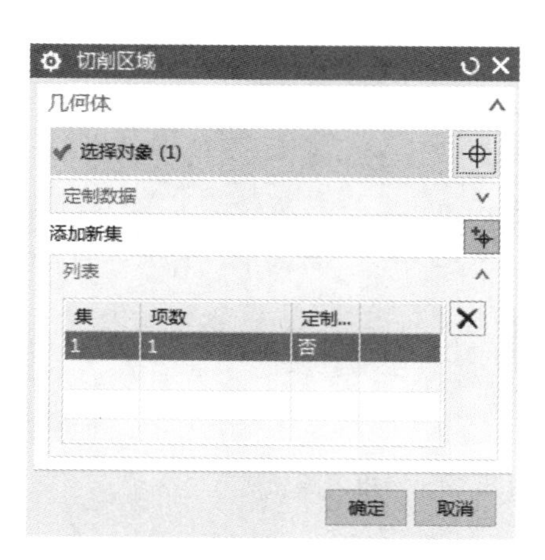

图 8-22 “切削区域”对话框

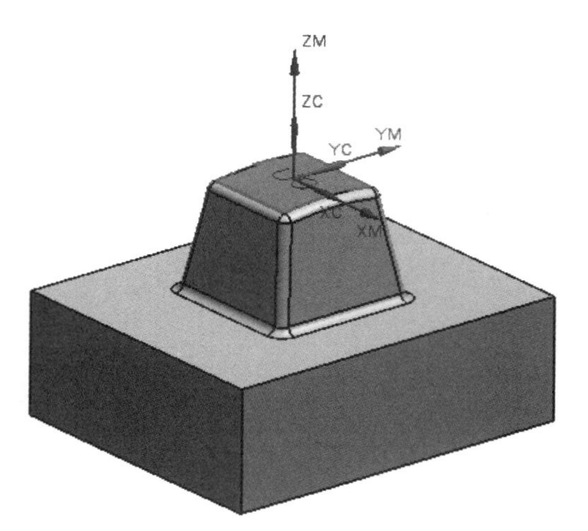

图 8-23　选取切削区域

步骤 12　指定制图文本

在操作对话框中单击“指定制图文本”图标A，系统打开“文本几何体”对话框，如图 8-24 所示。选取“UG”文本注释，如图 8-25 所示。单击“确定”按钮，返回操作对话框。通过单击加工应用模块的菜单命令“插入”-“注释”可完成注释文本的创建。

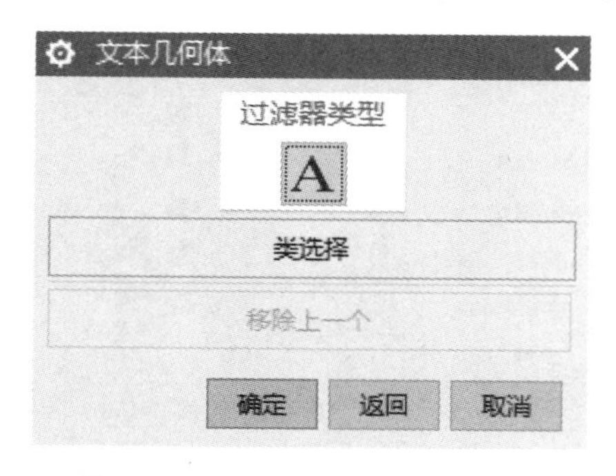

图 8-24 “文本几何体”对话框

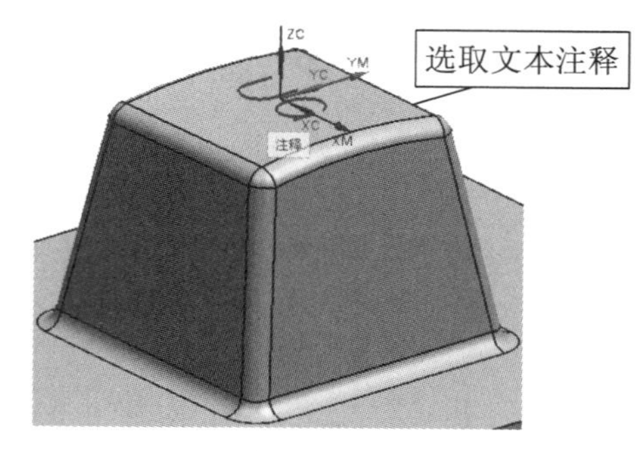

图 8-25　选取文本注释

步骤 13　设置切削参数及非切削移动参数

在“刀轨设置”中单击“切削参数”图标，系统打开“切削参数”对话框。选择“策略”选项卡，设“文本深度”为 0.5，其他参数不变，如图 8-26 所示。完成设置后单击“确定”按钮，返回操作对话框。

在“刀轨设置”中单击“非切削移动”图标，弹出“非切削移动”对话框。设置进刀参数，在“进刀”选项卡中，“进刀类型”设为“插削”，“高度”设为 2，如图 8-27 所示。单击“确定”按钮完成非切削移动参数的设置，返回操作对话框。

图 8-26 “策略”选项卡

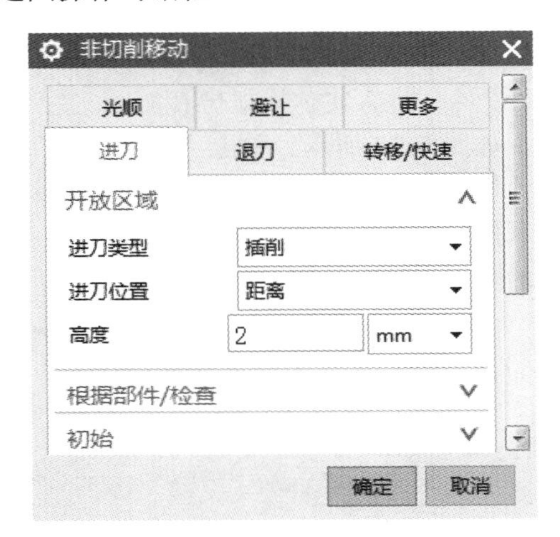

图 8-27 “进刀”选项卡

步骤 14 设置进给率和速度

在“刀轨设置”中单击“进给率和速度”图标，弹出“进给率和速度”对话框，设置“主轴速度”为 4000，切削进给率为 200，如图 8-28 所示。单击“确定”按钮完成进给率和速度的设置，返回操作对话框。

步骤 15 生成文本刀路轨迹

在操作对话框中单击“生成”图标，计算生成刀路轨迹。产生的刀轨如图 8-29 所示，确认刀轨后单击“确定”按钮，接受刀轨并关闭操作对话框。

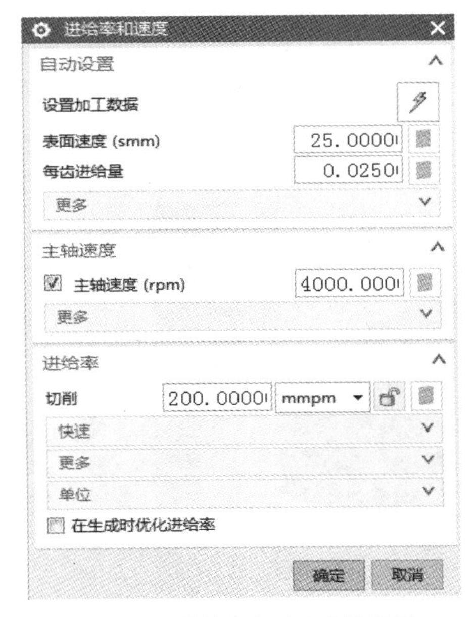

图 8-28 进给率和速度参数设置

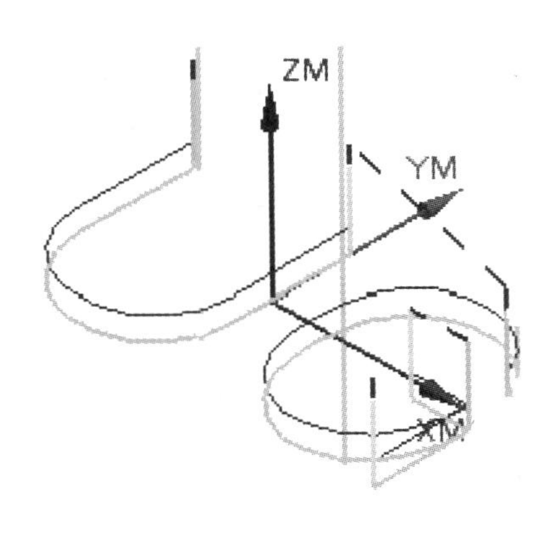

图 8-29 文本刀路轨迹

步骤 16　模拟仿真加工、保存

按住 Ctrl 键的同时选中工序导航器中所做的 4 个操作，单击鼠标右键，执行“刀轨”→“确认”命令，进入实体模拟仿真加工。在弹出的“刀轨可视化”对话框中，选择“3D 动态”选项卡，如图 8-30 所示。单击“碰撞设置”按钮，在弹出的“碰撞设置”对话框中勾选“碰撞时暂停”，然后单击“确定”按钮，如图 8-31 所示。单击“播放”按钮▶，模拟仿真加工开始，仿真结束后单击“按颜色显示厚度”按钮，加工效果如图 8-32 所示。仿真结束后单击工具栏上的“保存”图标，保存文件。

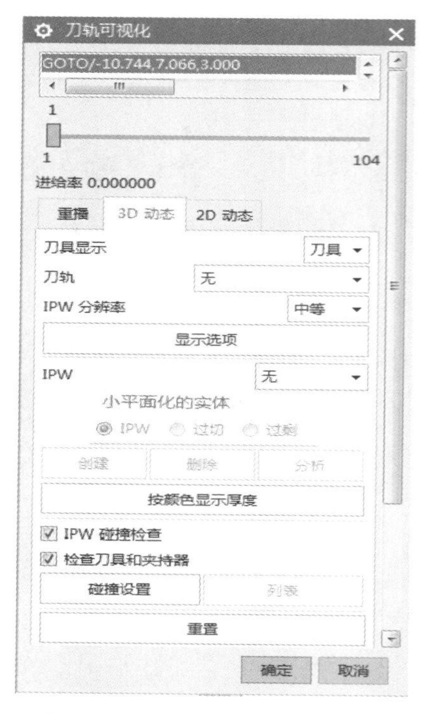

图 8-30　“刀轨可视化”对话框

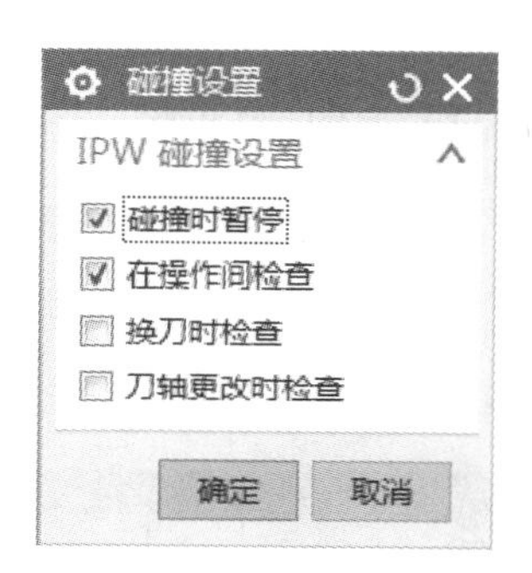

图 8-31　“碰撞设置”对话框

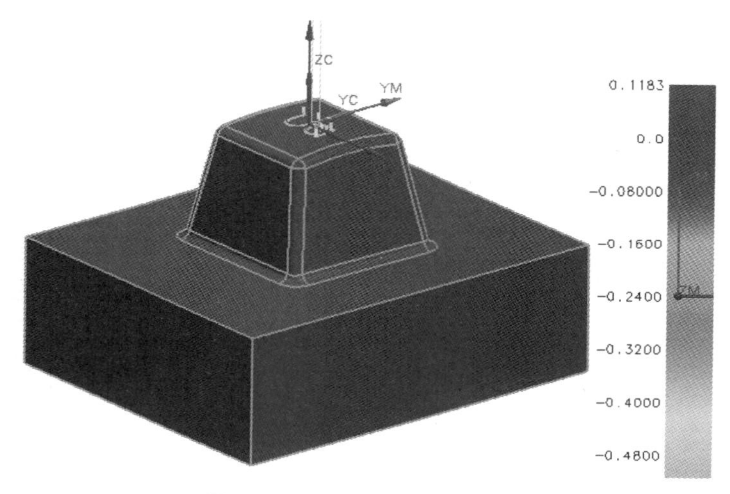

图 8-32　最终模拟仿真加工图

任务二　清根驱动与文本驱动曲面铣操作创建示例 2

如图 8-33 所示零件，已经完成了初始设置并完成了其他部位的粗、精加工，要求使用清根驱动轮廓铣完成型腔两个侧面与底部曲面所形成的凹角曲面的精加工，使用文本驱动轮廓铣完成底部曲面的文字注释雕刻加工，刀具分别使用 $\phi6$、$\phi2$ 的球刀。

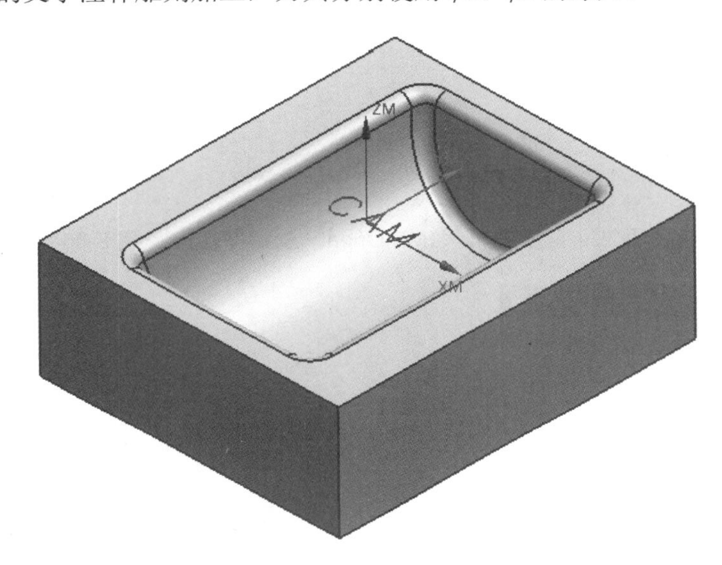

图 8-33　任务二零件图

步骤 1　打开模型文件

启动 UG NX 10.0，并打开本书配套课程资源二维码(在封底)中的任务零件文件 renwu\8-2.prt，进入 UG 的加工模块。

步骤 2　创建加工坐标系及安全平面

在工序导航器空白处单击鼠标右键，切换至“几何视图”，如图 8-34 所示。双击“坐标系”图标 MCS_MILL，弹出“Mill Orient”对话框，如图 8-35 所示。单击“指定 MCS”中的图标，进入“CSYS”对话框，设置“参考”为“WCS”，如图 8-36 所示。单击“确定”按钮，则设置好加工坐标系。

在“Mill Orient”对话框“安全设置”下的“安全设置选项”中选择“刨”，单击“指定平面”中的“平面对话框”图标，随即弹出“刨”对话框，如图 8-37 所示。选择“类型”为“按某一距离”，“选择对象”为零件顶部的平面，如图 8-38 所示，然后在“偏置”“距离”处输入 3，单击“确定”按钮，则设置好安全平面。最后单击“Mill Orient”对话框的“确定”按钮。

图 8-34 切换至“几何视图”

图 8-35 “Mill Orient”对话框

图 8-36 “CSYS”对话框

图 8-37 “刨”对话框

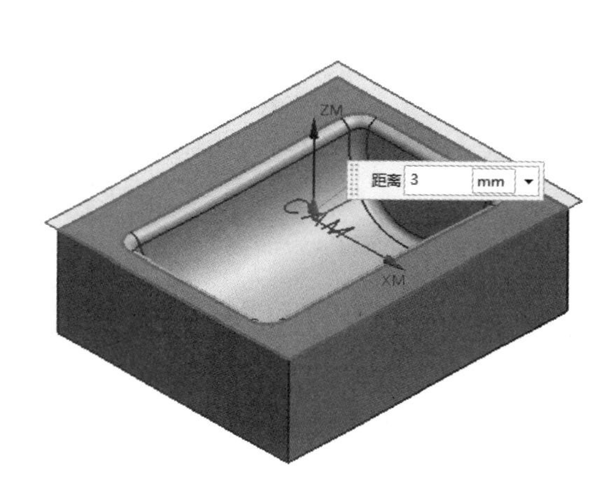

图 8-38 设置安全平面

步骤 3 创建几何体

双击“WORKPIECE”图标 WORKPIECE，弹出“铣削几何体”对话框，如图 8-39 所示。单击“指定部件”图标，然后选择被加工零件，如图 8-40 所示，单击“确定”按钮；单击“指定毛坯”图标，弹出“毛坯几何体”对话框，“类型”选择“包容块”，如图 8-41 和图 8-42 所示，单击“确定”按钮，完成几何体创建。

步骤 4 创建刀具

单击工具条上的“创建刀具”图标，弹出“创建刀具”对话框，如图 8-43 所示。设置“类型”为“mill_planar”，“刀具子类型”为“MILL”图标，“名称”为“B6”，单击“确定”按钮，进入“铣刀-5 参数”对话框，在“直径”处输入 6，在底圆角半径即“下半径”处输入 3，如图 8-44 所示。

图 8-39 “铣削几何体”对话框

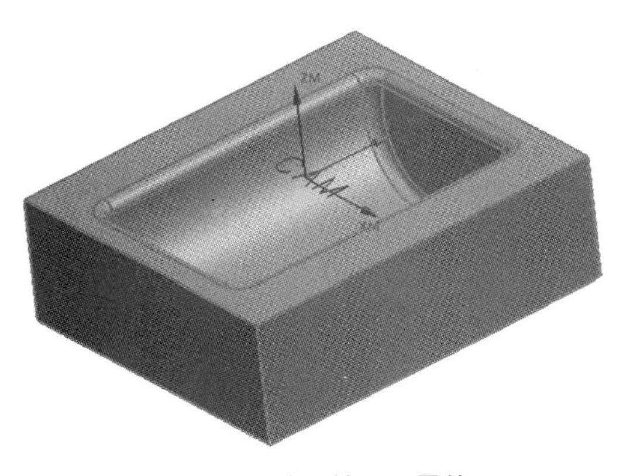

图 8-40 选择被加工零件

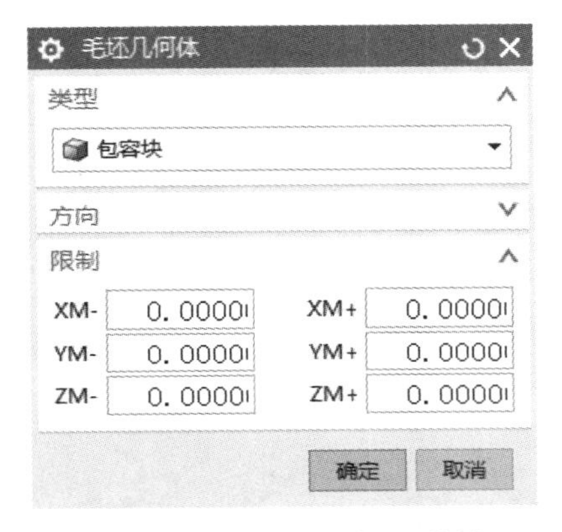

图 8-41 “毛坯几何体”对话框

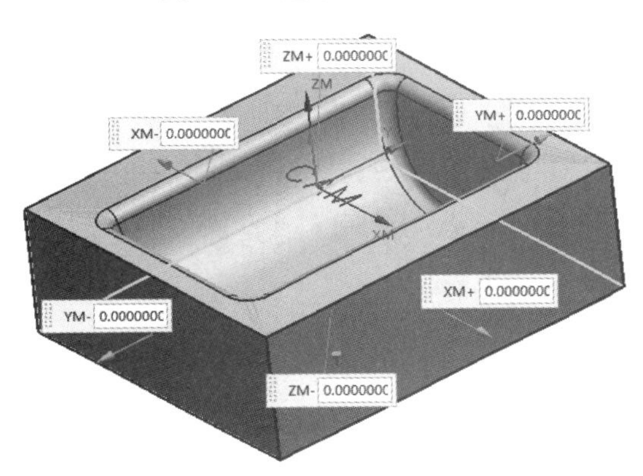

图 8-42 选择毛坯

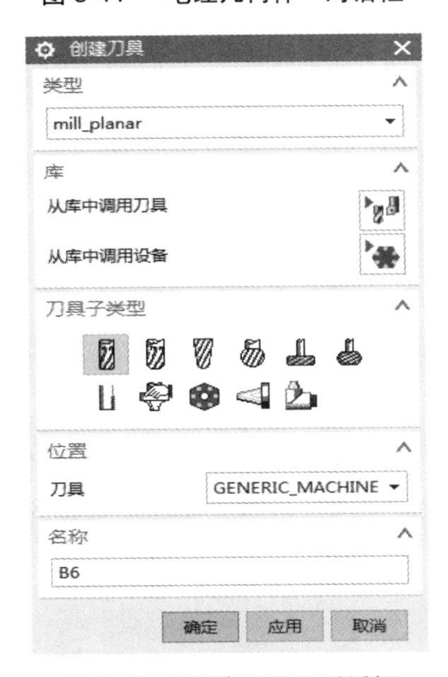

图 8-43 “创建刀具”对话框

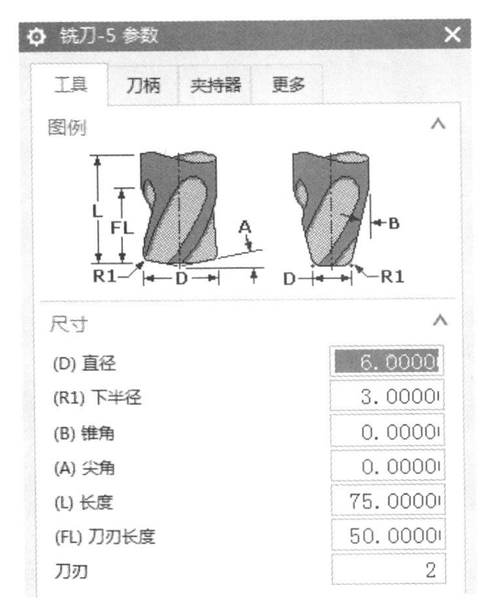

图 8-44 “铣刀-5 参数”对话框

以同样的方法创建 $\phi 2$ 球刀，“名称”为“B2”，在“直径”处输入 2，在底圆角半径即“下半径”处输入 1。

步骤 5　创建清根驱动轮廓铣精加工工序

单击工具条上的“创建工序”图标，系统打开“创建工序”对话框。“类型”设为“mill_contour”，“工序子类型”设为“清根参考刀具”，“刀具”选择“B6（铣刀-5 参数）”，“几何体”选择“WORKPIECE”，“方法”选择“MILL_FINISH”，名称为“FLOWCUT_REF_TOOL”，如图 8-45 所示，确认各选项后单击“确定”按钮，打开清根参考刀具对话框，如图 8-46 所示。

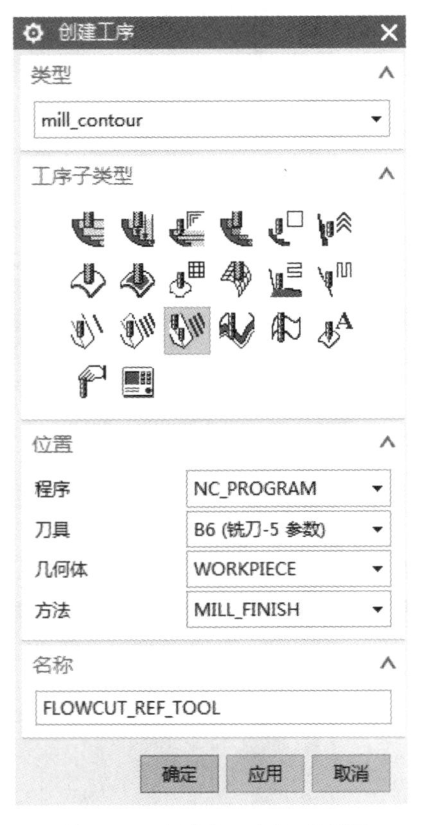

图 8-45　“创建工序”对话框

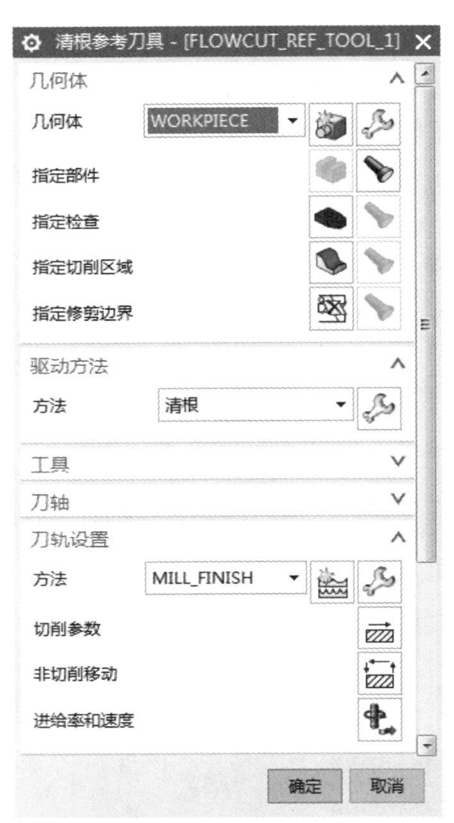

图 8-46　清根参考刀具对话框

步骤 6　指定切削区域

在操作对话框（这里指清根参考刀具对话框）中单击“指定切削区域”图标，系统打开“切削区域”对话框，如图 8-47 所示。将视图切换到俯视图，框选型腔曲面，如图 8-48 所示。单击“确定”按钮，完成切削区域的选择，返回操作对话框。

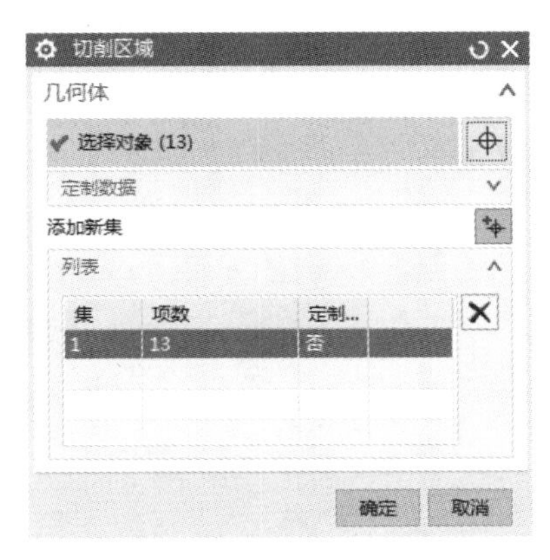

图 8-47 “切削区域”对话框

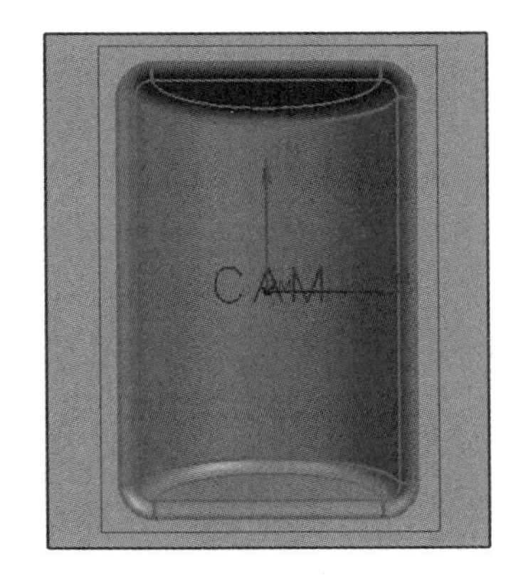

图 8-48 选取切削区域

步骤 7 设置驱动方法

“驱动方法”中的“方法”已选择为“清根”，单击“编辑”图标，系统弹出“清根驱动方法”对话框，如图 8-49 所示。将“驱动几何体”中的“最大凹度”设为 179，“最小切削长度”设为 1，“连接距离”设为 1。将“驱动设置”中的“清根类型”设为“参考刀具偏置”。将“非陡峭切削”中的“非陡峭切削模式”选择为“往复”，“切削方向”选择“混合”，“步距”设为 0.4，“顺序”选择“由外向内交替”。将“参考刀具”设为“B8（铣刀-5 参数）”，“重叠距离”设为 0.2，单击“确定”按钮，返回操作对话框。

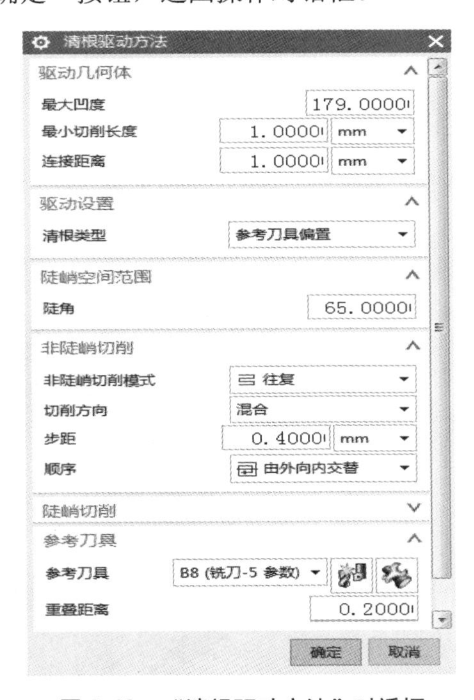

图 8-49 “清根驱动方法”对话框

步骤 8 设置非切削移动参数

在“刀轨设置”中单击“非切削移动”图标，弹出“非切削移动”对话框。首先设置进刀参数，在“进刀”选项卡中，“进刀类型”设为“插削”，“高度”设为 2，如图 8-50 所示。选择“转移/快速”选项卡，“安全设置选项”设为“使用继承的”，如图 8-51 所示。单击“确定”按钮完成非切削移动参数的设置，返回操作对话框。

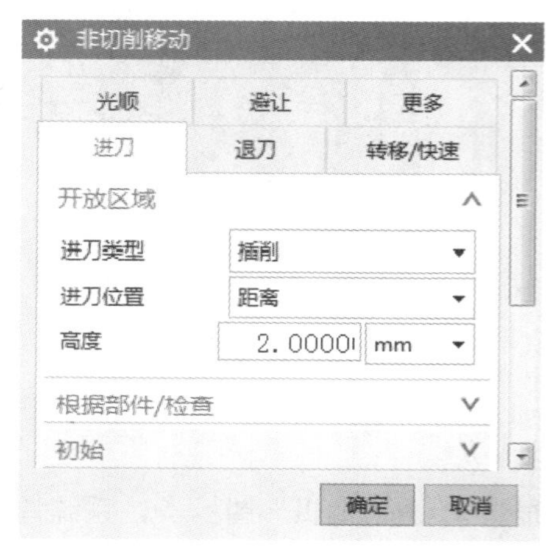

图 8-50 “进刀”选项卡

图 8-51 “转移/快速”选项卡

步骤 9 设置进给率和速度

在“刀轨设置”中单击“进给率和速度”图标，弹出“进给率和速度”对话框，设置“主轴速度”为 4000，切削进给率为 600，如图 8-52 所示。单击“确定”按钮完成进给率和速度的设置，返回操作对话框。

步骤 10 生成清根刀路轨迹

在操作对话框中单击“生成”图标，计算生成刀路轨迹。产生的刀轨如图 8-53 所示，确认刀轨后单击“确定”按钮，接受刀轨并关闭操作对话框。

图 8-52 进给率和速度参数设置

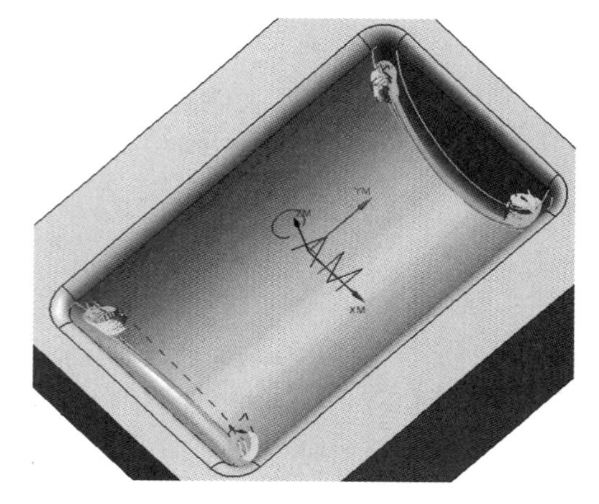

图 8-53 清根刀路轨迹

步骤 11 创建文本驱动轮廓铣精加工工序

单击工具条上的“创建工序”图标，系统打开“创建工序”对话框。“类型”设为

“mill_contour”，“工序子类型”设为“轮廓文本”，“刀具”选择“B2（铣刀-5 参数）”，“几何体”选择“WORKPIECE”，“方法”选择“MILL_FINISH”，名称为“CONTOUR_TEXT”，如图 8-54 所示，确认各选项后单击“确定”按钮，打开轮廓文本对话框，如图 8-55 所示。

图 8-54　“创建工序”对话框

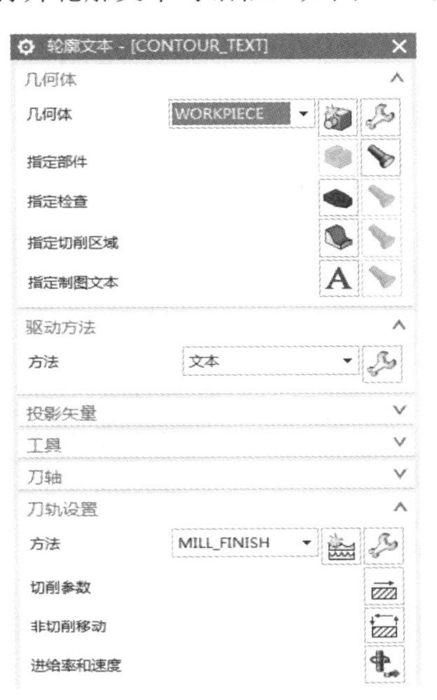

图 8-55　轮廓文本对话框

步骤 12　指定切削区域

在操作对话框（这里指轮廓文本对话框）中单击“指定切削区域”图标，系统打开“切削区域”对话框，如图 8-56 所示。选取零件底部曲面，如图 8-57 所示。单击“确定”按钮，完成切削区域的选择，返回操作对话框。

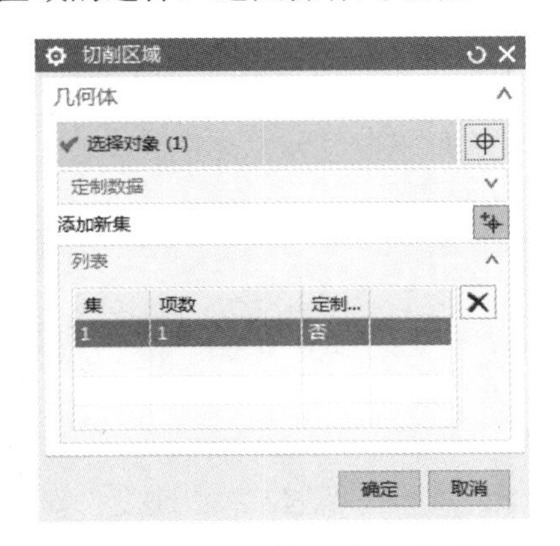

图 8-56　“切削区域”对话框

图 8-57　选取切削区域

步骤 13　指定制图文本

在操作对话框中单击“指定制图文本”图标**A**，系统打开“文本几何体”对话框，如图 8-58 所示。选取“CAM”文本注释，如图 8-59 所示。单击“确定”按钮，返回操作对话框。

通过单击加工应用模块的菜单命令“插入”-“注释”可完成注释文本的创建。

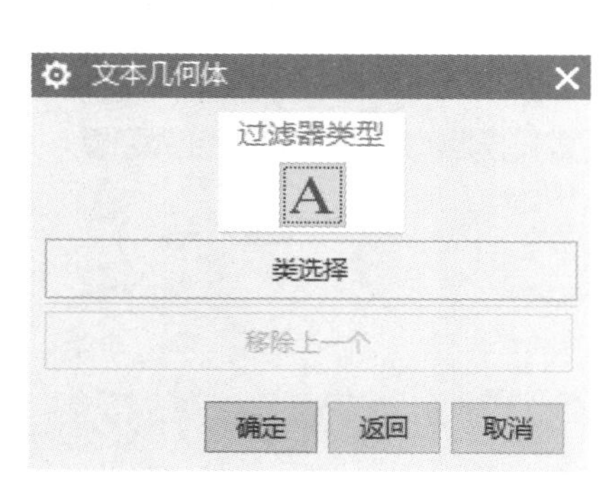

图 8-58 “文本几何体”对话框

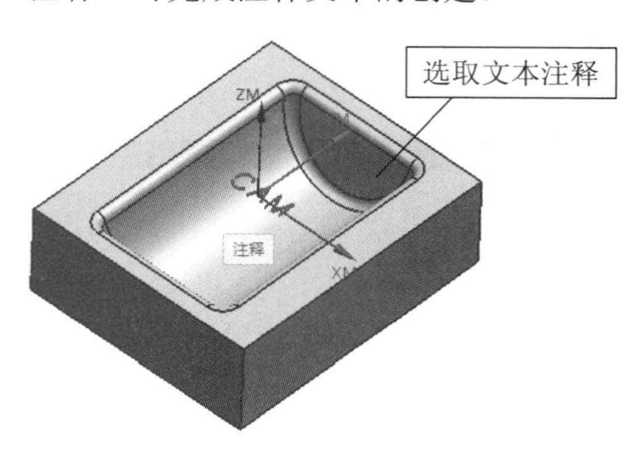

图 8-59 选取文本注释

步骤 14 设置切削参数及非切削移动参数

在“刀轨设置”中单击“切削参数”图标，系统打开“切削参数”对话框。选择“策略”选项卡，输入“文本深度”为 0.5，其他参数不变，如图 8-60 所示。完成设置后单击“确定”按钮，返回操作对话框。

在“刀轨设置”中单击“非切削移动”图标，弹出“非切削移动”对话框。设置进刀参数，在“进刀”选项卡中，“进刀类型”设为“插削”，“高度”设为 2，如图 8-61 所示。单击“确定”按钮完成非切削移动参数的设置，返回操作对话框。

图 8-60 “策略”选项卡

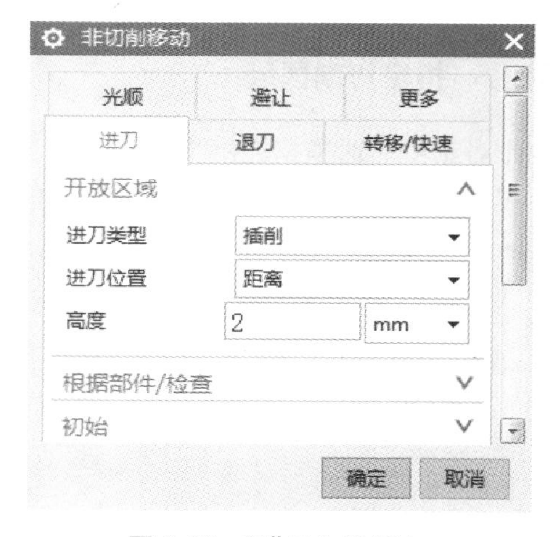

图 8-61 “进刀”选项卡

步骤 15 设置进给率和速度

在“刀轨设置”中单击“进给率和速度”图标，弹出“进给率和速度”对话框，设置“主轴速度”为 4000，切削进给率为 200，如图 8-62 所示。单击“确定”按钮完成进给率和速度的设置，返回操作对话框。

步骤 16 生成文本刀路轨迹

在操作对话框中单击“生成”图标，计算生成刀路轨迹。产生的刀轨如图 8-63 所示，确认刀轨后单击“确定”按钮，接受刀轨并关闭操作对话框。

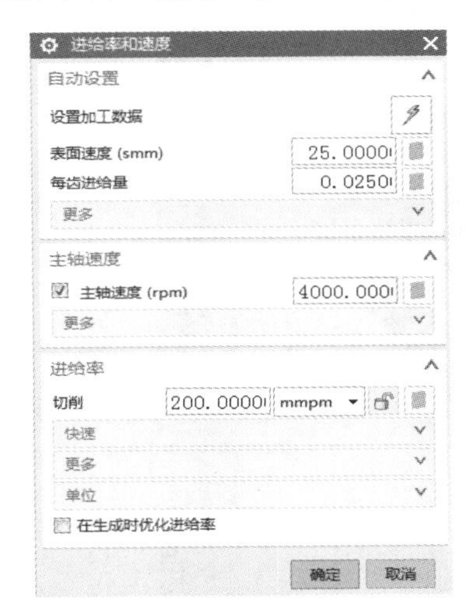

图 8-62 进给率和速度参数设置

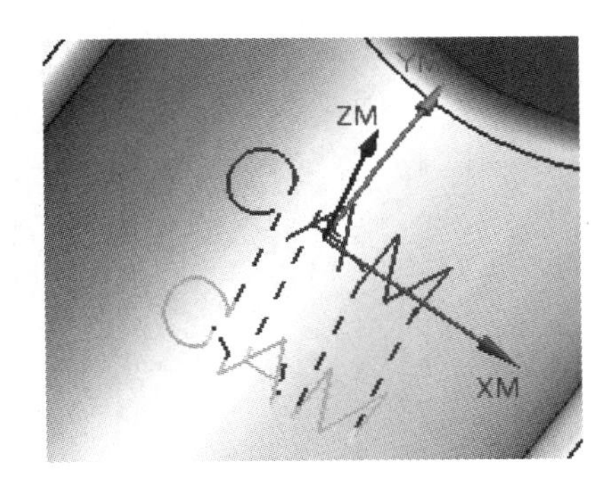

图 8-63 文本刀路轨迹

步骤 17 模拟仿真加工、保存

按住 Ctrl 键的同时选中工序导航器中所做的 4 个操作，单击鼠标右键，执行“刀轨”→“确认”命令，进入实体模拟仿真加工。在弹出的“刀轨可视化”对话框中，选择“3D 动态”选项卡，如图 8-64 所示。单击“碰撞设置”按钮，在弹出的“碰撞设置”对话框中勾选“碰撞时暂停”，然后单击“确定”按钮，如图 8-65 所示。单击“播放”按钮▶，模拟仿真加工开始，仿真结束后单击“按颜色显示厚度”按钮，加工效果如图 8-66 所示。仿真结束后单击工具栏上的“保存”图标，保存文件。

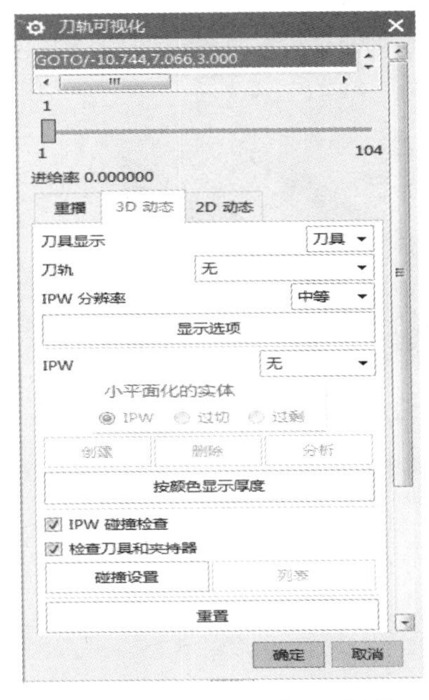

图 8-64 “刀轨可视化”对话框

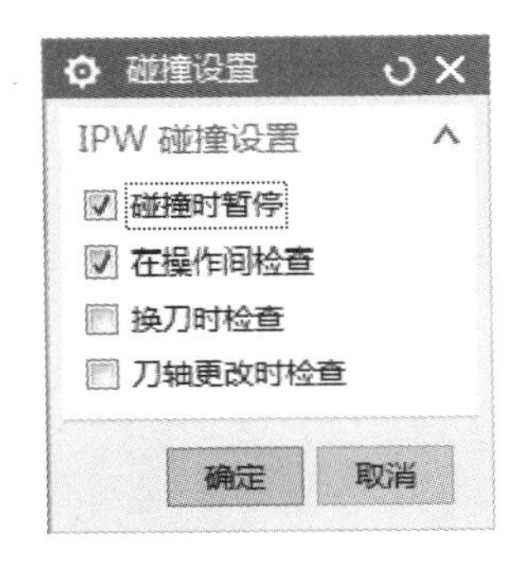

图 8-65 “碰撞设置”对话框

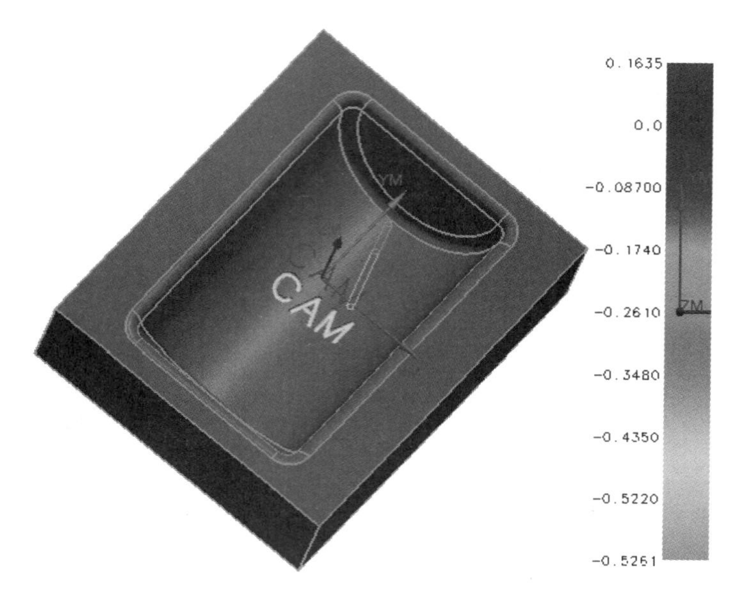

图 8-66　最终模拟仿真加工图

练　习　题

完成本书配套课程资源二维码(在封底)中 lianxi\8-1.prt 零件的曲面铣操作创建，如图 8-67 所示。

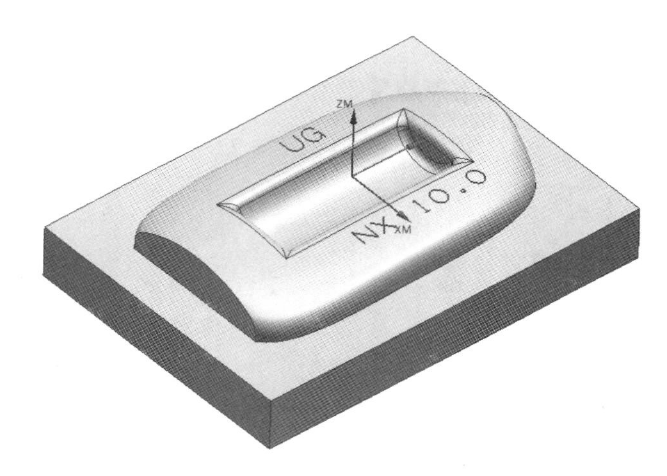

图 8-67　练习题

项目

轮廓 3D 曲面铣

任务说明

3D 轮廓加工是一种特殊的三维轮廓铣削，常用于修边，它的切削路径取决于模型中的边或曲线。刀具到达指定的边或曲线时，通过设置刀具在 ZC 方向的偏置来确定加工深度。

本项目通过给定模型，来讲解创建 3D 轮廓加工操作的一般步骤。

学习目标

理解 3D 轮廓加工方法及特点；掌握 3D 轮廓铣工序创建步骤。

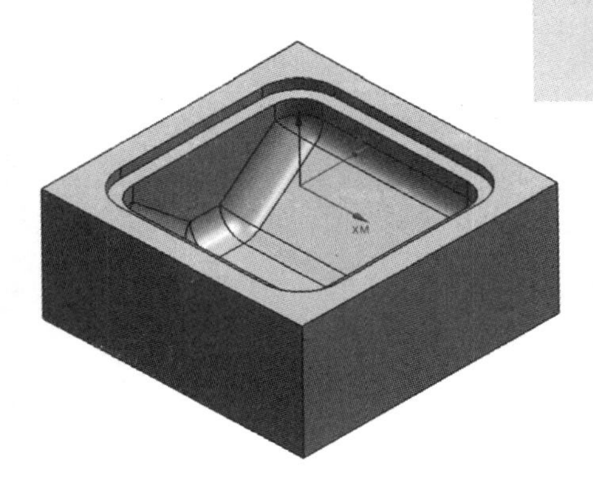

任务一　轮廓 3D 曲面铣操作创建示例 1

如图 9-1 所示零件，该零件已经进行过一次开粗，使用 D5R1 圆角刀进行修边加工。

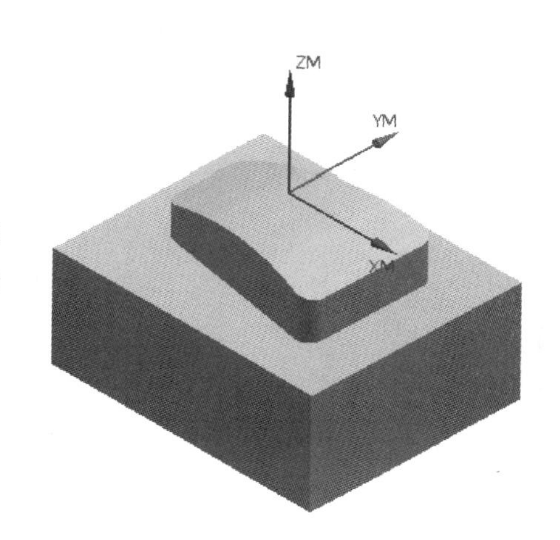

图 9-1　任务一零件图

步骤 1　打开模型文件

启动 UG NX 10.0，并打开本书配套课程资源二维码(在封底)中的任务零件文件 renwu\9-1.prt，进入 UG 的加工模块。

步骤 2　创建刀具

单击工具条上的“创建刀具”图标，弹出“创建刀具”对话框，如图 9-2 所示。设置“类型”为“mill_contour”，“刀具子类型”为“MILL”图标，“名称”为“D5R1”，单击“确定”按钮，进入“铣刀-5 参数”对话框，参数设置如图 9-3 所示。

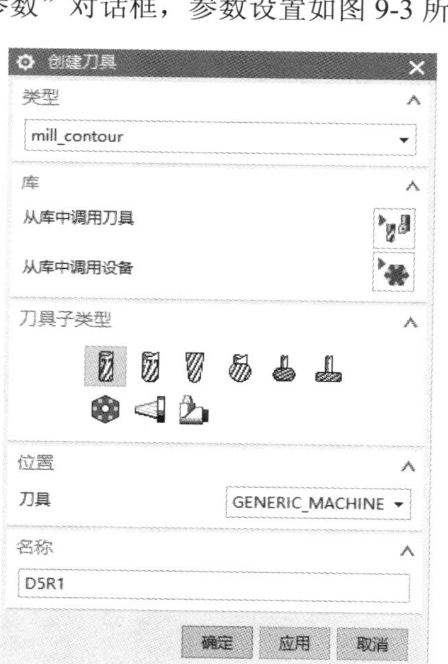

图 9-2　“创建刀具”对话框

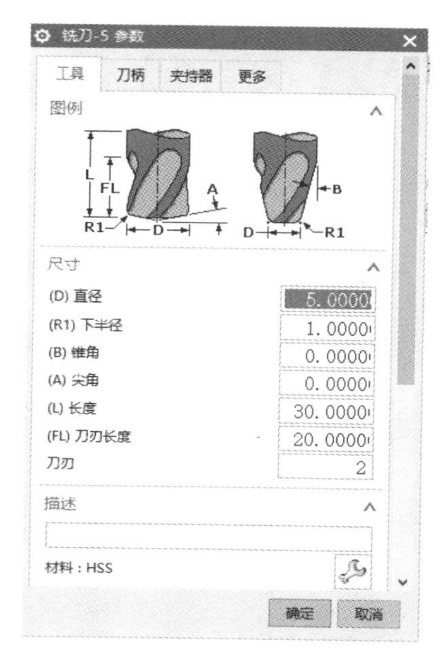

图 9-3　“铣刀-5 参数”对话框

步骤 3　创建 3D 轮廓加工工序

单击工具条上的“创建工序”图标，系统打开“创建工序”对话框。“类型”设为“mill_contour”，“工序子类型”设为“PROFILE_3D”，“刀具”选择“D5R1（铣刀-5 参数）”，“几何体”选择“WORKPIECE”，“方法”选择“METHOD”，名称为“PROFILE_3D”，如图9-4所示，确认各选项后单击“确定”按钮，打开轮廓3D对话框，如图9-5所示。

图9-4 “创建工序”对话框

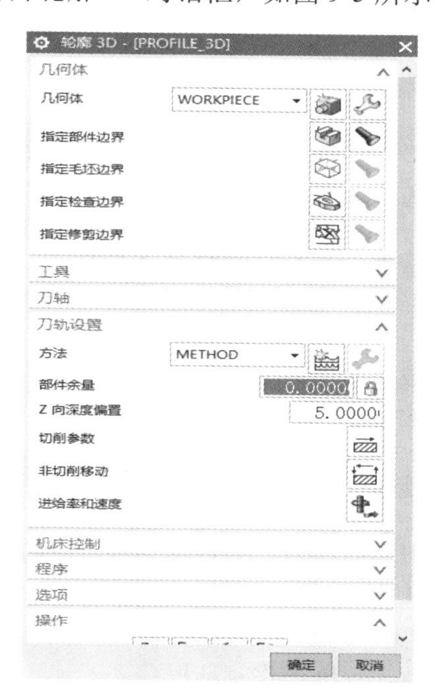

图9-5 轮廓3D对话框

步骤4 指定部件边界

在轮廓3D对话框几何体区域中单击“选择或编辑部件边界”按钮，系统弹出“边界几何体”对话框。在“边界几何体”对话框的材料侧下拉列表中选择内部选项，在模式下拉列表中选择“面”选项，其他参数采用系统默认的设置值，如图9-6所示。采用系统在零件模型上选取图9-7所示的面为几何体边界，单击“创建边界”对话框中的创建下一个边界按钮。

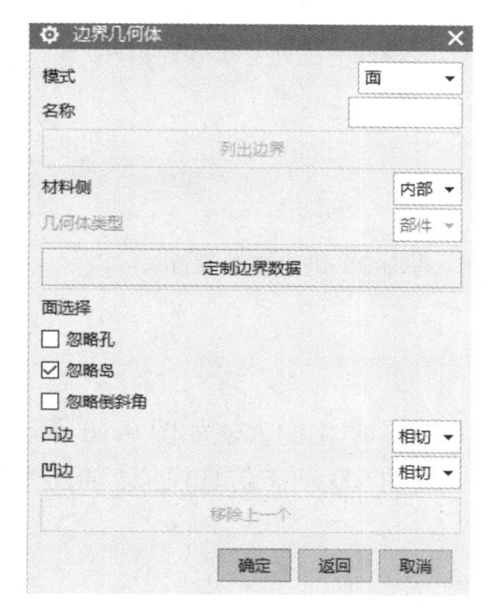

图9-6 “边界几何体”对话框

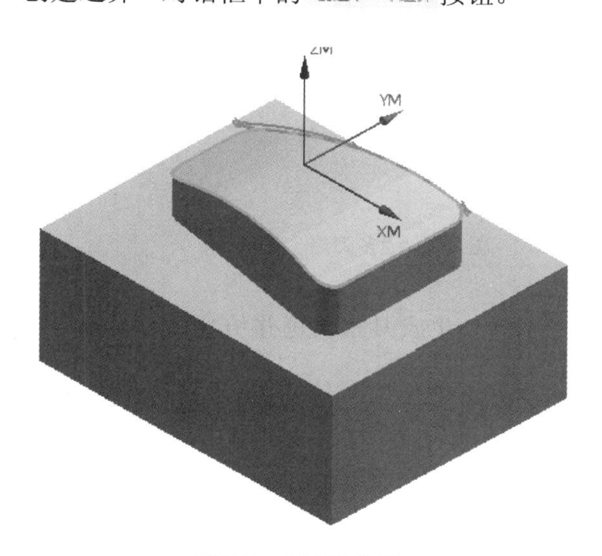

图9-7 指定面边界

步骤 5　设置深度偏置

在轮廓 3D 对话框的部件余量 文本框中输入 0，在 Z 向深度偏置文本框中输入 5。

步骤 6　设置切削参数

在“刀轨设置”中单击“切削参数”图标，系统打开“切削参数”对话框。选择“多刀路”选项卡，参数设置如图 9-8 所示。完成设置后单击“确定”按钮，返回操作对话框。

步骤 7　设置非切削移动参数

在“刀轨设置”中单击“非切削移动”图标，弹出“非切削移动”对话框。首先设置进刀参数，单击“进刀”选项卡，在“进刀类型”下拉列表中选择“沿形状斜进刀”选项。在“开放区域”的“进刀类型”下拉列表中选择“圆弧”选项。

步骤 8　设置进给率和速度

在“刀轨设置”中单击“进给率和速度”图标，弹出“进给率和速度”对话框，设置“主轴速度”为 3500，在“进给率”文本框中输入 1200，按下键盘上的 Enter 键，然后单击按钮，“更多”区域的“进刀”文本框设置如图 9-9 所示。单击“确定”按钮完成进给率和速度的设置，返回操作对话框。

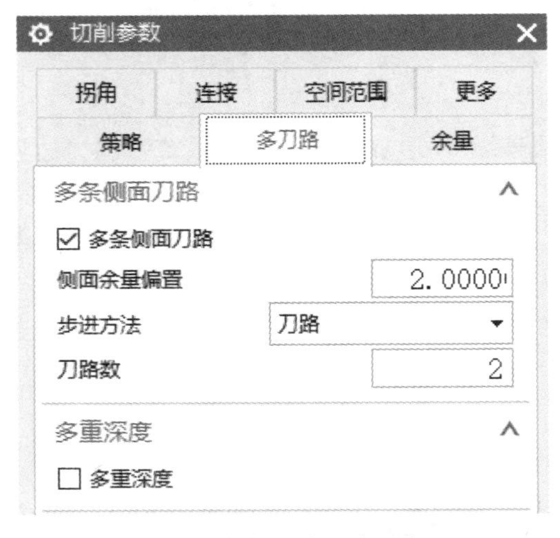

图 9-8　“多刀路”选项卡

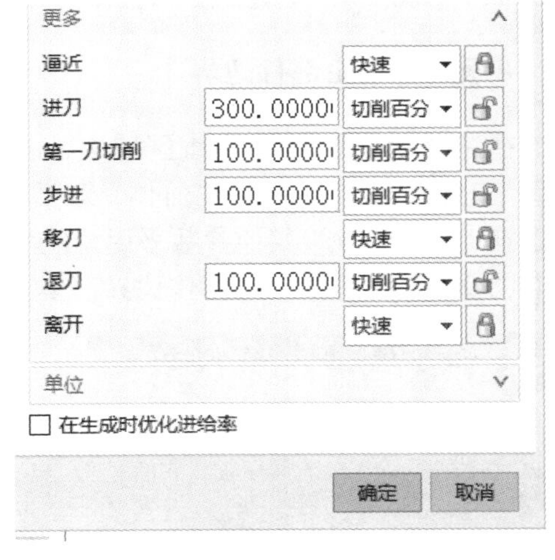

图 9-9　进刀参数设置

步骤 9　生成刀路轨迹并仿真

在操作对话框中单击“生成”图标，计算生成刀路轨迹。产生的刀轨如图 9-10 所示，确认刀轨后单击“确定”按钮，接受刀轨并关闭操作对话框。使用 2D 动态仿真模拟，如图 9-11 所示。

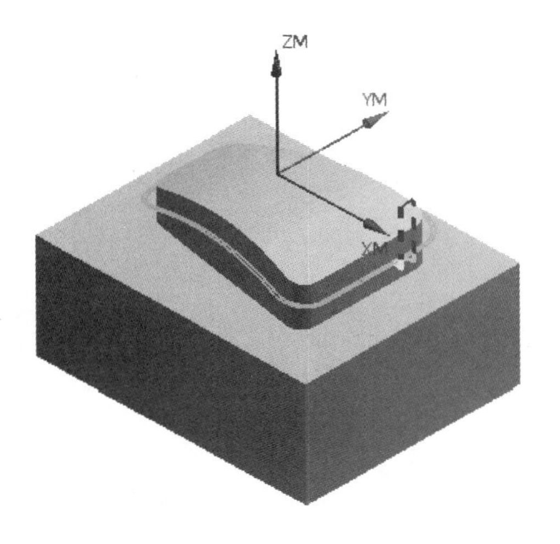

图 9-10　加工零件刀路轨迹

图 9-11　零件刀路轨迹 2D 动态仿真

任务二　轮廓 3D 曲面铣操作创建示例 2

如图 9-12 所示零件，对该零件进行修边精加工，使用 D6R3 的球头铣刀进行修边加工，侧面跟底面余量均保留为 0。

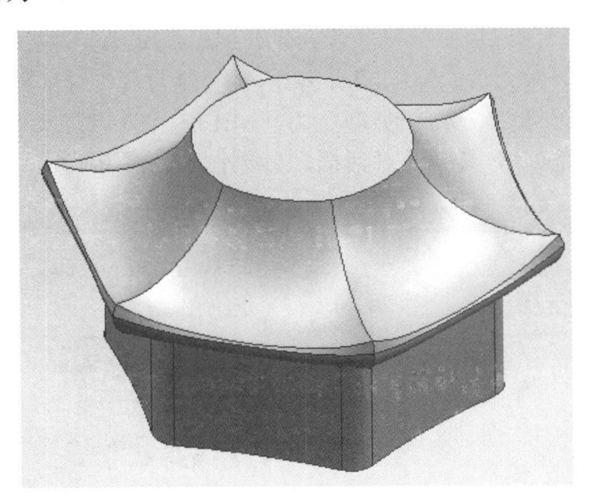

图 9-12　任务二零件图

步骤 1　打开模型文件

启动 UG NX10.0，并打开本书配套课程资源二维码(在封底)中的任务零件文件 renwu\9-2.prt，进入 UG 的加工模块。

步骤 2　创建几何体

双击“WORKPIECE”图标 WORKPIECE，弹出“工件”对话框，如图 9-13 所示。单击“指定部件”图标，然后框选被加工零件，如图 9-14 所示，单击“确定”按钮；单击“指定毛坯”图标，选择 部件的偏置 ，在 偏置 文本框中输入 2，单击“确定”按钮。

图 9-13 “工件”对话框

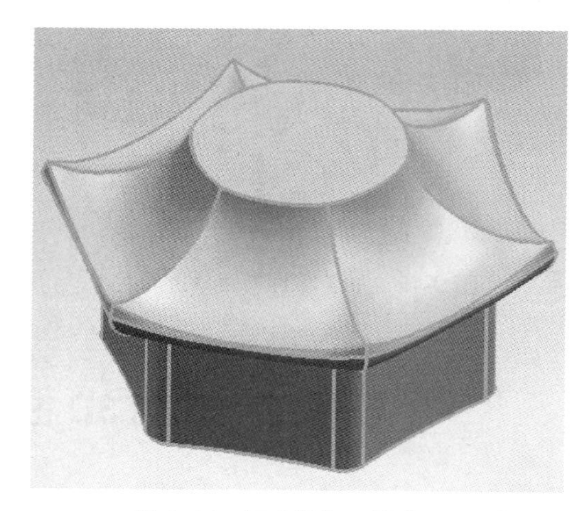

图 9-14 框选被加工零件

步骤 3 创建刀具

单击工具条上的“创建刀具”图标 ，弹出“创建刀具”对话框，如图 9-15 所示。设置“类型”为“mill_contour”，“刀具子类型”为“MILL”图标，“名称”为“D6R3”，单击“确定”按钮，进入“铣刀-5 参数”对话框，参数设置如图 9-16 所示。

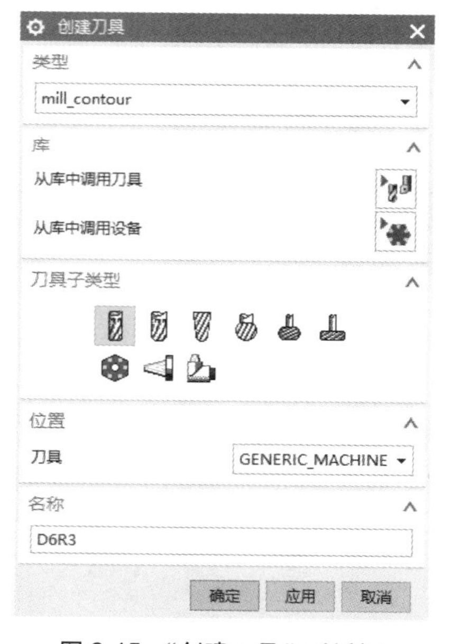

图 9-15 “创建刀具”对话框

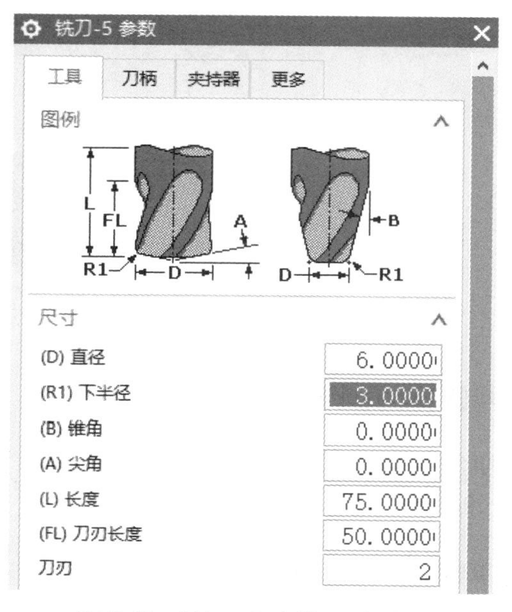

图 9-16 “铣刀-5 参数”对话框

步骤4 创建3D轮廓加工工序

单击工具条上的“创建工序”图标创建工序，系统打开“创建工序”对话框。“类型”设为“mill_contour”，“工序子类型”设为“PROFILE_3D”，“刀具”选择“D6R3（铣刀-5参数）”，“几何体”选择“WORKPIECE”，“方法”选择METHOD，名称为“PROFILE_3D”，如图9-17所示，确认各选项后单击“确定”按钮，打开轮廓3D对话框，如图9-18所示。

图9-17 “创建工序”对话框

图9-18 轮廓3D对话框

步骤5 指定部件边界

在轮廓3D对话框几何体区域中单击“选择或编辑部件边界”按钮，系统弹出“边界几何体”对话框。在“边界几何体”对话框的材料侧下拉列表中选择内部选项，在模式下拉列表中选择“面”选项，其他参数采用系统默认的设置值，如图9-19所示。采用系统在零件模型上选取图9-20所示的面为几何体边界，单击“创建边界”对话框中的创建下一个边界按钮。

步骤6 设置深度偏置

在轮廓3D对话框的部件余量 文本框中输入0，在Z向深度偏置文本框中输入−5。

步骤7 设置切削参数

在“刀轨设置”中单击“切削参数”图标，系统打开“切削参数”对话框。选择“多刀路”选项卡，参数设置如图9-21所示。完成设置后单击“确定”按钮，返回操作对话框。

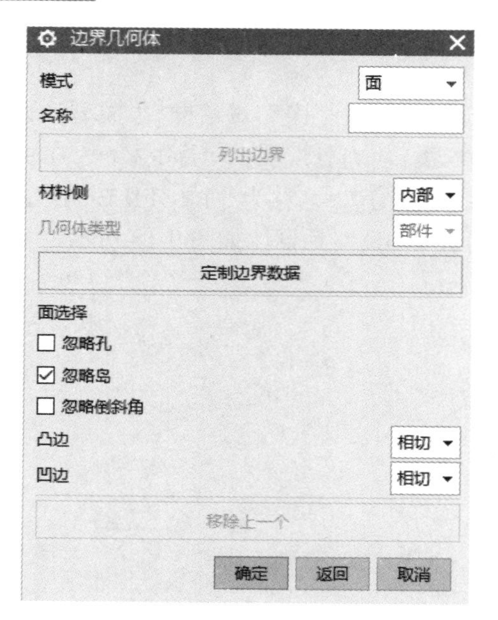

图 9-19 “边界几何体”对话框

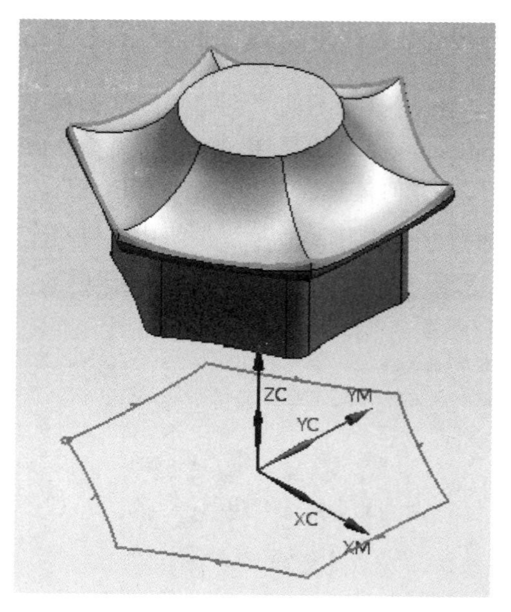

图 9-20 指定面边界

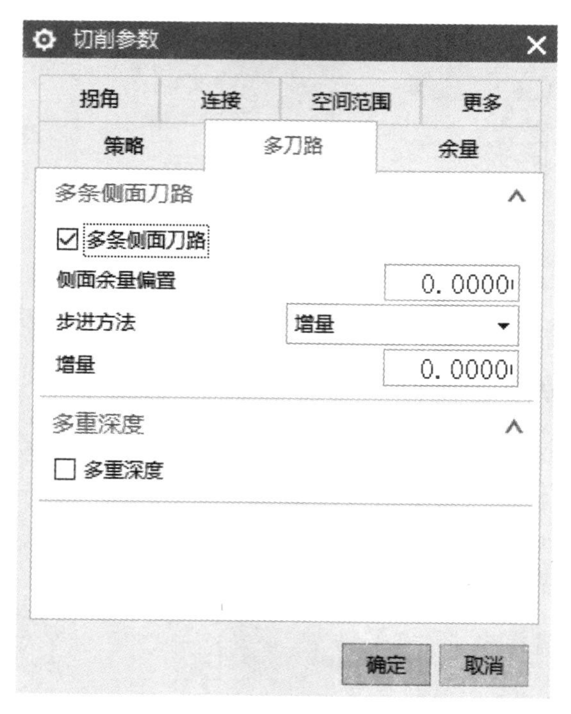

图 9-21 “多刀路”选项卡

步骤 8　设置非切削移动参数

在“刀轨设置”中单击“非切削移动”图标，弹出“非切削移动”对话框。首先设置进刀参数，单击“进刀”选项卡，在“进刀类型”下拉列表中选择“沿形状斜进刀”选项。在“开放区域”的“进刀类型”下拉列表中选择“圆弧”选项。

步骤 9　设置进给率和速度

在“刀轨设置”中单击“进给率和速度”图标，弹出“进给率和速度”对话框，设置“主轴速度”为 3500，在“进给率”下的“切削”文本框中输入 1200。单击“确定”按钮完成进给率和速度的设置，返回操作对话框。

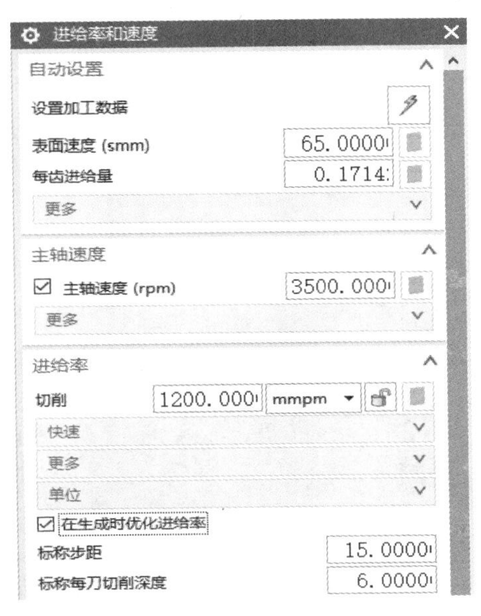

图 9-22　进给率和速度参数设置

步骤 10　生成刀路轨迹并仿真

在操作对话框中单击“生成”图标，计算生成刀路轨迹。产生的刀轨如图 9-23 所示，确认刀轨后单击“确定”按钮，接受刀轨并关闭操作对话框。使用 2D 动态仿真模拟，如图 9-24 所示。

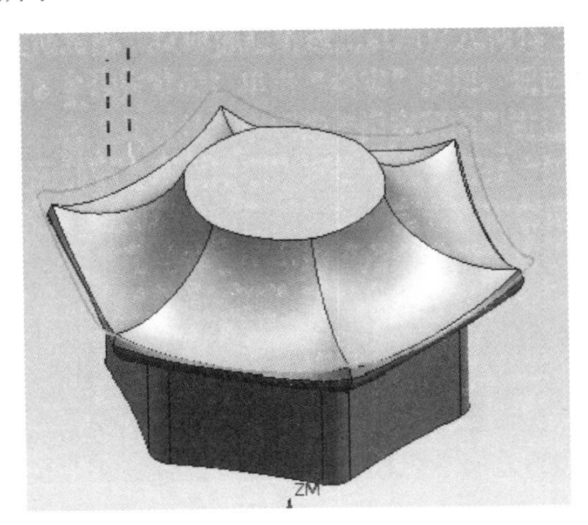

图 9-23　加工零件刀路轨迹

图 9-24　零件刀路轨迹 2D 动态仿真

练 习 题

完成本书配套课程资源二维码(在封底)中 lianxi\9-1.prt 零件的曲面铣操作创建，如图 9-25 所示。

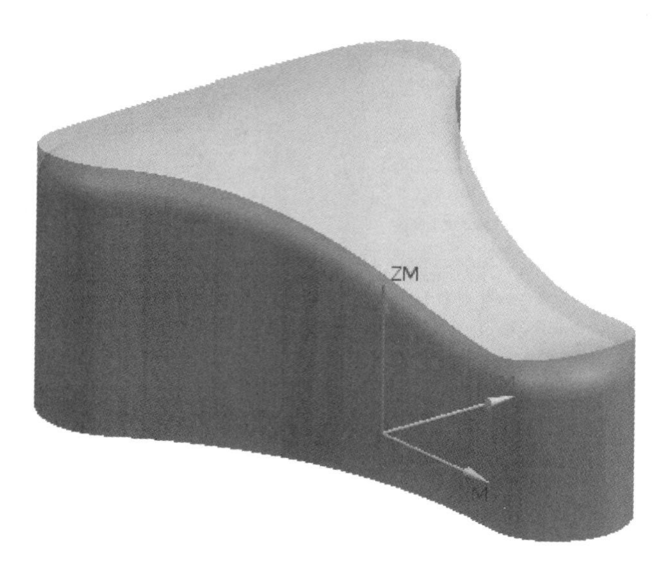

图 9-25　练习题

项目10 三维铣削加工综合实例

任务说明

本项目主要介绍典型实体零件加工全过程，从零件模型导入 CAM 模块，加工方法的创建、操作参数和切削参数的设定到生成的后处理程序。

本项目通过两个任务，按零件加工从简单到复杂，综合了本书所讲解的 UG NX10.0 CAM 加工类型的所有重点操作。

学习目标

掌握不同类型零件加工的工艺流程方法；能正确分析零件结构，制定出合理的工艺流程；能合理选择刀具和切削参数，创建加工刀路；能根据相应数控系统后处理出加工程序。

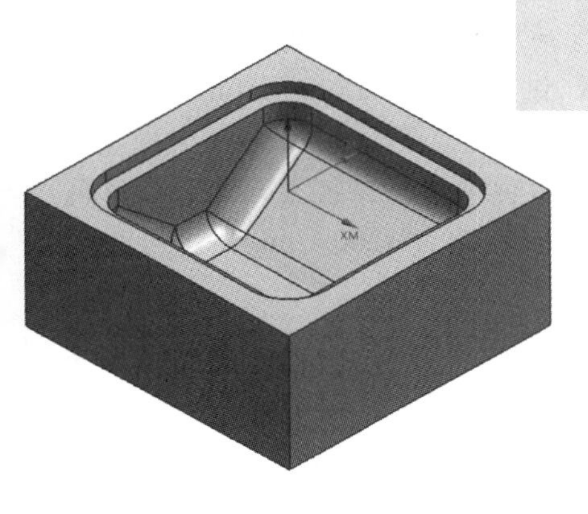

任务一　三维铣削加工综合示例 1

某零件模型如图 10-1 所示，已知毛坯尺寸为 100 mm×100 mm×23 mm，六面均已加工到位，材料为 45#钢。现需利用 CAM 编程加工该零件。

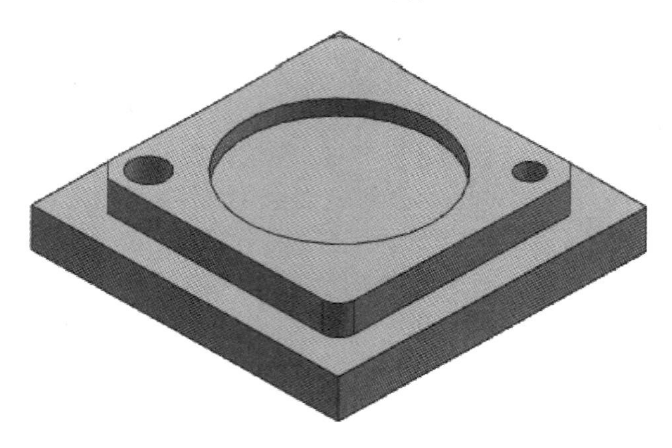

图 10-1　任务一零件图

一、任务分析

1. 零件分析

根据零件结构特点，该零件适合选择数控铣床加工。零件毛坯为 100 mm×100 mm×23 mm 的板料（六面均已加工），材料为 45#钢。零件整体结构较为简单，属一般二维零件，没有复杂的曲面和凹槽的加工，且敞开性较好，便于进刀。零件六个面已加工到位，用平口钳装夹即可完成特征面的加工。

2. 工步安排

按照先面后孔、由粗到精的一般顺序对本零件进行内、外轮廓粗加工，内、外轮廓精加工和钻孔。工艺流程如图 10-2 所示。

“工步 1”内、外轮廓粗加工：采用型腔铣操作对零件整体进行粗加工，侧壁和底面余量为 0.3 mm。选用 ϕ16R0.8 的飞刀，切削深度为 0.5 mm，主轴转速为 2200 r/min，进给速度为 2400 mm/min，采用跟随周边的走刀方式进行切削。

“工步 2”平面精加工:采用面铣加工对零件各平面进行精加工，侧壁和底面余量分别为 0.2 mm 和 0 mm，选用 ϕ12 立铣刀，主轴转速为 3200 r/min，进给速度为 1800 mm/min，采用跟随部件的走刀方式进行切削。

“工步 3”内、外轮廓侧壁精加工：采用平面轮廓铣对零件侧壁进行精加工，侧壁和底面余量均为 0 mm，选用 ϕ12 立铣刀，切削深度为底切方式，主轴转速为 3200 r/min，进给速度为 1800 mm/min。

“工步 4”钻中心孔：采用孔加工功能对零件进行钻孔，选用 ϕ3 的中心钻，主轴转速为

1200 r/min，进给速度为 50 mm/min。

“工步 5”钻通孔：采用孔加工功能对零件进行钻孔，选用 $\phi 8$ 的麻花钻，主轴转速为 700 r/min，进给速度为 50 mm/min。

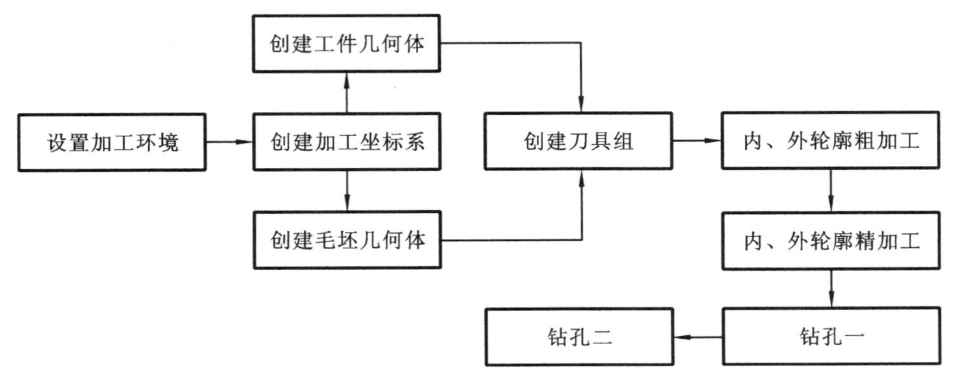

图 10-2　加工工艺路线图

二、任务实施

步骤 1　打开模型文件

启动 UG NX 10.0，并打开本书配套课程资源二维码(在封底)中的任务零件文件 renwu\10-1.prt，进入 UG 的加工模块。

步骤 2　创建加工坐标系及安全平面

在工序导航器空白处单击鼠标右键，切换至“几何视图”，如图 10-3 所示。双击“坐标系”图标 MCS_MILL，弹出“Mill Orient”对话框，如图 10-4 所示。单击“指定 MCS”中的图标，进入“CSYS”对话框，设置“参考”为“WCS”，如图 10-5 所示。单击“确定”按钮，则设置好加工坐标系。

图 10-3　切换至“几何视图”

图 10-4　“Mill Orient”对话框

在“Mill Orient”对话框“安全设置”下的“安全设置选项”中选择“刨”，单击“指定平面”中的“平面对话框”图标，随即弹出“刨”对话框，如图 10-6 所示。选择“类型”为“自动判断”，“选择对象”为零件最顶部的平面，然后在“偏置”“距离”处输入 3，单击“确定”按钮，则设置好安全平面。最后单击“Mill Orient”对话框的“确定”按钮。

图 10-5 “CSYS”对话框

图 10-6 设置安全平面

步骤 3 创建几何体

双击“WORKPIECE”图标 WORKPIECE，弹出“工件”对话框，如图 10-7 所示。单击“指定部件”图标，然后框选被加工零件，单击“确定”按钮；单击“指定毛坯”图标，在弹出的“毛坯几何体”对话框“类型”下拉列表中选择“包容块”，如图 10-8 所示，选择图 10-9 所示毛坯几何体，单击“确定”按钮。

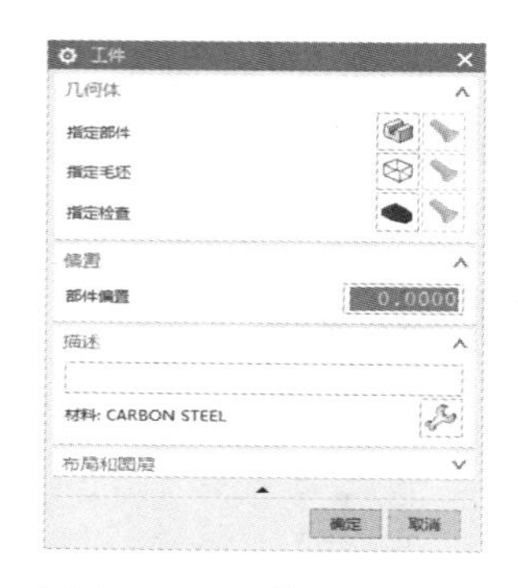

图 10-7 “工件”对话框

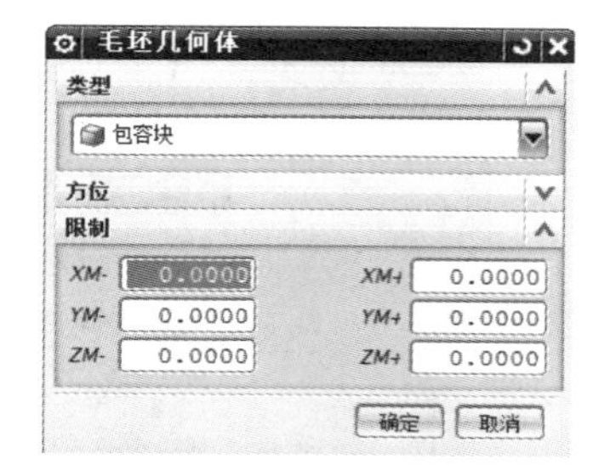

图 10-8 “毛坯几何体”对话框

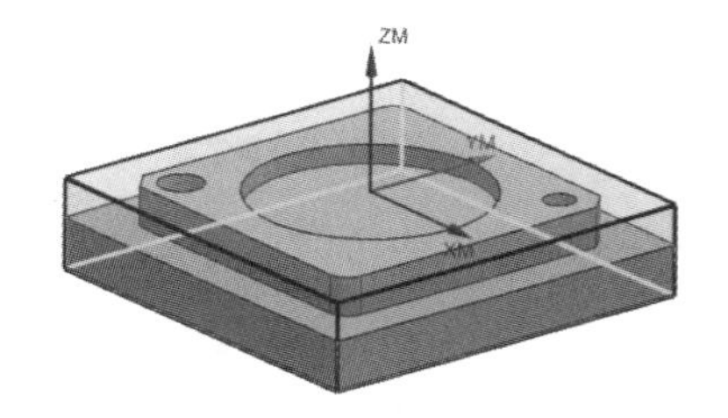

图 10-9 选择毛坯几何体

步骤 4 创建刀具组

1. 创建刀具 1：T1D16R0.8 飞刀

单击工具条上的“创建刀具”图标，系统弹出“创建刀具”对话框，如图 10-10 所示。设置“类型”为“mill_contour”，“刀具子类型”为“MILL”图标，“名称”为“T1D16R0.8”，单击“确定”按钮，系统弹出“铣刀-5 参数”对话框。参数设置如图 10-11 所示，其余参数采用默认值，设置完后单击“确定”按钮完成 T1D16R0.8 刀具的创建。返回到“创建刀具”

对话框。

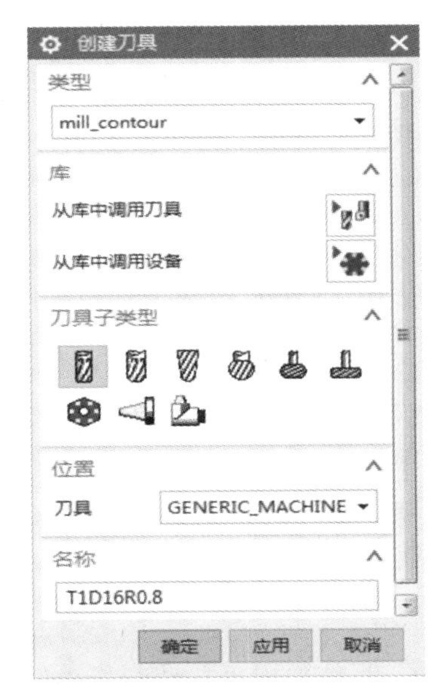

图 10-10 “创建刀具”对话框

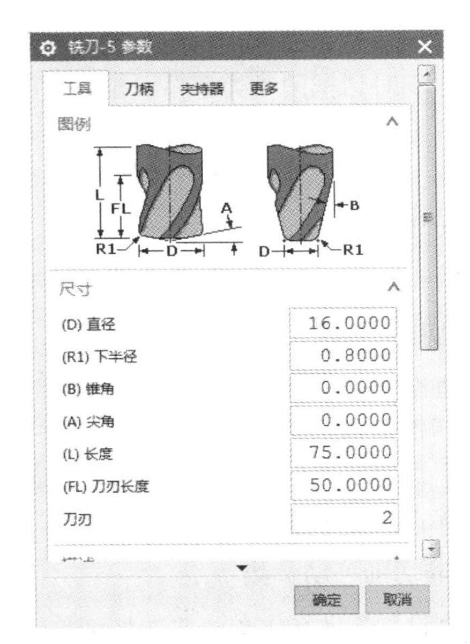

图 10-11 “铣刀-5 参数”对话框

2. 创建刀具 2：T2D12 立铣刀

在“创建刀具”对话框中创建 2 号刀具，设置“类型”为“mill_contour”，“刀具子类型”为“MILL”图标，“名称”为“T2D12”，单击“确定”按钮，系统弹出“铣刀-5 参数”对话框。在“直径”处输入 12，其余参数采用默认值，单击“确定”按钮完成 T2D12 刀具的创建。返回到“创建刀具”对话框。

3. 创建刀具 3：T3D3 中心钻

在“创建刀具”对话框中创建 3 号刀具，设置“类型”为“drill”，“刀具子类型”为“SPOTDRILLING_TOOL”图标，“名称”为“T3D3”，单击“确定”按钮，系统弹出“钻刀”对话框。在“球直径”处输入 3，其余参数采用默认值，单击“确定”按钮完成 T3D3 中心钻的创建。返回到“创建刀具”对话框。

4. 创建刀具 4：T4D8 麻花钻

在“创建刀具”对话框中创建 4 号刀具，设置“类型”为“drill”，“刀具子类型”为“DRILLING_TOOL”图标，“名称”为“T4D8”，单击“确定”按钮，系统弹出“铣刀-5 参数”对话框。在“球直径”处输入 8，其余参数采用默认值，单击“确定”按钮完成 T4D8 麻花钻的创建。返回到“创建刀具”对话框，单击“确定”按钮完成所有刀具创建。

步骤 5 “工步 1”内、外轮廓粗加工创建

采用型腔铣操作对零件整体进行粗加工，侧壁和底面余量为 0.3 mm。选用 ϕ16R0.8 的飞刀，切削深度为 0.5 mm，主轴转速为 2200 r/min，进给速度为 2400 mm/min，采用跟随周边的走刀方式进行切削。

1. 创建工序

在工序导航器空白处单击鼠标右键，切换至“几何视图”。单击工具条上的 创建工序 按钮，在“创建工序”对话框的“类型”下拉列表中选择“mill_contour”，在“工序子类型”区域中单击“CAVITY MILL”按钮，其他参数如图 10-12 所示，单击“确定”按钮，系统弹出型腔铣对话框。

2. 设置一般参数

型腔铣对话框中的“刀轨设置”选项参数设置如图 10-13 所示，其余参数采用默认值。

3. 设置切削参数

在“刀轨设置”区域中单击“切削参数”按钮，系统弹出“切削参数”对话框。在“切削参数”对话框中单击“策略”选项卡，在“切削顺序”下拉列表中选择“层优先”选项；单击“余量”选项卡，勾选 使底面余量与侧面余量一致 选项，在“部件侧面余量”文本框中输入 0.3；其他参数采用系统默认设置值。单击“确定”按钮，返回型腔铣对话框。

4. 设置非切削移动参数

在“刀轨设置”区域中单击“非切削移动”按钮，系统弹出“非切削移动”对话框。在“非切削移动”对话框中选择“进刀”选项卡，对“进刀类型”“斜坡角”“高度”三个参数进行设置，设置值如图 10-14 所示；再选择“起点\钻点”选项卡，在“区域起点”选项下的“默认区域起点”下拉列表中选择“中点”选项，然后单击“选择点”下的“指定点”选项，在模型中选择毛坯边界一中点定为起点即可；其他参数采用系统默认设置值。单击“确定”按钮，返回型腔铣对话框。

图 10-12 创建工序 1

图 10-13 一般参数

图 10-14 非切削移动参数

5. 设置进给率和速度

在型腔铣对话框中单击“进给率和速度”按钮，系统弹出“进给率和速度”对话框。选中“进给率和速度”对话框“主轴转速”区域中的 主轴速度 (rpm) 复选框，在其后的文本框中输入 2200，按 Enter 键，单击按钮；在“进给率”区域的“切削”文本框中输入 2400，按 Enter 键，单击按钮；其他参数采用系统默认设置值。单击“确定”按钮，返回型腔铣对话框。

6. 生成刀具轨迹并仿真

单击型腔铣对话框中的程序“生成”按钮，生成刀路轨迹如图 10-15 所示，单击程序确认按钮，进入“刀轨可视化”对话框，在该对话框中选择“3D 动态”选项卡，单击下面的播放按钮将演示仿真过程，3D 动态仿真加工后的特征如图 10-16 所示。

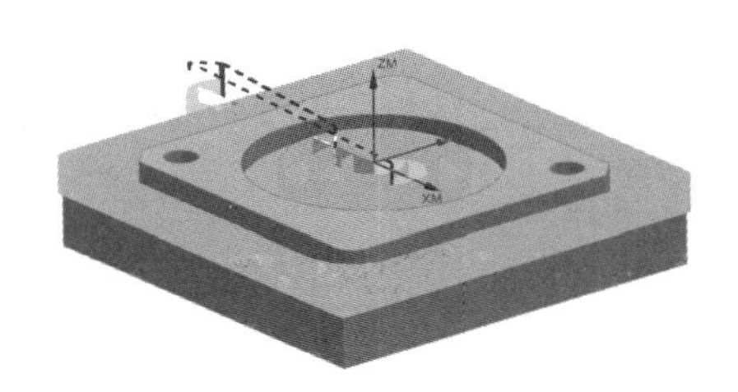

图 10-15 开粗刀路轨迹

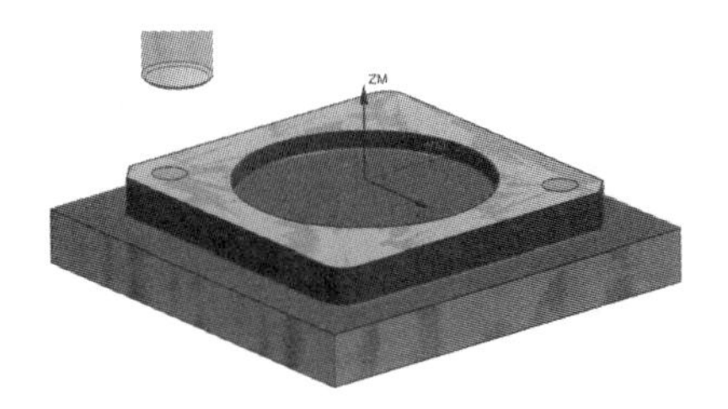

图 10-16 开粗 3D 动态仿真结果

步骤 6 “工步 2”平面精加工

采用面铣加工对零件各平面进行精加工，侧壁和底面余量分别为 0.2 mm 和 0 mm，选用 $\phi12$ 立铣刀，主轴转速为 3200 r/min，进给速度为 1800 mm/min，采用跟随部件的走刀方式进行切削。

1. 创建工序

单击工具条中的“创建工序”按钮，在“创建工序”对话框的“类型”下拉列表中选择“mill_planar”选项，在“工序子类型”区域中单击“FACE_MILLING”按钮，其他参数如图 10-17 所示，单击“确定”按钮，系统弹出面铣对话框。

2. 设置一般参数

在面铣对话框“几何体”区域中单击“指定面边界”右边的按钮，系统弹出“指定面几何体”对话框，在“指定面几何体”对话框的“过滤器类型”选项中单击“面边界”，按提示选择零件中需要加工的平面，选择完后单击“确定”按钮，返回面铣对话框；在“刀轨设置”区域，参数设置如图 10-18 所示，其中切削模式选择“跟随部件”，根据零件结构合理选择不同切削模式。其余参数选项采用默认值。

3. 设置切削参数

在“刀轨设置”区域中单击“切削参数”按钮，系统弹出“切削参数”对话框。在“切削参数”对话框中单击“余量”选项卡，在“余量”区域的“壁余量”文本框中输入 0.3；其他参数采用系统默认设置值。单击“确定”按钮，返回面铣对话框。

4. 设置非切削移动参数

各参数采用系统默认设置值。

5. 设置进给率和速度

在面铣对话框中单击“进给率和速度”按钮，系统弹出“进给率和速度”对话框。选中“进给率和速度”对话框“主轴转速”区域中的 主轴速度 (rpm) 复选框，在其后的文本框中输入 3200，按 Enter 键，单击按钮；在“进给率”区域的“切削”文本框中输入 1800，按 Enter 键，单击按钮，其他参数采用系统默认设置值。单击“确定”按钮，返回面铣对话框。

图 10-17　创建工序 2

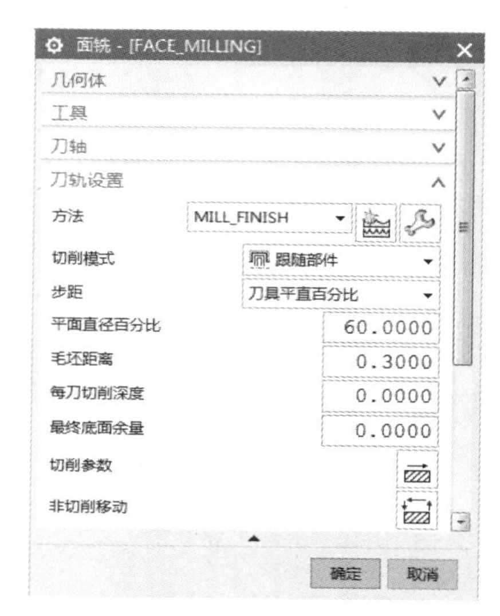

图 10-18　面铣刀轨参数设置

6. 生成刀具轨迹并仿真

单击面铣对话框中的程序“生成”按钮，生成刀路轨迹如图 10-19 所示，单击程序确认按钮，进入“刀轨可视化”对话框，在该对话框中选择“3D 动态”选项卡，单击下面的播放按钮将演示仿真过程，3D 动态仿真加工后的特征如图 10-20 所示。

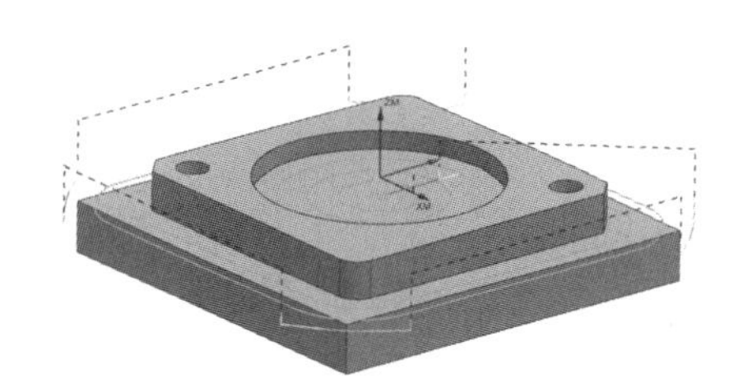

图 10-19　面铣刀路轨迹

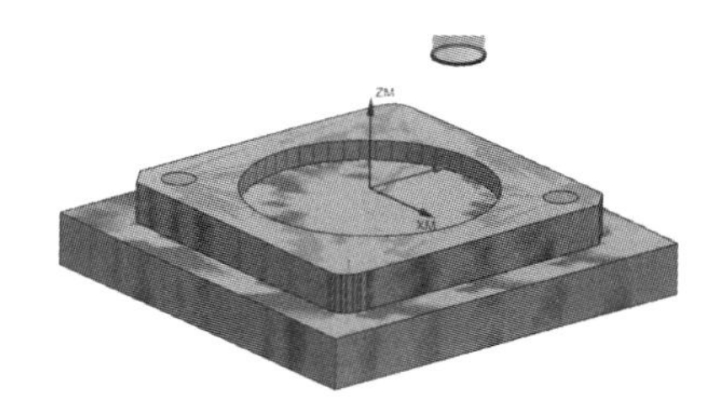

图 10-20　面铣 3D 动态仿真结果

步骤 7　“工步 3”内、外轮廓侧壁精加工

采用平面轮廓铣对零件侧壁进行精加工，侧壁和底面余量均为 0 mm，选用 ϕ12 立铣刀，切削深度为底切方式，主轴转速为 3200 r/min，进给速度为 1800 mm/min。

1. 创建工序

单击工具条中的“创建工序”按钮，在“创建工序”对话框的“类型”下拉列表中选择“mill_planar”选项，在“工序子类型”区域中单击“PLANAR_PROFILE”按钮，其他参数如图 10-21 所示，单击“确定”按钮，系统弹出平面轮廓铣对话框。

2. 设置一般参数

在平面轮廓铣对话框“几何体”区域中单击“指定部件边界”右边的按钮，系统弹出“边界几何体”对话框，在“边界几何体”对话框的“模式”下拉列表中选择“面”，在“面选择”选项中勾选“忽略岛”，参数设置如图 10-22 所示，然后选择图 10-23 所示的三个表面，完成边界选择，单击“确定”按钮，返回平面轮廓铣对话框。

图 10-21 创建工序 3

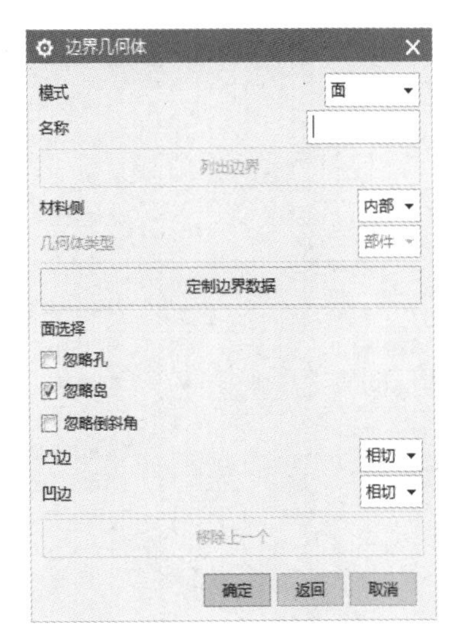

图 10-22 “边界几何体”对话框

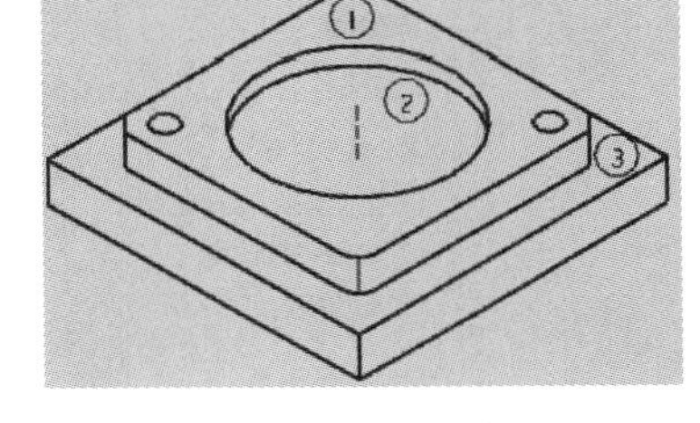

图 10-23 选择表面

单击“指定毛坯边界”右边的按钮，系统弹出“边界几何体”对话框，在“边界几何体”对话框的“模式”下拉列表中选择“面”，在“面选择”选项中勾选“忽略岛”，参数设置如图 10-22 所示，然后选择模型最底面，单击“确定”按钮，返回平面轮廓铣对话框；再次单击“指定毛坯边界”右边的按钮，系统弹出“编辑边界”对话框，在“刨”下拉列表中选择“用户定义”，系统弹出“刨”对话框，在“类型”下拉列表中选择 自动判断，在“要定义的平面对象”中选择模型的顶面，如图 10-23 中的①号面，单击“确定”按钮，返回平面轮廓铣对话框。

单击“指定底面”右边的按钮，系统弹出“平面”对话框，在“类型”下拉列表中选择 自动判断，在“要定义的平面对象”中选择模型要加工的面，如图 10-23 中的③号面，单击“确定”按钮，返回平面轮廓铣对话框。

在“工具”区域“输出”列表中的 刀具补偿寄存器 右边输入 2，定义 2 号刀补。

在“刀轨设置”区域中的“切削进给”文本框中输入 1800，在“切削深度”下拉列表中选择“恒定”，在“公共”文本框中输入 5。

3. 设置切削参数

在“刀轨设置”区域中单击“切削参数”按钮，系统弹出“切削参数”对话框。在“切削参数”对话框中单击“余量”选项卡，在“余量”区域中“最终底面余量”文本框中输入 0.1（这样做的目的是避免刀具伤到底平面）；其他参数采用系统默认设置值。单击“确定”按钮，返回平面轮廓铣对话框。

4. 设置非切削移动参数

在“刀轨设置”区域中单击“非切削移动”按钮，系统弹出“非切削移动”对话框。在“非切削移动”对话框中单击“进刀”选项卡，“进刀”选项卡参数设置如图 10-24 所示，在“退刀”选项卡中的“退刀”下拉列表中选择“与进刀相同”；单击“更多”选项卡，在“刀具补偿位置”下拉列表中选择“所有精加工刀路”，创建刀具半径补偿功能；其他参数采用系统默认设置值。单击“确定”按钮，返回平面轮廓铣对话框。

图 10-24　非切削移动参数设置

5.设置进给率和速度

在平面轮廓铣对话框中单击“进给率和速度”按钮，系统弹出“进给率和速度”对话框。选中“进给率和速度”对话框“主轴转速”区域中的 主轴速度 (rpm) 复选框，在其后的文本框中输入 3200，按 Enter 键，单击按钮；在“进给率”区域的“切削”文本框中输入 1800，按 Enter 键，单击按钮；其他参数采用系统默认设置值。单击“确定”按钮，返回平面轮廓铣对话框。

6.生成刀具轨迹并仿真

单击平面轮廓铣对话框中的程序“生成”按钮，生成刀路轨迹如图 10-25 所示，单击程序确认按钮，进入“刀轨可视化”对话框，在该对话框中选择“3D 动态”选项卡，单击下面的播放按钮将演示仿真过程，3D 动态仿真加工后的特征如图 10-26 所示。

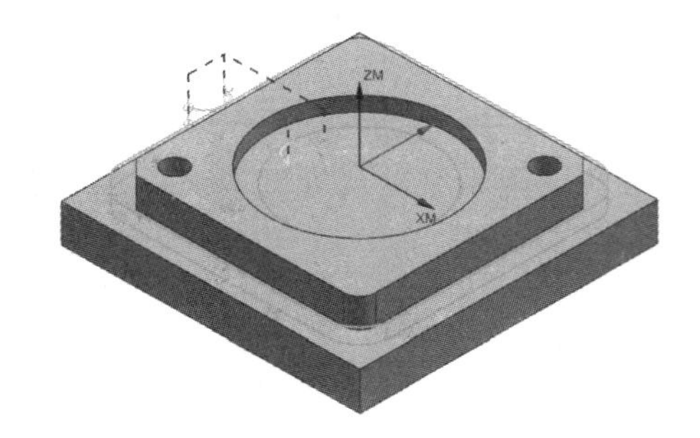

图 10-25　平面轮廓刀路轨迹

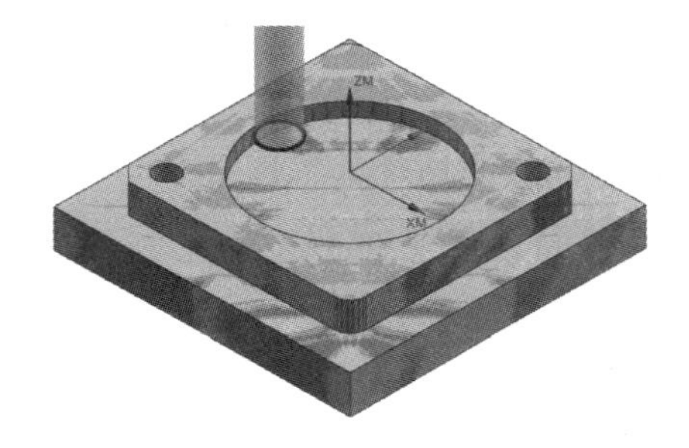

图 10-26　平面轮廓铣 3D 动态仿真结果

步骤 8　“工步 4”钻中心孔

采用孔加工功能对零件进行钻孔，选用 $\phi3$ 的中心钻，主轴转速为 1200 r/min，进给速度为 50 mm/min。

1. 创建工序

单击工具条中的“创建工序”按钮，在“创建工序”对话框的“类型”下拉列表中选择“drill”选项，在“工序子类型”区域中单击“SPOT_DRILLING”按钮，其他参数如图 10-27 所示，单击“确定”按钮，系统弹出定心钻对话框。

2. 设置一般参数

在定心钻对话框下，单击“几何体”选项中的“指定孔”右边按钮，系统弹出“点到点几何体”对话框，如图 10-28 所示。单击“点到点几何体”对话框中的“选择”按钮后在模型中选择两个孔的上表面的边，单击“确定”按钮，返回到定心钻对话框，完成孔的设定。

图 10-27　创建工序 4

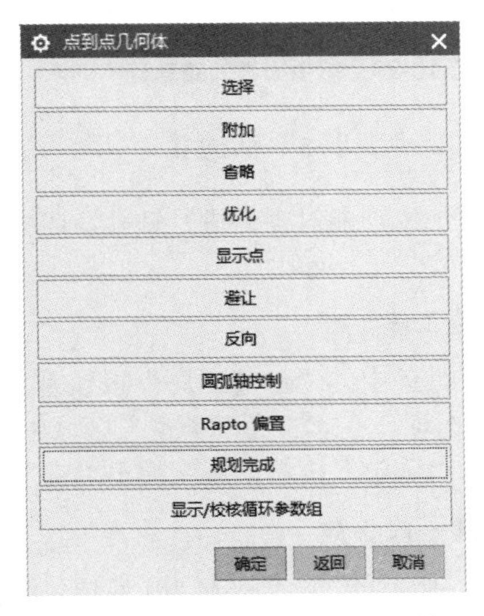

图 10-28　“点到点几何体”对话框

在“几何体”中单击“指定顶面”右边的按钮，系统进入“顶面”对话框，在“顶面”对话框中“顶面选项”下拉列表中选择“面或平面”，然后选择模型的上表面，单击“确定”按钮，返回到定心钻对话框，完成表面设定。

在“循环类型”的“循环”下拉列表中选择“标准钻”选项，单击“编辑参数”按钮，系统弹出“指定参数组”对话框。在“指定参数组”对话框中采用系统默认的参数组序号 1，单击“确定”按钮，系统弹出“Cycle 参数”对话框，单击 Depth (Tip) - 0.0000 按钮，系统弹出“Cycle 深度”对话框。在“Cycle 深度”对话框中单击 刀尖深度 按钮，在“深度”文本框中输入 3，单击“确定”按钮，系统返回“Cycle 参数”对话框。单击“确定”按钮，系统返回到定心钻对话框。在“最小安全距离”中输入 5，完成基本参数的设置。

3. 设置进给率和速度

在“刀轨设置”选项中单击“进给率和速度”按钮，系统弹出“进给率和速度”对话框。选中“进给率和速度”对话框“主轴转速”区域中的 主轴速度 (rpm) 复选框，在其后的文本框中输入 1200，按 Enter 键，单击按钮；在“进给率”区域的“切削”文本框中输入 50，按 Enter 键，单击按钮；其他参数采用系统默认设置值。单击“确定”按钮，返回定心钻对话框。

4. 生成刀具轨迹并仿真

单击定心钻对话框中的程序“生成”按钮，生成刀路轨迹如图 10-29 所示，单击程序确认按钮，进入“刀轨可视化”对话框，在该对话框中选择“3D 动态”选项卡，单击下面的播放按钮将演示仿真过程，3D 动态仿真加工后的特征如图 10-30 所示。

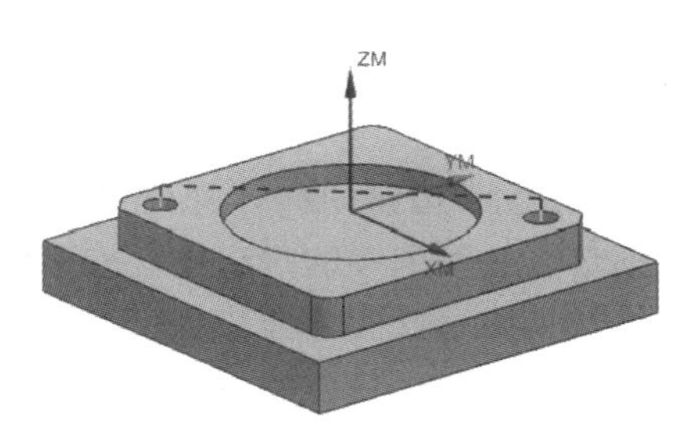

图 10-29　钻中心孔刀路轨迹

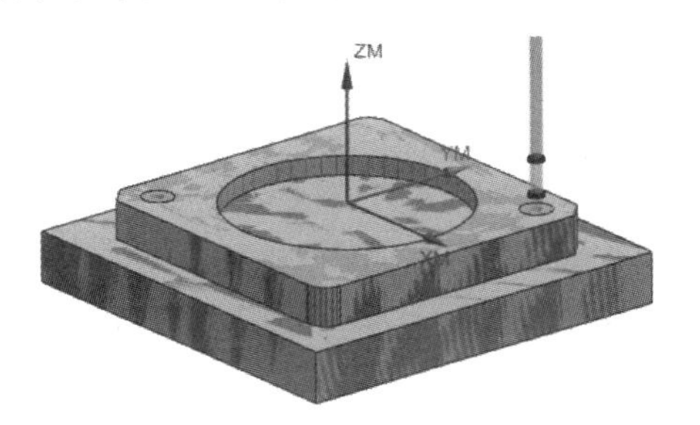

图 10-30　钻中心孔 3D 动态仿真结果

步骤 9　“工步 5”钻通孔

采用孔加工功能对零件进行钻孔，选用 $\phi 8$ 的麻花钻，主轴转速为 700 r/min，进给速度为 50 mm/min。

1. 创建工序

单击工具条中的“创建工序”按钮，在“创建工序”对话框的“类型”下拉列表中选择“drill”选项，在“工序子类型”区域中单击“DRILLING”按钮，其他参数如图 10-31 所示，单击“确定”按钮，系统弹出“钻”对话框。

2. 设置一般参数

在定心钻对话框下，单击“几何体”选项中的“指定孔”右边按钮，系统弹出“点到点几何体”对话框。单击“点到点几何体”对话框下的“选择”按钮后在模型中选择两个孔的上表面的边，单击“确定”按钮，返回到“钻”对话框，完成孔的设定。

在“几何体”中单击“指定顶面”右边的按钮，系统进入“顶面”对话框，在“顶面”对话框中“顶面选项”下拉列表中选择“面或平面”，然后选择模型的上表面，单击“确定”按钮，返回到“钻”对话框，完成表面设定。

在“几何体”中单击“指定底面”右边的按钮，系统进入“底面”对话框，在“底面”对话框中“底面选项”下拉列表中选择 **面**，然后选择模型的下表面，单击“确定”按钮，返回到“钻”对话框，完成底面设定。

在**循环类型**的“循环”下拉列表中选择“啄钻”选项，在系统弹出的对话框的“距离”中输入 5，单击“确定”按钮，系统弹出“指定参数组”对话框。在“指定参数组”对话框 *Number of Sets* 中输入 5，单击“确定”按钮，系统弹出“Cycle 参数”对话框，如图 10-32 所示。

在“Cycle 参数”对话框中单击 Depth -模型深度 按钮，系统弹出“Cycle 深度”对话框。在“Cycle 深度”对话框中单击 穿过底面 按钮，系统返回“Cycle 参数”对话框。单击 Increment -无 按钮，系统弹出“增量”对话框。在“增量”对话框中单击“恒定”按钮，在系统弹出的对话框的“增量”选项中输入 5，单击“确定”按钮，系统返回“Cycle 参数”对话框。依次单击“确定”按钮，系统返回到“钻”对话框。在“最小安全距离”中输入 10，完成基本参数的设置。

图 10-31　“创建工序”对话框

图 10-32　“Cycle 参数”对话框

3. 设置进给率和速度

在“刀轨设置”选项中单击“进给率和速度”按钮，系统弹出“进给率和速度”对话框。选中“进给率和速度”对话框“主轴转速”区域中的主轴速度 (rpm)复选框，在其后的文本框中输入 700，按 Enter 键，单击按钮；在“进给率”区域的“切削”文本框中输入 50，按 Enter 键，单击按钮；其他参数采用系统默认设置值。单击“确定”按钮，返回“钻”对话框。

4. 生成刀具轨迹并仿真

单击“钻”对话框中的程序“生成”按钮，生成刀路轨迹如图 10-33 所示，单击程序确认按钮，进入“刀轨可视化”对话框，在该对话框中选择“3D 动态”选项卡，单击下面的播放按钮将演示仿真过程，3D 动态仿真加工后的特征如图 10-34 所示。

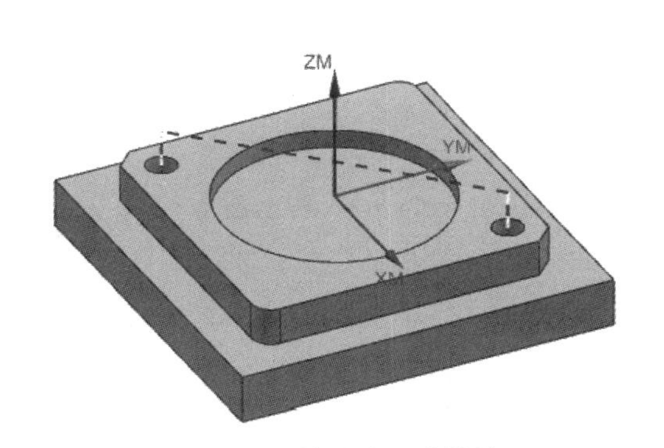

图 10-33　钻通孔刀路轨迹

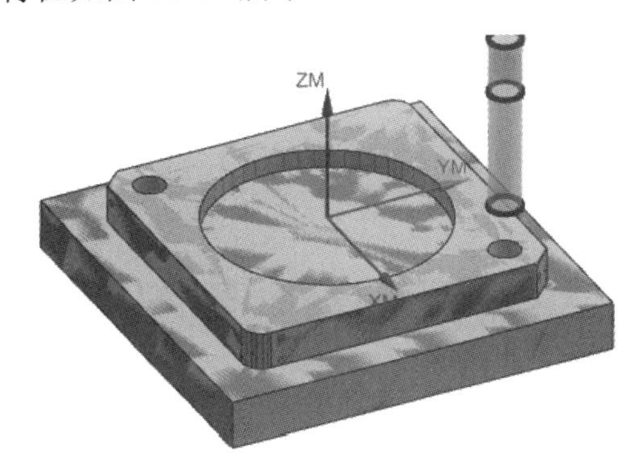

图 10-34　钻通孔 3D 动态仿真结果

步骤 10　保存文件

选择“文件”→“保存”命令，即可保存文件。文件 mill3ax.tcl 的打开结果如图 10-35 所示。

步骤 11　后处理

在“后处理”对话框（见图 10-36）的“后处理器”区域内选择“MILL_3_AXIS”，在“设置”区域“单位”下拉列表中选择“公制/部件”，然后单击“确定”按钮。系统弹出后处理警告对话框，如图 10-37 所示，单击“确定”按钮。系统弹出数控加工程序，如图 10-38 所示。根据需要进行简单编辑，然后命名保存即得到加工程序。

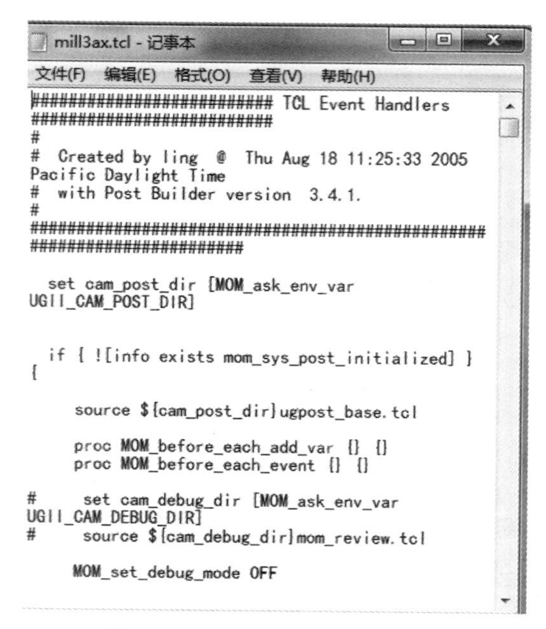

图 10-35　mill3ax.tcl 打开结果

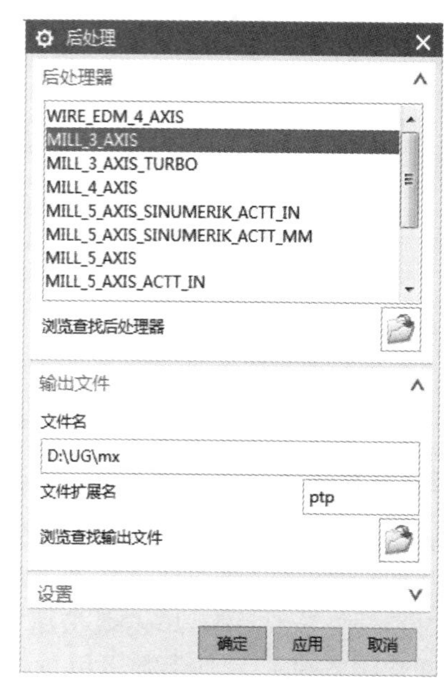

图 10-36　“后处理”对话框

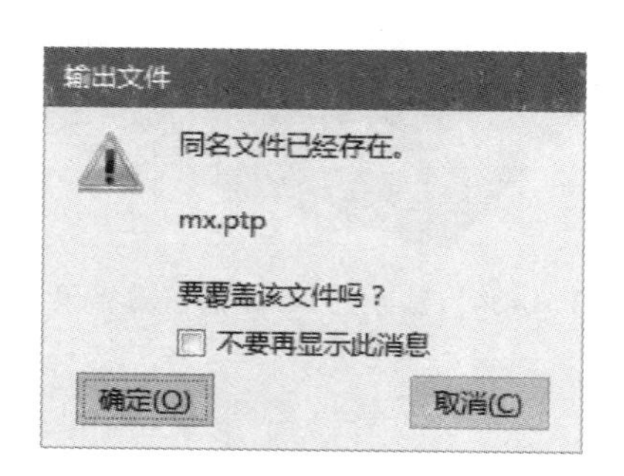

图 10-37　后处理警告对话框

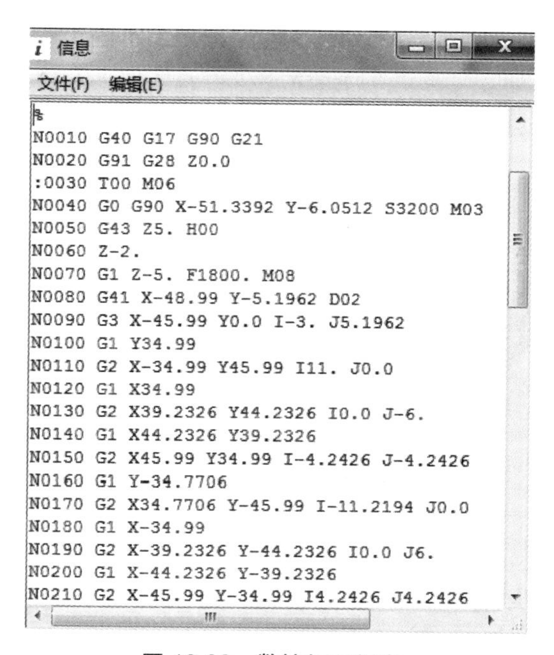

图 10-38　数控加工程序

任务二　三维铣削加工综合示例 2

为某塑料模具厂加工一副模具的凸模，如图 10-39 所示，凸模坯料为 200 mm×140 mm×45 mm 的板料（六面体已加工至凸模坯料要求），材料为 45#钢，现需利用 CAM 编程加工该零件。

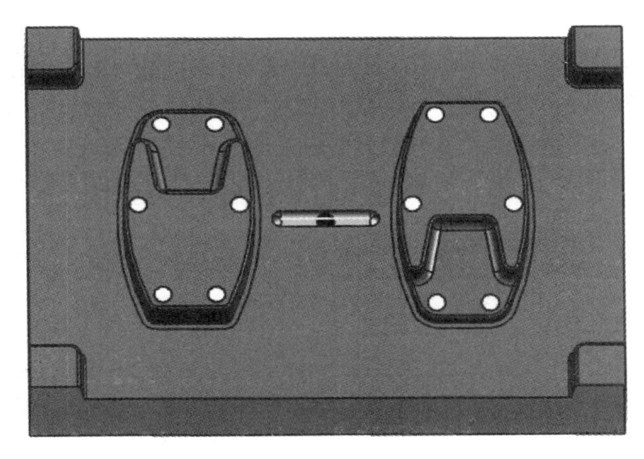

图 10-39　凸模

一、任务分析

1. 加工条件

根据工艺要求，该零件在数控铣床上加工。零件毛坯为 200 mm×140 mm×45 mm 的板料（六面体已加工至凸模坯料要求），材料为 45#钢。零件整体结构较为简单，没有复杂的曲面和凹槽的加工，且敞开性较好，便于进刀。零件六面体已按模具要求加工到位，用平口钳装夹即可完成凸模型面的加工。

2. 工步安排

按照“开粗→二次开粗→精加工→清角”的一般顺序对本零件进行粗加工、二次开粗加工、精加工和清角加工。加工凸模工艺路线如图 10-40 所示。

“工步 1”粗加工：采用型腔铣操作对零件整体进行粗加工，侧壁和底面余量为 0.3 mm。选用 ϕ16R0.8 的飞刀，切削深度为 0.5 mm，主轴转速为 2200 r/min，进给速度为 2400 mm/min，采用跟随周边的走刀方式进行切削。

“工步 2”二次开粗加工：采用型腔铣参考刀具操作对零件进行二次开粗，侧壁和底面余量为 0.2 mm。选用 ϕ8R1 的圆鼻刀，切削深度为 0.3 mm，主轴转速为 3000 r/min，进给速度为 3200 mm/min，采用跟随周边的走刀方式进行切削。

“工步 3”平面精加工:采用面铣加工对零件各平面进行精加工，侧壁和底面余量分别为 0.2 mm 和 0 mm，选用 ϕ16R0.8 的飞刀，主轴转速为 3000 r/min，进给速度为 1800 mm/min，采用跟随部件的走刀方式进行切削。

"工步 4"侧壁、虎口精加工：采用深度加工对零件进行精加工，侧壁和底面余量均为 0 mm，选用 ϕ8R1 的圆鼻刀，切削深度为 0.15 mm，主轴转速为 3500 r/min，进给速度为 2600 mm/min。

"工步 5"曲面精加工：采用区域铣削对零件进行精加工，侧壁和底面余量均为 0 mm，选用 ϕ6 的球刀，切削深度为 0.15 mm，主轴转速为 4200 r/min，进给速度为 2600 mm/min。

"工步 6"流道加工：采用平面轮廓铣对零件进行加工，侧壁和底面余量均为 0 mm，选用 ϕ6 的球刀，切削深度为 0.15 mm，主轴转速为 4200 r/min，进给速度为 500 mm/min。

"工步 7"清角加工：采用深度加工对零件进行清角精加工，侧壁和底面余量均为 0 mm，选用 ϕ10 的立铣刀，切削深度为 0.1 mm，主轴转速为 3200 r/min，进给速度为 2000 mm/min。

"工步 8"钻中心孔：采用孔加工功能对零件进行钻孔，选用 ϕ3 的中心钻，主轴转速为 1200 r/min，进给速度为 50 mm/min。

"工步 9"钻通孔：采用孔加工功能对零件进行钻孔，选用 ϕ5.8 的麻花钻，主轴转速为 650 r/min，进给速度为 50 mm/min。

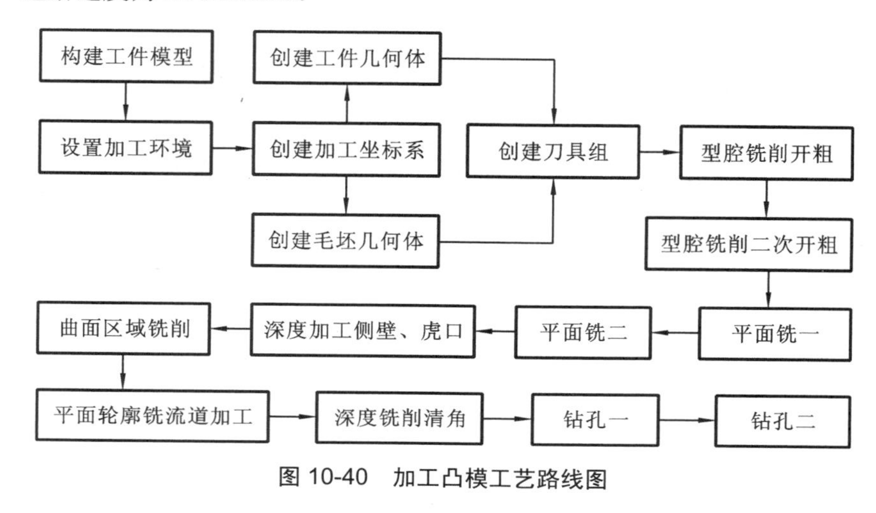

图 10-40　加工凸模工艺路线图

二、任务实施

步骤 1　打开模型文件

启动 UG NX 10.0，并打开本书配套课程资源二维码(在封底)中的任务零件文件 renwu\10-2.prt，进入 UG 的加工模块。

步骤 2　设置加工环境

单击工具栏上的"启动"按钮，在其下拉列表中单击"加工"命令，系统弹出"加工环境"对话框。在该对话框的"CAM 会话配置"区域，选择"cam_general"选项（一般性加工），在"要创建的 CAM 设置"区域，选择"mill_contour"选项（轮廓铣），如图 10-41 所示，单击"确定"按钮进入加工环境。

步骤 3　设置工件坐标系和安全平面

单击“几何视图”图标，使工序导航器进入几何视图模式。双击 MCS_MILL，系统弹出“Mill Orient”对话框，采用系统默认的加工坐标系，在“安全设置”区域的“安全设置选项”下拉列表中选择“自动平面”选项，然后在“安全距离”文本框中输入 5，如图 10-42 所示。单击“确定”按钮完成工件坐标系和安全平面的设置。

图 10-41　“加工环境”对话框

图 10-42　“MCS 铣削”对话框

步骤 4　创建部件几何体

在工序导航器中双击 MCS_MILL 下的 WORKPIECE，系统会弹出“工件”对话框。单击“工件”对话框中的按钮，系统弹出“部件几何体”对话框，选取整个零件和所有的片体为部件几何体。在“部件几何体”对话框中单击“确定”按钮，完成部件几何体的创建，同时系统返回到“工件”对话框。

步骤 5　创建毛坯几何体

在“工件”对话框中单击按钮，系统弹出“毛坯几何体”对话框。在“毛坯几何体”对话框的“类型”下拉列表中选择包容块选项，设置如图 10-43 所示的参数。单击“确定”按钮，完成“毛坯几何体”的创建，如图 10-44 所示。

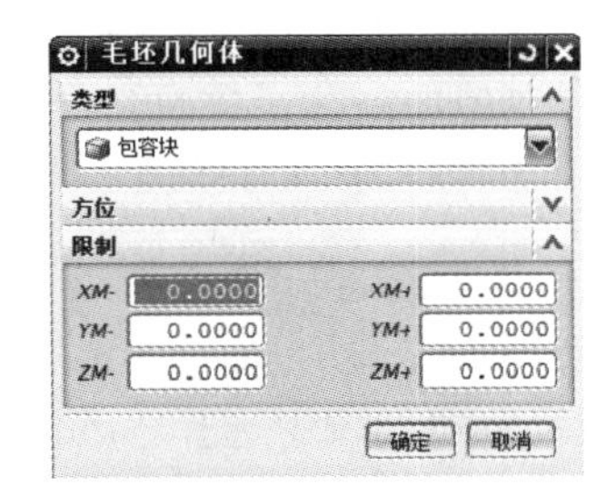

图 10-43　“毛坯几何体”对话框

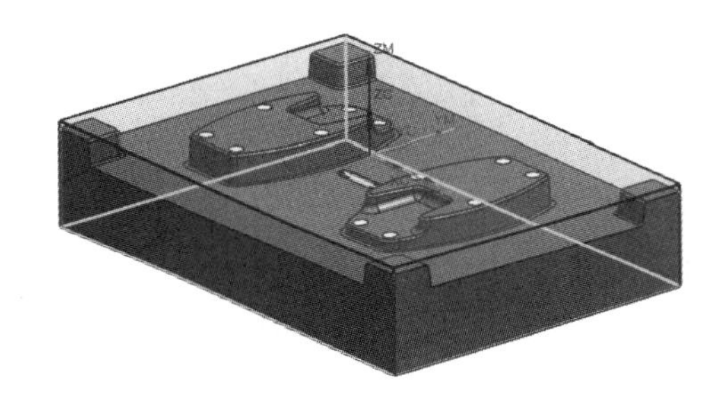

图 10-44　创建的毛坯几何体

步骤 6　创建刀具组

1. 创建刀具 1：T1D16R0. 8 飞刀

单击工具条上的“创建刀具”图标，系统弹出“创建刀具”对话框，如图 10-45 所示。在该对话框的“类型”下拉列表中选择“mill_contour”选项，在“刀具子类型”区域中单击第一个图标“MILL”按钮，在“名称”文本框中输入“T1D16R0.8”，单击“确定”按钮，系统弹出“铣刀-5 参数”对话框。参数设置如图 10-46 所示，其余参数采用默认值，设置完后单击“确定”按钮完成 T1D16R0.8 刀具的创建。返回到“创建刀具”对话框。

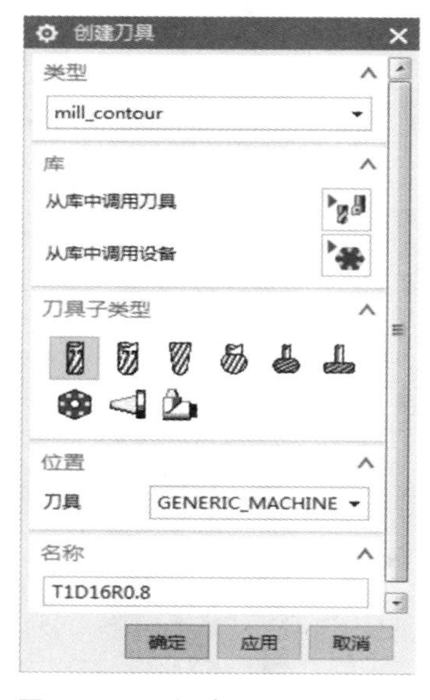

图 10-45　“创建刀具”对话框

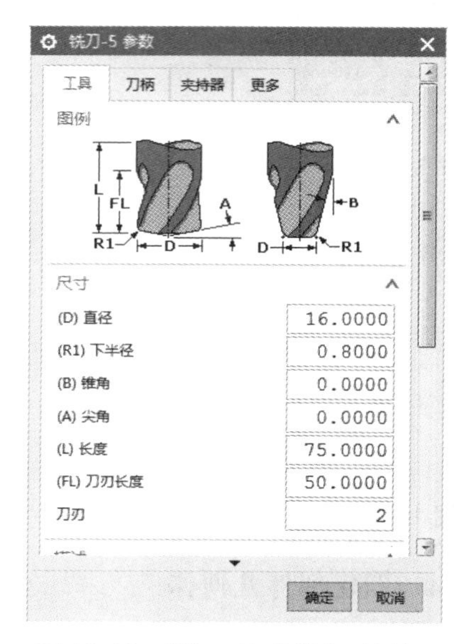

图 10-46　“铣刀-5 参数”对话框

2. 创建刀具 2：T2D10 立铣刀

在“创建刀具”对话框下继续创建 2 号刀具，在“类型”下拉列表中选择“mill_contour”选项，在“刀具子类型”区域中单击第一个图标“MILL”按钮，在“名称”文本框中输入“T2D10”，单击“确定”按钮，系统弹出“铣刀-5 参数”对话框。在“直径”处输入 10，其余参数采用默认值，单击“确定”按钮完成 T2D10 刀具的创建。返回到“创建刀具”对话框。

3. 创建刀具 3：T3D8R1 圆鼻刀

在“创建刀具”对话框下继续创建 3 号刀具，在“类型”下拉列表中选择“mill_contour”选项，在“刀具子类型”区域中单击第一个图标“MILL”按钮，在“名称”文本框中输入“T3D8R1”，单击“确定”按钮，系统弹出“铣刀-5 参数”对话框。在“球直径”处输入 8，在“下半径”处输入 1，其余参数采用默认值，单击“确定”按钮完成 T3D8R1 刀具的创建。返回到“创建刀具”对话框。

4. 创建刀具 4：T4B6 球刀

在“创建刀具”对话框下继续创建 4 号刀具，在“类型”下拉列表中选择“mill_contour”选项，在“刀具子类型”区域中单击第三个图标“BALL_MILL”按钮，在“名称”文本框中输入“T4B6”，单击“确定”按钮，系统弹出“铣刀-5 参数”对话框。在“球直径”处输输入6，其余参数采用默认值，单击“确定”按钮完成T4B6刀具的创建。返回到“创建刀具”对话框。

5. 创建刀具5：T5D3中心钻

在“创建刀具”对话框下继续创建5号刀具，在“类型”下拉列表中选择“drill”选项，在“刀具子类型”区域中单击第二个图标“SPOTDRILLING_TOOL”按钮，在“名称”文本框中输入“T5D3”，单击“确定”按钮，系统弹出“钻刀”对话框。在“球直径”处输入3，其余参数采用默认值，单击“确定”按钮完成T5D3中心钻的创建。返回到“创建刀具”对话框。

6. 创建刀具6：T6D5.8麻花钻

在“创建刀具”对话框下继续创建6号刀具，在“类型”下拉列表中选择“drill”选项，在“刀具子类型”区域中单击第三个图标“DRILLING_TOOL”按钮，在“名称”文本框中输入“T6D5.8”，单击“确定”按钮，系统弹出“铣刀-5 参数”对话框。在“球直径”处输入5.8，其余参数采用默认值，单击“确定”按钮完成T6D5.8麻花钻的创建。返回到“创建刀具”对话框，单击“确定”按钮完成所有刀具的创建。

步骤7 “工步1”粗加工创建

采用型腔铣操作对零件整体进行粗加工，侧壁和底面余量为0.3 mm。选用ϕ16R0.8的飞刀，切削深度为0.5 mm，主轴转速为2200 r/min，进给速度为2400 mm/min，采用跟随周边的走刀方式进行切削。

1. 创建工序

在工序导航器空白处单击鼠标右键，切换至“几何视图”。单击工具条上的 创建工序 按钮，系统弹出“创建工序”对话框。在“创建工序”对话框的“类型”下拉列表中选择“mill_contour”选项，在“工序子类型”区域中单击“CAVITY MILL”按钮，其他参数如图10-47所示，单击“确定”按钮，系统弹出型腔铣对话框。

2. 设置一般参数

在型腔铣对话框“几何体”选项中单击“指定修剪边界”右边的按钮，系统弹出“修剪边界”对话框，在“修剪边界”对话框的“过滤器类型”选项中单击“面边界”，按提示选择凸模底平面为修剪边界，其他参数如图10-48所示。单击“确定”按钮，返回型腔铣对话框。型腔铣刀轨参数设置如图10-49所示，其余参数采用默认值。

3. 设置切削参数

在“刀轨设置”区域中单击“切削参数”按钮，系统弹出“切削参数”对话框。在“切削参数”对话框中单击“策略”选项卡，在“切削顺序”下拉列表中选择“深度优先”选项；单击“余量”选项卡，勾选 使底面余量与侧面余量一致 选项，在“部件侧面余量”文本框中输入0.3；单击“连接”选项卡，在“开放刀路”下拉列表中选择“变换切削方向”选项，其他参数采用系统默认设置值。单击“确定”按钮，返回型腔铣对话框。

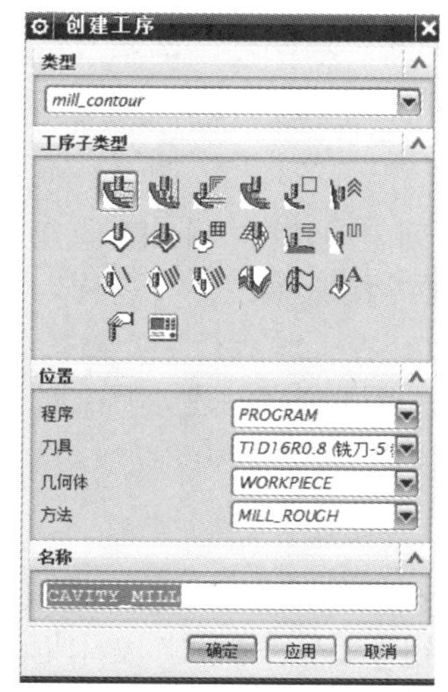

图 10-47　工序一

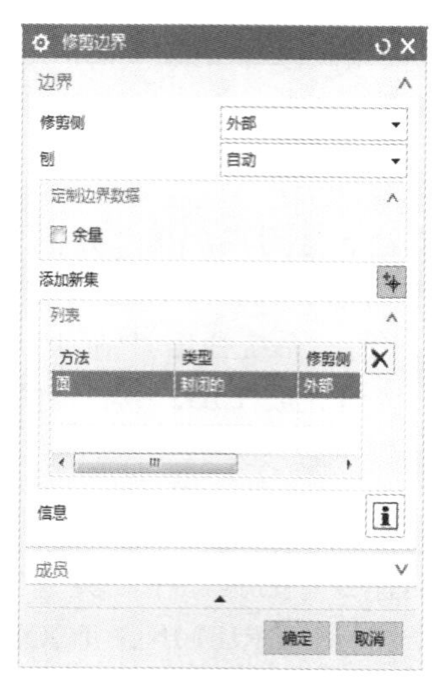

图 10-48　修剪边界

图 10-49　一般参数

4. 设置非切削移动参数

各参数采用系统默认设置值。

5. 设置进给率和速度

在型腔铣对话框中单击“进给率和速度”按钮，系统弹出“进给率和速度”对话框。选中“进给率和速度”对话框“主轴转速”区域中的 主轴速度 (rpm) 复选框，在其后的文本框中输入 2200，按 Enter 键，单击按钮；在“进给率”区域的“切削”文本框中输入 2400，按 Enter 键，单击按钮；其他参数采用系统默认设置值。单击“确定”按钮，返回型腔铣对话框。

6. 生成刀具轨迹并仿真

单击型腔铣对话框中的程序“生成”按钮，生成刀路轨迹如图 10-50 所示，3D 动态仿真加工后的模型如图 10-51 所示。

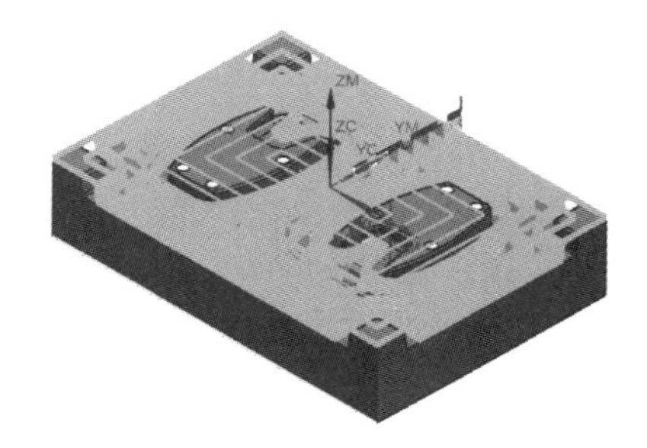

图 10-50　开粗刀路轨迹

图 10-51　开粗 3D 动态仿真结果

步骤 8　“工步 2”二次开粗创建

采用型腔铣操作对零件进行二次开粗，侧壁和底面余量为 0.2 mm。选用 ϕ8R1 的圆鼻刀，切削深度为 0.3 mm，主轴转速为 3000 r/min，进给速度为 3200 mm/min，采用跟随周边的走刀方式进行切削。

1. 创建工序

在工序导航器中右键单击 CAVITY_MILL，依次选择“复制”“粘贴”命令，将生成 CAVITY_MILL_COPY 程序。

2. 设置一般参数

双击 CAVITY_MILL_COPY，系统弹出型腔铣对话框，在“几何体”区域中选择“指定切削区域”右边的按钮，系统弹出“切削区域”对话框，在“几何体”选项中选择图 10-52 所示区域为切削区域。单击“确定”按钮，返回型腔铣对话框；在“工具”区域“刀具”下拉列表中选择 T3D8R1 圆鼻刀；在“刀轨设置”区域中的“最大距离”文本框中输入 0.3，其他参数保持不变。

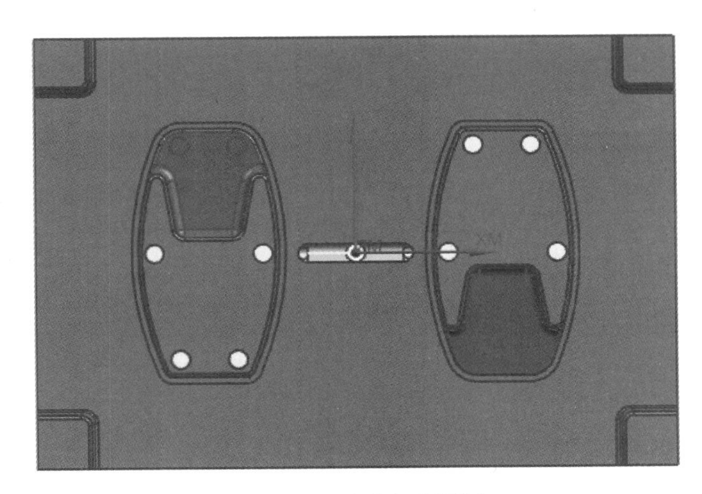

图 10-52　定义切削区域

3. 设置切削参数

各参数保持原来设置值。

4. 设置非切削移动参数

各参数保持原来设置值。

5. 设置进给率和速度

在型腔铣对话框中单击“进给率和速度”按钮，系统弹出“进给率和速度”对话框。选中“进给率和速度”对话框“主轴转速”区域中的 主轴速度 (rpm) 复选框，在其后的文本框中输入 3000，按 Enter 键，单击按钮；在“进给率”区域的“切削”文本框中输入 3200，按 Enter 键，单击按钮；其他参数采用系统默认设置值。单击“确定”按钮，返回型腔铣对话框。

6. 生成刀具轨迹并仿真

单击型腔铣对话框中的程序“生成”按钮，生成刀路轨迹如图 10-53 所示，3D 动态仿真加工后的模型如图 10-54 所示。

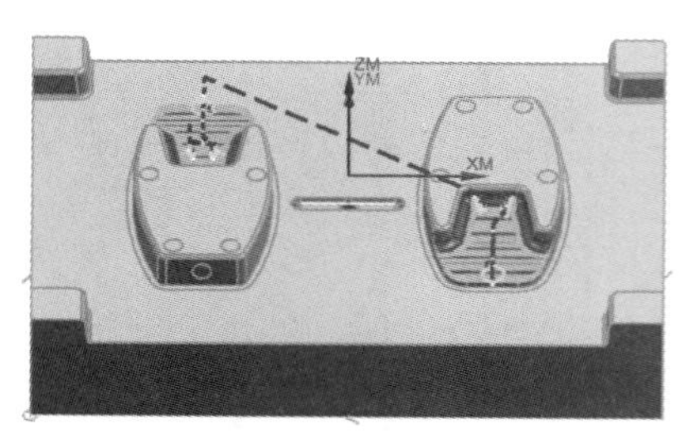

图 10-53　二次开粗刀路轨迹

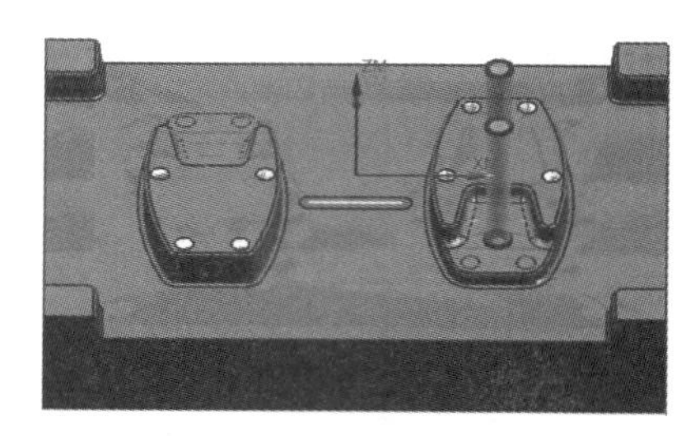

图 10-54　二次开粗 3D 动态仿真

步骤 9　“工步 3”面铣创建

采用面铣加工对零件各平面进行精加工，侧壁和底面余量分别为 0.2 mm 和 0 mm，选用 ϕ16R0.8 的飞刀，主轴转速为 3000 r/min，进给速度为 1800 mm/min，采用跟随部件的走刀方式进行切削。

1. 创建工序

单击工具条上的“创建工序”按钮，弹出“创建工序”对话框。在“创建工序”对话框的“类型”下拉列表中选择“mill_planar”选项，在“工序子类型”区域中单击“FACE_MILLING”按钮，其他参数如图 10-55 所示，单击“确定”按钮，系统弹出面铣对话框（见图 10-56）。

图 10-55　“创建工序”对话框

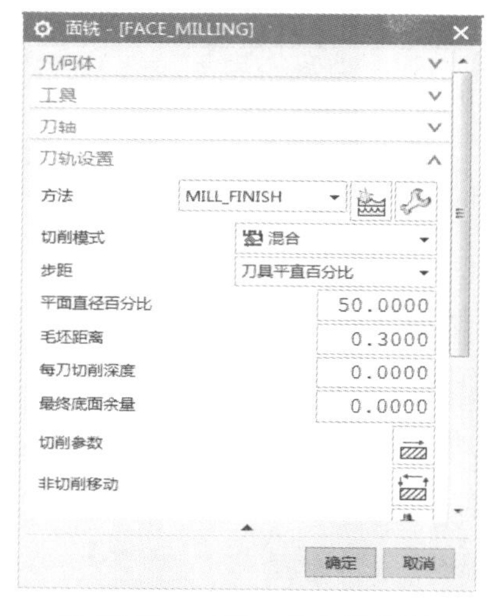

图 10-56　面铣刀轨参数设置

2. 设置一般参数

在面铣对话框“几何体”区域中单击“指定面边界”右边的按钮，系统弹出“指定面几何体”对话框。在“指定面几何体”对话框的“过滤器类型”选项中单击“面边界”，按提示选择零件中需要加工的平面，选择完后单击“确定”按钮，返回面铣对话框；在面铣对话框中刀轨参数设置如图 10-56 所示，其中“切削模式”选择“混合”，根据零件结构合理选择不同的切削模式。其余参数选项采用默认值。

3. 设置切削参数

在“刀轨设置”区域中单击“切削参数”按钮，系统弹出“切削参数”对话框。在“切削参数”对话框中单击“余量”选项卡，在“余量”区域“壁余量”文本框中输入0.2，其他参数采用系统默认设置值。单击“确定”按钮，返回面铣对话框。

4. 设置非切削移动参数

各参数采用系统默认设置值。

5. 设置进给率和速度

在面铣对话框中单击“进给率和速度”按钮，系统弹出“进给率和速度”对话框。选中“进给率和速度”对话框“主轴转速”区域中的☑主轴速度 (rpm)复选框，在其后的文本框中输入3000，按Enter键，单击按钮；在“进给率”区域的“切削”文本框中输入1800，按Enter键，单击按钮；其他参数采用系统默认设置值。单击“确定”按钮，返回面铣对话框。

6. 生成刀具轨迹并仿真

单击面铣对话框中的程序“生成”按钮，生成刀路轨迹如图10-57所示，3D动态仿真加工后的模型如图10-58所示。

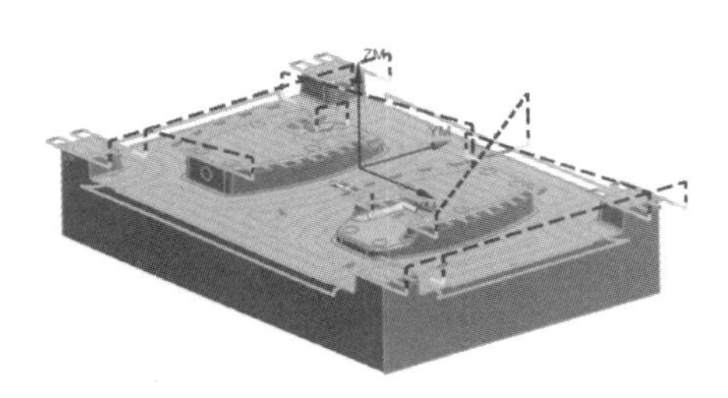

图10-57 面铣刀路轨迹

图10-58 面铣3D动态仿真结果

步骤10 “工步4”侧壁、虎口精加工一创建

采用深度加工对零件进行精加工，侧壁和底面余量均为0 mm，选用ϕ8R1的圆鼻刀，切削深度为0.15 mm，主轴转速为3500 r/min，进给速度为2600 mm/min。

1. 创建工序

单击工具条上的“创建工序”按钮，弹出“创建工序”对话框。在“创建工序”对话框的“类型”下拉列表中选择“mill_contour”选项，在“工序子类型”区域中单击“ZLEVEL_PROFILE”按钮，其参数如图10-59所示，单击“确定”按钮，系统弹出“深度加工轮廓”对话框。

2. 设置一般参数

在“深度加工轮廓”对话框的“几何体”区域中选择“指定切削区域”右边的按钮，系统弹出“切削区域”对话框，在“几何体”选项中选择图10-60所示区域为切削区域。单击“确定”按钮，返回“深度加工轮廓”对话框；在“刀轨设置”区域中的“最大距离”文本框中输入0.2，其他参数保持不变。

3. 设置切削参数

在“刀轨设置”区域中单击“切削参数”按钮，系统弹出“切削参数”对话框。在“切

图 10-59 “创建工序”对话框

图 10-60 深度铣切削区域

削参数”对话框中单击“策略”选项卡，在“切削顺序”下拉列表中选择“深度优先”选项；单击“余量”选项卡，勾选使底面余量与侧面余量一致选项，在“部件侧面余量”文本框中输入 0；在“公差”区域中的“内公差”和“外公差”文本框中均输入 0.01，其他参数采用系统默认设置值。单击“确定”按钮，返回“深度加工轮廓”对话框。

4. 设置非切削移动参数

各参数采用系统默认设置值。

5. 设置进给率和速度

在“深度加工轮廓”对话框中单击“进给率和速度”按钮，系统弹出“进给率和速度”对话框。选中“进给率和速度”对话框“主轴转速”区域中的主轴速度 (rpm)复选框，在其后的文本框中输入 3500，按 Enter 键，单击按钮；在“进给率”区域的“切削”文本框中输入 2600，按 Enter 键，单击按钮；其他参数采用系统默认设置值。单击“确定”按钮，返回“深度加工轮廓”对话框。

6. 生成刀具轨迹并仿真

单击“深度加工轮廓”对话框中的程序“生成”按钮，生成刀路轨迹如图 10-61 所示，3D 动态仿真加工后的模型如图 10-62 所示。

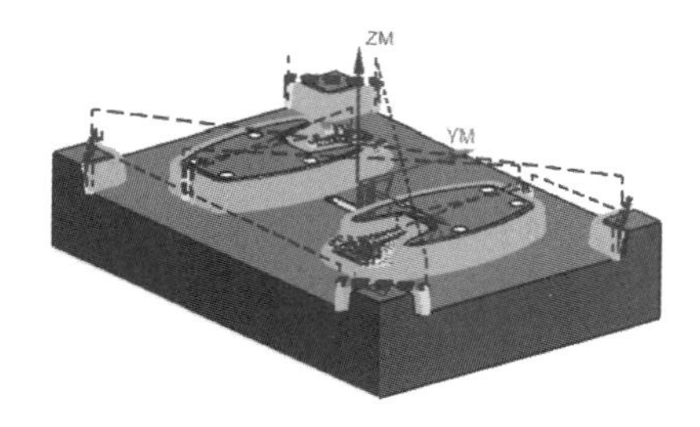

图 10-61 深度铣—刀路轨迹

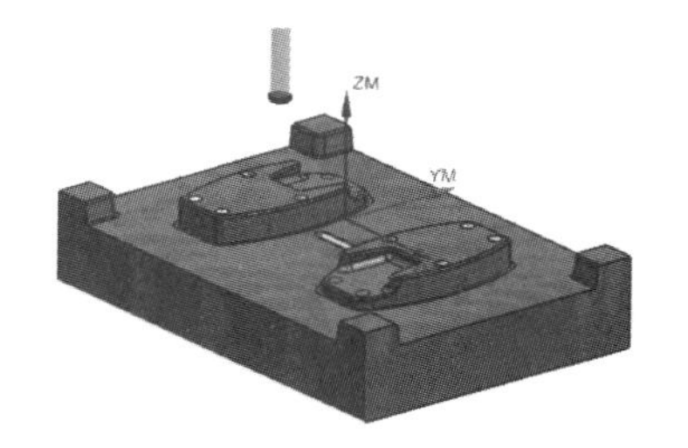

图 10-62 深度铣— 3D 动态仿真结果

步骤 11　“工步 4”侧壁、虎口精加工二创建

采用深度加工对零件进行精加工，侧壁和底面余量均为 0 mm，选用 ϕ8R1 的圆鼻刀，切削深度为 0.15 mm，主轴转速为 3500 r/min，进给速度为 2600 mm/min。

1. 创建工序

在工序导航器中右键单击 ZLEVEL_PROFILE，选择“复制”命令，然后再单击右键，选择“粘贴”命令，将生成 ZLEVEL_PROFILE_COPY 程序。

2. 设置一般参数

双击 ZLEVEL_PROFILE_COPY，系统弹出“深度加工轮廓”对话框，在“几何体”区域中选择“指定切削区域”右边的按钮，系统弹出“切削区域”对话框，在“几何体”选项中选择图 10-63 所示区域为切削区域。单击“确定”按钮，返回“深度加工轮廓”对话框，在“刀轨设置”区域中的“最大距离”文本框中输入 0.1，其他参数保持不变。

3. 设置切削参数

各参数保留原来设置值。

4. 设置非切削移动参数

各参数保留原来设置值。

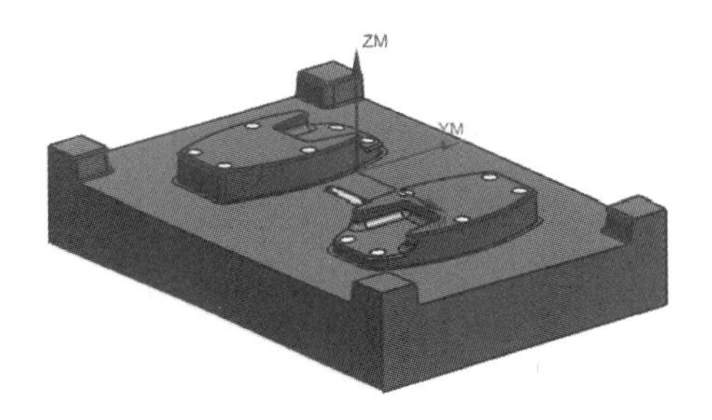

图 10-63　深度铣二切削区域

5. 设置进给率和速度

各参数保留原来设置值。

6. 生成刀具轨迹并仿真

单击“深度加工轮廓”对话框中的程序“生成”按钮，生成刀路轨迹如图 10-64 所示，3D 动态仿真加工后的模型如图 10-65 所示。

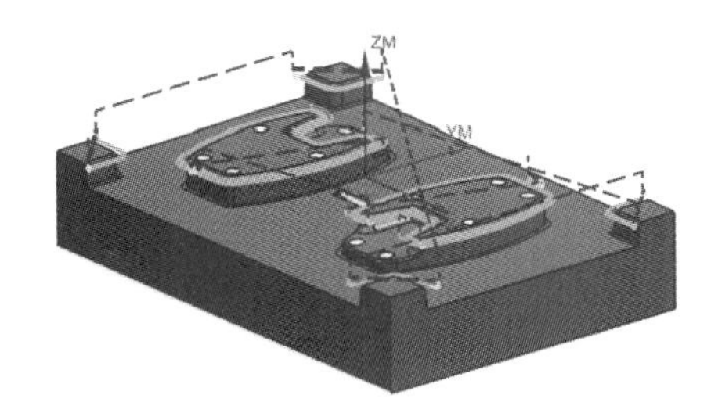

图 10-64　深度铣二刀路轨迹

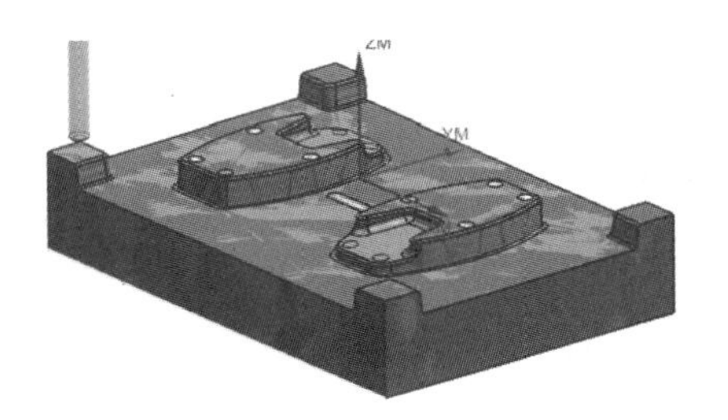

图 10-65　深度铣二 3D 动态仿真结果

步骤 12 “工步 5”曲面精加工

采用区域铣削对零件进行精加工，侧壁和底面余量均为 0 mm，选用 ϕ6 的球刀，切削深度为 0.15 mm，主轴转速为 4200 r/min，进给速度为 2600 mm/min。

1. 创建工序

单击工具条中的“几何视图”按钮，将工序导航器调整到几何视图模式。单击工具条中的 创建工序 按钮，弹出“创建工序”对话框。在“创建工序”对话框的“类型”下拉列表中选择“mill_contour”选项，在“工序子类型”区域中单击“FIXED_CONTOUR”按钮，其他参数如图 10-66 所示，单击“确定”按钮，系统弹出固定轮廓铣对话框。

2. 设置一般参数

在固定轮廓铣对话框中，单击“几何体”区域中“指定切削区域”右边的按钮，系统弹出“切削区域”对话框，在“几何体”选项中选择图 10-67 所示区域为切削区域，单击“确定”按钮，返回“深度加工轮廓”对话框；在“驱动方法”区域中的“方法”下拉列表中选择“区域铣削”，系统弹出“区域铣削驱动方法”对话框，相关参数设置如图 10-68 所示。

图 10-66 选择固定轮廓铣选项

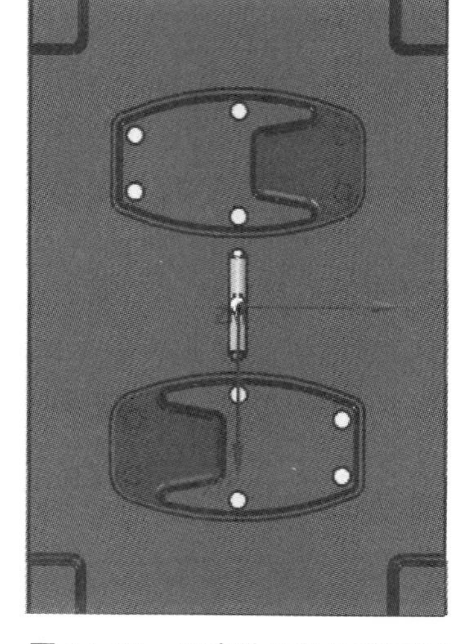

图 10-67 固定轮廓铣切削区域

图 10-68 区域铣削参数设置

3. 设置切削参数

在“刀轨设置”区域中单击“切削参数”按钮，系统弹出“切削参数”对话框。在“切削参数”对话框中单击“余量”选项卡，勾选 使底面余量与侧面余量一致 选项，在“部件侧面余量”文本框中输入 0；在“公差”区域中的“内公差”和“外公差”文本框中均输入 0.01，其他参数采用系统默认设置值。单击“确定”按钮，返回固定轮廓铣对话框。

4. 设置非切削移动参数

各参数采用系统默认设置值。

5. 设置进给率和速度

在固定轮廓铣对话框中单击“进给率和速度”按钮，系统弹出“进给率和速度”对话框。选中“进给率和速度”对话框“主轴转速”区域中的☑主轴速度 (rpm)复选框，在其后的文本框中输入 4200，按 Enter 键，单击▣按钮；在“进给率”区域的“切削”文本框中输入 2600，按 Enter 键，单击▣按钮；其他参数采用系统默认设置值。单击“确定”按钮，返回“深度加工轮廓”对话框。

6. 生成刀具轨迹并仿真

单击“深度加工轮廓”对话框中的程序“生成”按钮▶，生成刀路轨迹如图 10-69 所示，3D 动态仿真加工后的模型如图 10-70 所示。

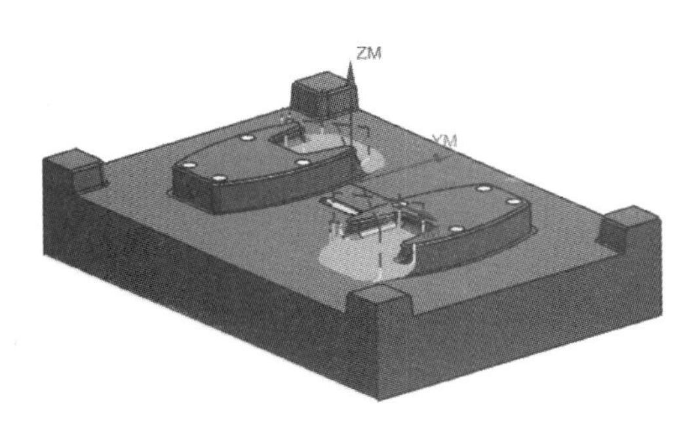

图 10-69　固定轮廓铣刀路轨迹

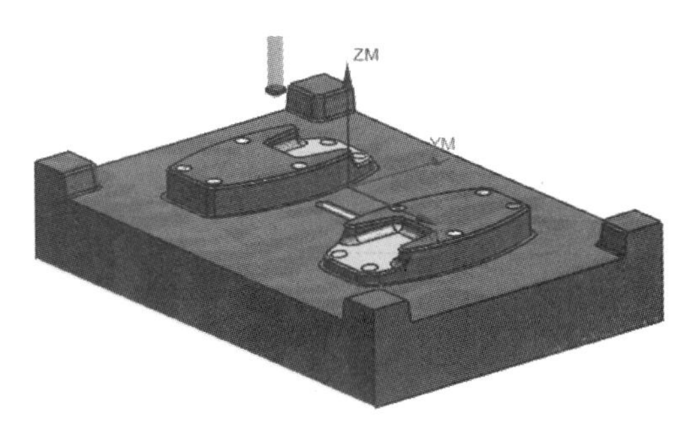

图 10-70　固定轮廓铣 3D 动态仿真结果

步骤 13　“工步 6”流道加工

采用平面轮廓铣对零件进行加工，侧壁和底面余量均为 0 mm，选用 $\phi 6$ 的球刀，切削深度为 0.15 mm，主轴转速为 4200 r/min，进给速度为 500 mm/min。

1. 创建工序

单击工具条中的“创建工序”按钮，弹出“创建工序”对话框。在“创建工序”对话框的“类型”下拉列表中选择“mill_planar”选项，在“工序子类型”区域中单击“PLANAR_PROFILE”按钮，其他参数如图 10-71 所示，单击“确定”按钮，系统弹出平面轮廓铣对话框。

2. 设置一般参数

在平面轮廓铣对话框“几何体”区域中单击“指定部件边界”右边的按钮，系统弹出“边界几何体”对话框。在“边界几何体”对话框的“模式”下拉列表中选择“曲线/边”，系统弹出“创建边界”对话框，参数设置如图 10-72 所示，并选择流道中线，依次单击“确定”按钮完成边界选择，返回平面轮廓铣对话框；单击“指定底面”右边按钮，系统弹出“平面”对话框，在“类型”下拉列表中选择按某一距离，在“参考平面”中选择流道上平面，并在“偏置”区域“距离”文本框中输入－3，单击“确定”按钮返回平面轮廓铣对话框；在“刀轨设置”区域中的“切削进给”文本框中输入 500，在“切削深度”下拉列表中选择“恒定”，在“公共”文本框中输入 0.15。

3. 设置切削参数

各参数采用系统默认设置值。

4. 设置非切削移动参数

在“刀轨设置”区域中单击“非切削移动”按钮，系统弹出“非切削移动”对话框。在“非切削移动”对话框中单击“进刀”选项卡，“进刀”选项卡参数设置如图 10-73 所示，在“退刀”选项卡中的“退刀”下拉列表中选择“抬刀”，其他参数采用系统默认设置值。单击“确定”按钮，返回平面轮廓铣对话框。

图 10-71　平面轮廓铣对话框

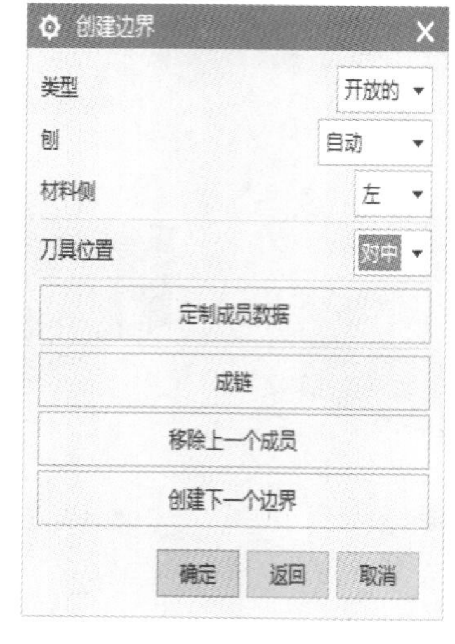

图 10-72　“创建边界”对话框

图 10-73　退刀参数设置

5. 设置进给率和速度

在平面轮廓铣对话框中单击“进给率和速度”按钮，系统弹出“进给率和速度”对话框。选中“进给率和速度”对话框“主轴转速”区域中的 主轴速度 (rpm) 复选框，在其后的文本框中输入 4200，按 Enter 键，单击按钮；单击“确定”按钮，返回平面轮廓铣对话框。

6. 生成刀具轨迹并仿真

单击平面轮廓铣对话框中的程序“生成”按钮，生成刀路轨迹如图 10-74 所示，3D 动态仿真加工后的模型如图 10-75 所示。

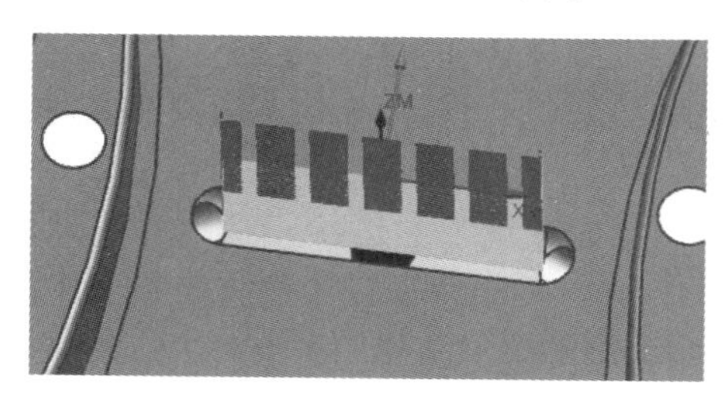

图 10-74　平面轮廓铣刀路轨迹

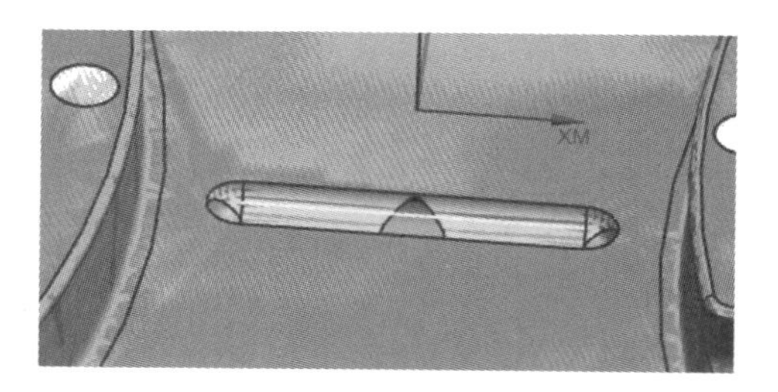

图 10-75　平面轮廓铣 3D 动态仿真结果

步骤 14　“工步 7”清角加工

采用深度加工对零件进行清角精加工，侧壁和底面余量均为 0 mm，选用 $\phi10$ 的立铣刀，切削深度为 0.1 mm，主轴转速为 3200 r/min，进给速度为 2000 mm/min。

1. 创建工序

在工序导航器中右键单击 ZLEVEL_PROFILE，选择“复制”命令，然后再单击右键，选择“粘贴”命令，将生成 ZLEVEL_PROFILE_COPY_1 程序。

2. 设置一般参数

双击 ZLEVEL_PROFILE_COPY_1，系统弹出“深度加工轮廓”对话框，在“工具”区域的“刀具”下拉列表中选择 T2D10 立铣刀；在“刀轨设置”区域中的“最大距离”文本框中输入 0.1，其他参数保持不变。

3. 设置切削参数

保留原来的参数设置不变。

4. 设置非切削移动参数

保留原来的参数设置不变。

5. 设置进给率和速度

在“深度加工轮廓”对话框中单击“进给率和速度”按钮，系统弹出“进给率和速度”对话框。选中“进给率和速度”对话框“主轴转速”区域中的 主轴速度 (rpm) 复选框，在其后的文本框中输入 3200，按 Enter 键，单击按钮；在“进给率”区域的“切削”文本框中输入 2000，按 Enter 键，单击按钮；其他参数采用系统默认设置值。单击“确定”按钮，返回“深度加工轮廓”对话框。

6. 生成刀具轨迹并仿真

单击“深度加工轮廓”对话框中的程序“生成”按钮，生成刀路轨迹如图 10-76 所示，3D 动态仿真加工后的模型如图 10-77 所示。

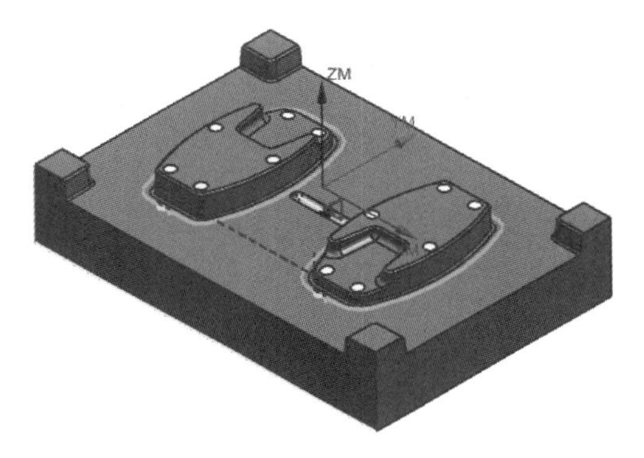

图 10-76 平面轮廓铣刀路轨迹

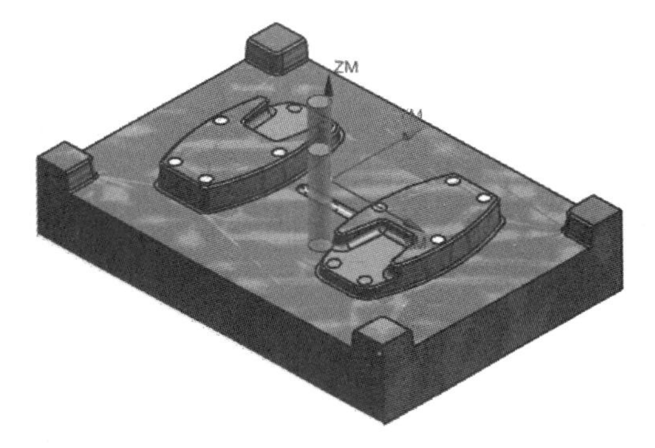

图 10-77 平面轮廓铣 3D 动态仿真结果

步骤 15 “工步 8”钻中心孔

采用孔加工功能对零件进行钻孔，选用 $\phi3$ 的中心钻，主轴转速为 1200 r/min，进给速度为 50 mm/min。

1. 创建工序

单击工具条中的“创建工序”按钮，弹出“创建工序”对话框。在“创建工序”对话框的“类型”下拉列表中选择“drill”选项，在“工序子类型”区域中单击“SPOT_DRILLING”按钮，其他参数如图 10-78 所示，单击“确定”按钮，系统弹出定心钻对话框。

2. 设置一般参数

在定心钻对话框下，单击“几何体”区域中的“指定孔”右边按钮，系统弹出“点到点几何体”对话框，如图 10-79 所示。单击“点到点几何体”对话框下的“选择”按钮后在凸模中选择上表面上的 8 个孔位的边，单击“确定”按钮，返回到“钻”对话框，完成孔的设定。

图 10-78 “创建工序”对话框

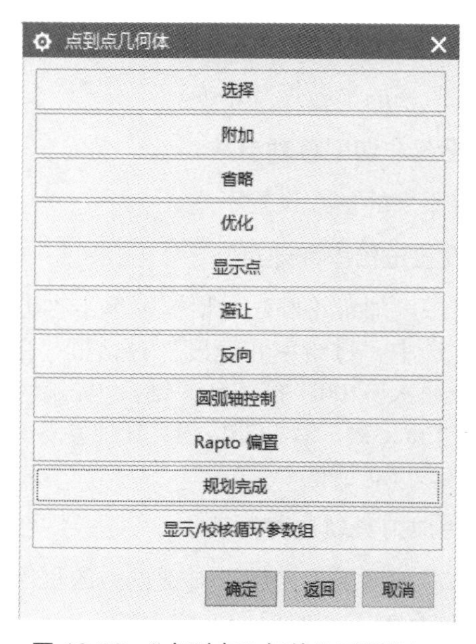

图 10-79 “点到点几何体”对话框

在“几何体”中单击“指定顶面”右边的按钮，系统进入“顶面”对话框，在“顶面”对话框中“顶面选项”下拉列表中选择“面或平面”，然后选择模型的上表面，单击“确定”按钮，返回到定心钻对话框，完成表面设定。

在“循环类型”的“循环”下拉列表中选择“标准钻”选项，单击“编辑参数”按钮，系统弹出“指定参数组”对话框。在“指定参数组”对话框中采用系统默认的参数组序号 1，单击“确定”按钮，系统弹出“Cycle 参数”对话框，单击 Depth (Tip) - 0.0000 按钮，系统弹出“Cycle 深度”对话框。在“Cycle 深度”对话框中单击 刀尖深度 按钮，在“深度”文本框中输入 3，单击“确定”按钮，系统返回“Cycle 参数”对话框。单击“确定”按钮，系统返回到定心钻对话框。在“最小安全距离”中输入 5。完成基本参数的设置。

3. 设置进给率和速度

在“刀轨设置”选项中单击“进给率和速度”按钮，系统弹出“进给率和速度”对话框。选中“进给率和速度”对话框“主轴转速”区域中的 主轴速度 (rpm) 复选框，在其后的文本框中输入 1200，按 Enter 键，单击按钮；在“进给率”区域的“切削”文本框中输入 50，按 Enter 键，单击按钮；其他参数采用系统默认设置值。单击“确定”按钮，返回定心钻对话框。

4. 生成刀具轨迹并仿真

单击定心钻对话框中的程序“生成”按钮，生成刀路轨迹如图10-80所示，单击程序确认按钮，进入“刀轨可视化”对话框，在该对话框中选择“3D动态”选项卡，单击下面的播放按钮将演示仿真过程，3D动态仿真加工后的特征如图10-81所示。

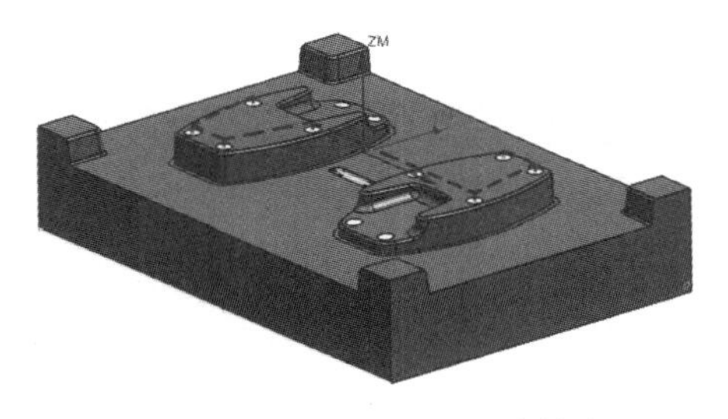

图10-80 钻中心孔刀路轨迹

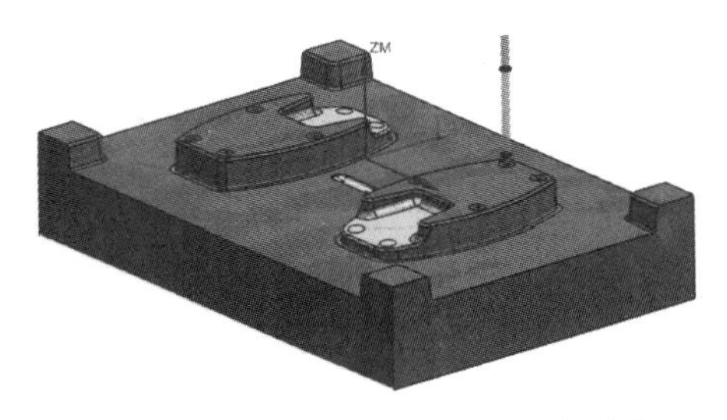

图10-81 钻中心孔3D动态仿真结果

凸模上的另四个孔，由于与上表面的孔不在同一表面，因此需要再次创建一次程序，方法同上各步。

步骤16 “工步9”钻通孔

采用孔加工功能对零件进行钻孔，选用ϕ5.8的麻花钻，主轴转速为650 r/min，进给速度为50 mm/min。

1. 创建工序

单击工具条中的“创建工序”按钮，弹出“创建工序”对话框。在“创建工序”对话框的“类型”下拉列表中选择“drill”选项，在“工序子类型”区域中单击“PECK_DRILLING”按钮，其他参数如图10-82所示，单击“确定”按钮，系统弹出“钻”对话框。

2. 设置一般参数

在“钻”对话框下，单击“几何体”区域中的“指定孔”右边按钮，系统弹出“点到点几何体”对话框。单击“点到点几何体”对话框下的“选择”按钮后在凸模中选择上表面的8个孔位的边，单击“确定”按钮，返回到“钻”对话框，完成孔的设定。

在“几何体”中单击“指定顶面”右边的按钮，系统进入“顶面”对话框，在“顶面”对话框中“顶面选项”下拉列表中选择“面或平面”，然后选择模型的上表面，单击“确定”按钮，返回到“钻”对话框，完成表面设定。

在“几何体”中单击“指定底面”右边的按钮，系统进入“底面”对话框，在“底面”对话框中“底面选项”下拉列表中选择 面，然后选择模型的下表面，单击“确定”按钮，返回到“钻”对话框，完成底面设定。

在**循环类型**的“循环”下拉列表中选择“啄钻”选项，在系统弹出的对话框中的“距离”文本框中输入5，单击“确定”按钮，系统弹出“指定参数组”对话框。在“指定参数组”对话框*Number of Sets*中输入5，单击“确定”按钮，系统弹出“Cycle参数”对话框，如图10-83所示。

图 10-82 “创建工序”对话框

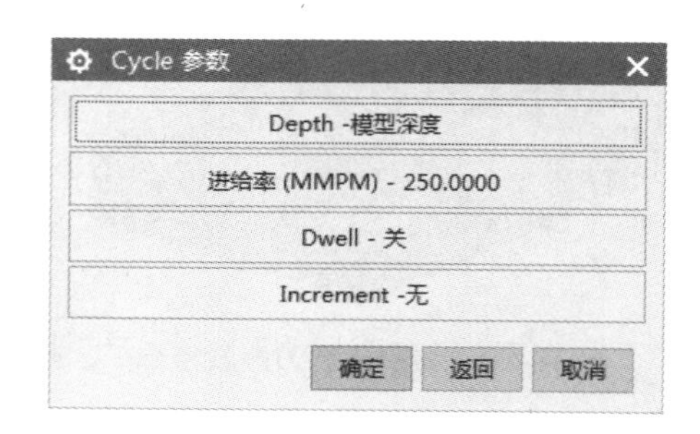

图 10-83 “Cycle 参数”对话框

在“Cycle 参数”对话框中单击 Depth -模型深度 按钮，系统弹出“Cycle 深度”对话框。在“Cycle 深度”对话框中单击 穿过底面 按钮，系统返回“Cycle 参数”对话框。单击 Increment -无 按钮，系统弹出“增量”对话框。在“增量”对话框中单击“恒定”按钮，在系统弹出的对话框中的“增量”文本框中输入 5，单击“确定”按钮，系统返回“Cycle 参数”对话框。依次单击“确定”按钮，系统返回“钻”对话框。在“最小安全距离”中输入 10，完成基本参数的设置。

3. 设置进给率和速度

在“刀轨设置”选项中单击“进给率和速度”按钮，系统弹出“进给率和速度”对话框。选中“进给率和速度”对话框“主轴转速”区域中的 主轴速度 (rpm) 复选框，在其后的文本框中输入 650，按 Enter 键，单击按钮；在“进给率”区域的“切削”文本框中输入 50，按 Enter 键，单击按钮；其他参数采用系统默认设置值。单击“确定”按钮，返回“钻”对话框。

4. 生成刀具轨迹并仿真

单击“钻”对话框中的程序“生成”按钮，生成刀路轨迹如图 10-84 所示，单击程序确认按钮，进入“刀轨可视化”对话框，在该对话框中选择“3D 动态”选项卡，单击下面的播放按钮将演示仿真过程，3D 动态仿真加工后的特征如图 10-85 所示。

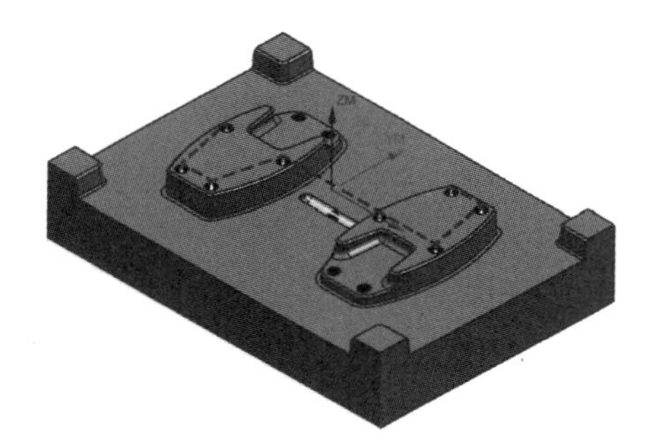

图 10-84 钻通孔刀路轨迹

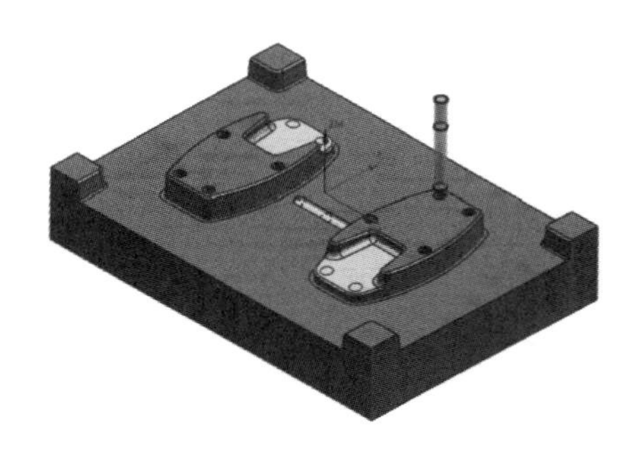

图 10-85 钻通孔 3D 动态仿真结果

凸模上的另四个孔，由于与上表面的孔不在同一表面，因此需要再次创建一次程序，方法同上各步。

步骤 17　保存文件

选择“文件”→“保存”命令，即可保存文件。

步骤 18　后处理

后处理方法同综合示例 1 所述，此处不再阐述。

练　习　题

1. 完成本书配套课程资源二维码(在封底)中 lianxi\10-1.prt 零件的二维零件加工，如图 10-86 所示。

2. 完成本书配套课程资源二维码(在封底)中 lianxi\10-2.prt 零件的凹模零件加工，如图 10-87 所示。

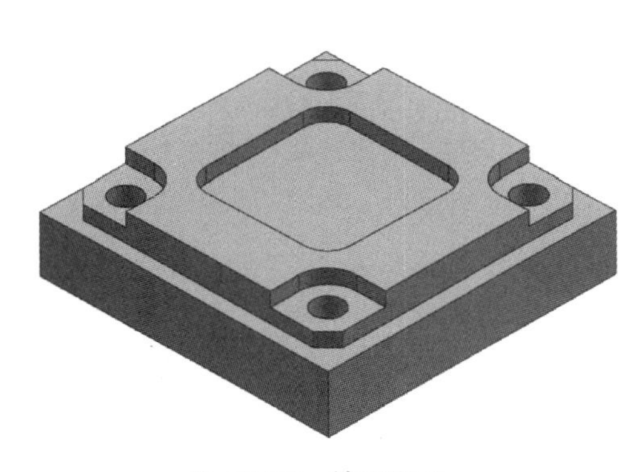

图 10-86　练习题 1

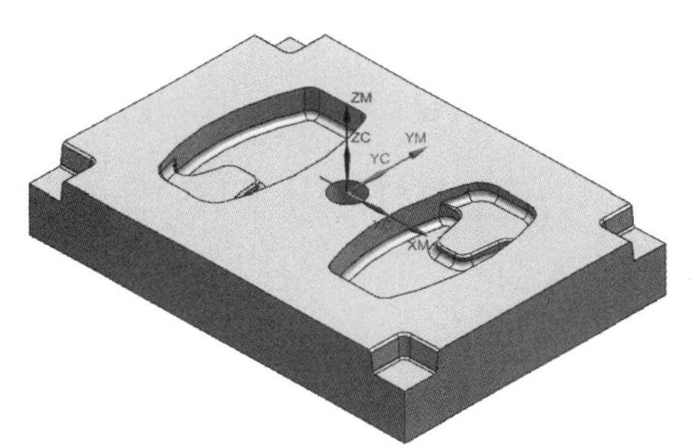

图 10-87　练习题 2